WESTEND

Bernward Geier
Stefanie Pöpken
Renate Künast

Nutztiere

Mehr als eine Frage der Haltung

WESTEND

Gefördert durch die Schweisfurth Stiftung *mit Mitteln der* Renate Benthlin-Stiftung für Nutztierschutz *sowie mit der Unterstützung der* Cultura Stiftung.

Mehr über unsere Autoren und Bücher:
www.westendverlag.de

Die Deutsche Nationalbibliothek verzeichnet diese Publikation in der Deutschen Nationalbibliografie; detaillierte bibliografische Daten sind im Internet über http://dnb.d-nb.de abrufbar.

MIX
Papier | Fördert gute Waldnutzung
FSC® C014889
FSC www.fsc.org

ISBN: 978-3-86489-437-4
1. Auflage 2024

Umschlaggestaltung: Buchgut, Berlin
Layout und Satz: Publikations Atelier, Weiterstadt
Druck und Bindung: Friedrich Pustet GmbH & Co. KG, Regensburg
Printed in Germany

Inhalt

Vorwort

Im Wettbewerb um öffentliche und politische Aufmerksamkeit ist die Frage, wie wir Tierhaltung in der Landwirtschaft praktizieren, schon seit vielen Jahren ein Hotspot an Aufmerksamkeit. Das Thema bewegt sich im Spannungsfeld zwischen Komplexität und Kontroverse. Über Tierhaltung wird viel geredet, diskutiert und auch publiziert. Umso erstaunlicher, dass es bis dato noch kein umfassendes Buch zur artgerechten und an Tierwohl orientierten Nutztierhaltung gibt. Dieses Manko war ein Ausgangspunkt für dieses Buchprojekt, aber unsere Motivation speist sich vor allem aus unserer Sorge um das Wohl der landwirtschaftlichen Nutztiere.

In der Folge der industriellen Revolution entwickelte sich zunächst vor allem in den »industrialisierten« Ländern des Nordens die Haltung von Nutztieren immer mehr in Richtung intensiver und industrialisierter Haltungssysteme. Heute finden wir sie in der ganzen Welt verbreitet. Diese Veränderung wächst nach wie vor dynamisch unter der alten Prämisse »Wachse oder weiche«. Das Weichen bzw. das Aufgeben von Bauernhöfen erleben wir aktuell vor allem im Bereich der Schweine- und Milchviehhaltung in dramatischen Dimensionen. Zu Recht und zum Glück wird zunehmend eine Kehrtwende gefordert, wobei es darum geht, dass statt Tierleid mehr Tierwohl und bessere Haltungsbedingungen erreicht werden.

Die Fehlentwicklung spiegelt sich anschaulich in der Tatsache, dass im universitären Bereich nicht etwa Tier*haltung* gelehrt wird, sondern Tier*produktion*. In der Benennung steckt entlarvende Ehrlichkeit, denn gelehrt wird weitgehend nicht tiergerechte Haltung, sondern gelehrt wird vor allem eine am kurzfristigen Profitinteresse ausgerichtete Produktion. »Produziert« wird auch massiver Lobbyismus, der für wenig Transparenz und gegen die Anhebung gesetzlicher Haltungsnormen und gegen konsequentes Monitoring kämpft.

Eine Täuschung der Verbraucher:innen sind die vielen Marketinglügen, wenn etwa tierische Produkte mit irreführenden Namen und die Realität verschleiernden Bildern auf den Markt gebracht werden.

Die Vielfalt in der landwirtschaftlichen Nutztierhaltung gebietet uns für das Buch eine Schwerpunktsetzung. Für uns sind das Geflügel, Schweine und Rinder, weil es hier die extremsten Fehlentwicklungen gibt. Tierhaltungsvielfalt beinhaltet auch Pferde, Schafe, Ziegen, Kaninchen, Pelztiere, Enten, Straußvögel und es gibt sogar Krokodilfarmen. Diesen Tierarten widmen wir uns nur peripher oder auch gar nicht. Uns war jedoch wichtig, auf tierquälerische Auswüchse, aber auch auf Lösungsansätze im Bereich der Aquakultur einzugehen, denn die produzieren auch weitgehend in industriellen Haltungssystemen bzw. in Käfigen.

Im Epilog reflektiert unser Co-Autor über die historischen, philosophischen und religiösen Aspekte der Nutztierhaltung.

Grundpfeiler unseres Buches ist es, den Blick auf Strategien und Lösungen zu lenken und aufzuzeigen, dass und vor allem wie Tierwohl machbar ist. Die vielen und faszinierenden Lösungen, die es heute schon gibt, wirken noch beeindruckender, wenn man sie mit der Realität der vorherrschenden Nutztierhaltung konfrontiert.

Ganz bewusst haben wir deshalb mit dem Kapitel 1 nur einen geringen Anteil des Buches für die Beschreibung der Probleme und Missstände von massenhafter Tier*produktion* verwendet. Die Realität wird dabei eher zurückhaltend beschrieben und so manche grausame Tatsache und Bilder ersparen wir den Leser:innen, zumal die skandalösen Seiten der industriellen Tierhaltung zum Glück schon viel mediale Aufmerksamkeit bekommen.

Das Buch liefert im Kapitel 2 faktenbasierte Argumente für die dringende Transformation und zeigt Wege auf, wie man mit der Umsetzung von Tierwohl den Auswirkungen der fälschlicherweise »modern« genannten Tierproduktion Einhalt gebietet.

Im Kapitel 3 werden auch den regulatorischen Aspekten und politischen Perspektiven aus nationaler Sicht und aus der EU-Perspektive Raum gegeben. Es mangelt nicht an Lösungsvorschlägen und Konzepten, die vor allem in der Politik hitzig debattiert werden. Die Art und Weise der Tierhaltung ist eingeklemmt zwischen EU und nationalem Recht, freiem Handel in der EU, der EU-Agrarpolitik, den Interessen der Profiteure der agrarindustriellen Produktion mit ihrer Lobbymacht und vor allem den fehlinvestierten Subventionen. Ein großes Manko ist die fehlende und vor allem verpflichtende Transparenz entlang der gesamten Produktions- und Lieferkette tierischer Erzeugnisse. Hier werden jetzt erste Schritte gegangen. Unser Buch ist in der Debatte für Transparenz gewissermaßen ein Angebot, das allerdings nicht die fehlende Transparenz beim täglichen Einkauf ersetzt.

Die vielen Hoffnung machenden Beispiele, die im für uns wichtigsten Kapitel 4 vorgestellt werden, lassen keinen Zweifel, dass eine andere Tierhaltung und Tierwohl gut zusammengehen, und dies auch in großen Betriebsstrukturen. Wir hoffen, dass von den zahlreichen Beispielen bester Praxis die nachhaltigsten Auswirkungen des Buches ausgehen und sich möglichst viele Tierhalter:innen davon inspirieren und motivieren lassen, Teil der Transformation zu werden, die den Tieren Achtsamkeit und Würde gibt.

Die Kontroversen um die Thematik gipfeln in der radikalen Forderung, die Haltung von landwirtschaftlichen Nutztieren grundsätzlich aufzugeben. Diese Auseinandersetzung reflektieren die zwei Co-Autoren im Epilog.

Uns ist bewusst, dass Tierhaltung durch aktuelle Entwicklungen in ganz neuen Zusammenhängen gedacht werden muss.

Die große Zukunftsfrage ist es, wie sich die Ernährung der Weltbevölkerung in Zukunft sichern und nachhaltig gestalten lässt. Im Zentrum steht hier die Frage nach der lebensnotwendigen Versorgung mit Proteinen. Der Trend zu reduziertem Fleischkonsum hat zur Folge, dass immer mehr pflanzliches Eiweiß konsumiert wird.

Inzwischen zeichnet sich ein Dreiklang der Proteinversorgung ab mit Proteinen aus Tierhaltung, pflanzenbasiert oder als dritte Gruppe die Präzisionsfermentation beziehungsweise tierische Proteine aus der Kultivierung von Zellen. Gerade diese neue Entwicklung wird leidenschaftlich kontrovers diskutiert. Auch in unserem Herausgeber:innenteam gibt es hierzu divergierende Meinungen.

Wir haben bewusst die Entscheidung getroffen, in diesem Buch den Fokus auf landwirtschaftliche Tierhaltung zu behalten, der in seiner Komplexität schon fast den Rahmen eines Buches sprengt. Unsere Erkenntnis der Arbeit an diesem Buch ist, dass es bereits viel beispielhaft artgerechte Tierhaltung im biologischen Landbau gibt, aber auch da ist noch lange nicht alles im »grünen Bereich«, d.h., es muss auch bei Bio noch manches besser werden. Übrigens gibt es auch beeindruckend artgerechte Tierhaltung auf konventionellen Betrieben und eine Reihe von Qualitätsprogrammen, die interessante Lösungsansätze bieten. Für viele Leser:innen könnten die Betriebe überraschend sein, die zeigen, dass selbst große Tierzahlen nicht zwangsläufig zur Misere der industriellen Tierhaltung führen müssen und sogar Bio vom Besten sein können.

Die Forschungs- und Faktenlage zeigt, dass bei der Tierhaltung ein »weiter so« nicht mehr geht. Wir brauchen signifikant weniger gehaltene Nutztiere, schon allein aus Gründen des Klimaschutzes. In höheren Tierhaltungsstandards liegt die Chance den notwendigen Umbau wirtschaftlich erfolgreich zu gestalten. Dies setzt Verbraucher:innen, Lebensmittelindustrie, Lebensmittelhandel und Politik sowie natürlich vor allem Bäuerinnen und Bauern voraus, die dies ernsthaft wollen und ermöglichen. Der Weg muss gemeinsam gegangen werden. Möge das Buch hierzu wegweisend wirken

Bernward Geier • Renate Künast • Stefanie Pöpken

Prolog

Das Wohl landwirtschaftlich genutzter Tiere – moralische Haltungen und religiöse Einstellungen

Franz-Theo Gottwald

Der Verzehr von Produkten tierischen Ursprungs ist in unseren Tagen zu einem Thema der moralischen Debatte geworden. Er steht im Mittelpunkt von Diskursen über Sinn und Zweck zum Beispiel des sommerlichen Grillens oder des österlichen Lammbratens, er füllt Seiten über Seiten in Qualitätsmedien und befeuert höchst kontroverse Debatten in den sozialen Medien.

Wir wissen mittlerweile viel um das Tierwohl in der Landwirtschaft. Wir sind breit informiert, wie es idealtypisch gestaltet werden sollte. Das gewonnene Wissen aus der bäuerlichen Praxis, der Tiermedizin und der Tierethologie hat sich in rechtlichen Vorgaben wie den Tierhaltungsverordnungen, den Stallbauverordnungen, den Futtermittelverordnungen, den Hygienevorschriften und weiteren Normen niedergeschlagen, die dem Schutz der genutzten Tiere dienen sollen. Im Ringen der verschiedenen gesellschaftlichen Anspruchsgruppen, die mit den Nutztieren zu tun haben, und angesichts wirtschaftlicher Zwänge und politischer Machbarkeiten wird dieser Normenrahmen weiterentwickelt.

Dennoch läuft im täglichen Umgang mit den von der menschlichen Fürsorge abhängigen Nutztieren vieles schief. Dies verdeutlichen die veterinärmedizinischen Befunde bei Stallkontrollen und am Schlachtkörper sowie die medialen Berichte über Tierleid in deutschen Stallanlagen, bei Tiertransporten und über die immer wieder mangelhaften, tierquälerischen Bedingungen in Schlachthöfen.

Es ist praktisch offenbar immer wieder schwierig und herausfordernd, mit den Nutztieren so umzugehen, wie es moralisch angezeigt und rechtlich geboten ist, um möglichst wenig Tierleid zu verursachen. Deshalb ist es verständlich, wenn immer mehr – besonders jüngere Menschen – die Nutztierhaltung insgesamt infrage stellen und sich vegetarischer Ernährung oder einem veganen Lebensstil zuwenden. Sie folgen meist einer moralischen Intuition, dass eine vornehmlich auf Erzeugnissen tierischen Ursprungs basierende Ernährung in unseren Breiten nicht mehr angezeigt ist. Angesichts von Hunger, Klimakrise, Biodiversitätsverlusten und Landnutzungskonflikten, die alle mit der Tierhaltung zu tun haben, kommen dann weitere stichhaltige Argumente dazu, das überkommene Essverhalten wohlhabender Gesellschaften grundsätzlich zu hinterfragen.

Stehen wir am Anfang einer neuen Ernährungsmoral? Mit Blick auf die Milliarden auf diesem Planeten zusammen mit Menschen lebenden landwirtschaftlich genutzten Tiere und das soziale wie ökologische Ungleichgewicht, das deren Haltung verursacht und das zunehmend sichtbarer wird, muss in der Tat neu nachgedacht werden: Die Gesamtheit der Grundsätze und sittlichen Normen, die das menschliche Verhalten den genutzten Tieren gegenüber reguliert, steht zur Disposition. Was sind uns Menschen die genutzten Tiere wert? Was wollen wir als verbindliche Regeln für unser Verhalten diesen Mitlebewesen gegenüber neu und zeitgemäß akzeptieren? Welche ökonomischen Kosten sind wir bereit auf uns zu nehmen, damit es den Tieren besser geht und wir mit besserem Gewissen (noch) Erzeugnisse tierischen Ursprungs zu uns nehmen können?

Diese grundsätzliche selbst- und gesellschaftskritische Befragung ist auch deshalb an der Zeit, da augenscheinlich und nicht mehr verdrängbar die Nutzungsinteressen des Menschen am Tier die Schutzinteressen des Tieres vor Schmerz und an einem Leben gemäß seinen natürlichen Bedürfnissen entscheidend überwiegen. Daraus folgt, dass ganz fraglos gegen die Sitte eines sorgsamen Umgangs mit allem Leben verstoßen wird. Die geltenden Tierschutz-Vorschriften, die geltenden Nutztierhaltungsverordnungen und auch die bisher geltende rechtlich kodifizierte Vorstellung von der »Würde des Tieres«, die grundgesetzlich in Deutschland verankert ist, stehen unwiderlegbar auf dem Prüfstand – auch vor dem Hintergrund der Generationengerechtigkeit, was die Ressourcennutzung angeht. Sie müssen alle neu aufgesetzt werden.

Was also wäre ein neuer, zeitgemäßer Moralbegriff, eine zukunftsorientierte Auffassung von Moral, die ein ko-evolutionäres Miteinander und Füreinander von Menschen und den von ihnen genutzten Tieren konkrete Gestalt annehmen ließe? Welche moralischen Vorstellungen, Überzeugungen, Haltungen müssten vorherrschen und das gesellschaftliche Leben dominieren, damit das Tierwohl dauerhaft im Blick wäre? Anstand und Vernunft, das Gewissen von Tierzüchter:innen, Halter:innen, Transporteur:innen und Verarbeiter:innen, sind offenkundig faktisch nicht ausreichend wirksam, um Tierleid zu verhindern und Tierwohl ganzheitlich zu fördern. Was könnte also den moralischen Grund für einen gesamtgesellschaftlichen Wandel der Auffassungen abgeben, wie eine zukünftig verantwortbare Tierhaltung aussehen sollte? Was könnte eine neue Auffassung von Moral begründen, die uns heutige in den Augen der nächsten Generationen als Transformateure eines gewichtigen Wirtschaftszweigs und Begründer:innen eines zukunftsfesten Ernährungsverhaltens erscheinen ließe?

Um klar zu sein: Die scheinbar einfache Lösung, auf die Nutzung von Tieren in der Landwirtschaft und ihre Erzeugnisse in den vielfältigen Ernährungskulturen gänzlich zu verzichten, ist nur eine theoretische Lösung. Sie würde, radikal zu Ende gedacht, eine Ernährungswirtschaft mit einer gänzlich neuen Esskultur voraussetzen, in der Lebensmittel und andere landwirtschaftliche Erzeugnisse aus dem Labor kommen. »Zelluläre Landwirtschaft« lautet der hierfür genutzte Fachbegriff: Aus Stammzellen von echten Tieren und Pflanzen entstehen dabei in technischen Anlagen und mit Nährlösungen angereichert Lebensmittel für Menschen. Im Gegenzug könnte sich auf Äckern und Weiden dann die Natur wieder ausbreiten. Diese Vision wird zwar mittlerweile auch unternehmerisch vorangetrieben. Auch gibt es erste Produkte auf dem Markt. Dennoch scheint sie der Fachwelt nicht geeignet, um die komplexen Ernährungssysteme, bei denen Akteur:innen von Kleinbäuer:innen bis hin zur industriellen Landwirtschaft derzeit für Nahrungssicherung sorgen, zeitnah ablösen zu können. Zu viele Fragen sind hier ungeklärt, angefangen mit der Düngewirtschaft, den Energiekosten, dem Investitionsbedarf, den Patentrechten und endend mit der zukünftigen Nutzung von Grün- und Grasland. Eine Fundierung für eine neue Ernährungsmoral lässt sich deshalb derzeit nicht auf derartige technologische Lösungen reduzieren.

Eine solche postlandwirtschaftliche Revolution der Ernährung taugt praktisch und politisch heute jedenfalls (noch) nicht dazu, gesellschaftlich tragfähige Ernährungsstile zu begründen, die einen geordneten Umbau der Tierhaltung zugunsten von dauerhaft gesteigertem Tierwohl mit sich brächten. Um Tierhaltung weiterhin gesellschaftlich zuzulassen, um Land- und Tierwirt:innen weiterhin das Recht zur Tiernutzung zuzusprechen, bedarf es einer neuen Verankerung in dem, was wir als Menschen den Tieren, die wir in Land- und Ernährungswirtschaft nutzen, auf ihrem Weg vom Acker auf den Tisch schulden.

Jedes Recht geht mit einer Pflicht einher – dieser gesellschaftsrechtliche Grundsatz muss neu begriffen werden, um Tierhaltung auch in unseren Tagen vor den nächsten Generationen rechtfertigen zu können. Im Umgang mit den Nutztieren ist die Pflicht, der Menschen, die Tiere nutzen, nachzukommen haben, mehrdimensional.

Zum Ersten ist es den Tieren gegenüber notwendig, Lebensbedingungen zu schaffen, die tiergemäß sind. Dazu geben wissenschaftlich gut begründete Tierwohlkriterienkataloge und Tierwohlindizes hinreichend Auskunft. Wer wissen will und es praktisch im eigenen bäuerlichen Betrieb umsetzen möchte, was eine moralisch gebotene, gute Tierhaltungspraxis ist, braucht zum Beispiel nur die Richtlinien des Deutschen Tierschutzbundes zur Schweine-, Rinder- und Geflügelhaltung aufzugreifen.

Zum Zweiten richtet sich die Pflicht zum Nutztierschutz auf das eigene Essverhalten. Verbraucher:innen essen in unseren Breiten zu viel Produkte tierischen Ursprungs. Eine Verringerung ist diätetisch angezeigt, so jedenfalls die Ernährungsrichtlinien der Deutschen Gesellschaft für Ernährung und die ernährungsphysiologische Forschung, die diese fundiert. Weniger Konsum bedeutet weniger Erzeugung – und das wäre definitiv für die Verbesserung des Tierwohls wünschenswert.

Zum Dritten gibt es Argumente, aus Gründen der intergenerationalen Gerechtigkeit mit der Übernutzung der planetaren Ressourcen – und die wirtschaftliche Tierhaltung ist hier ein wesentlicher Treiber – aufzuhören. In diese Dimension gehören auch Klima- und Biodiversitätsschutzargumente. Eine Tierhaltung in den planetaren Grenzen wäre möglich, wenn nur durchgesetzt werden könnte, dass Nutztierhaltung flächengebunden zu sein hat.

Zum Vierten gibt es in den meisten Religionen und überkommenen spirituellen Traditionen, die das moralische Verhalten ausrichten, eindeutige Regeln, um die Permanenz eines guten Lebens aller Lebewesen auf diesem Planeten zu gewährleisten und eine entsprechend der Schöpfung gegenüber rechtfertigbare Ernährungskultur der Mitgeschöpflichkeit zu gestalten. Dazu gehören zum Beispiel im Islam sehr differenzierte Haltungs- und Fütterungsregeln für unterschiedliche Nutztierarten, aber auch die Schlachtungsregeln. In indigen Kulturen beispielsweise des Regenwalds – um einen anderen Kulturraum und Lebensstil anzusprechen – werden eine Fülle von Regeln beachtet, um die Geister der Tiere, von deren Wohlwollen das nahrungsmäßige Überleben abhängt, nicht zu verstimmen und eine dauerhafte Koexistenz zu gewährleisten. Im Christentum gilt das allgemeine und ungeteilte Liebesgebot allen Mitgeschöpfen gegenüber. Es fordert, bei allen moralischen Abwägungsfragen das Wohl der Mitgeschöpfe über das eigene Interesse an Wirtschaftlichkeit zu stellen.

Diese komplex verankerte Pflicht des Menschen den von ihm genutzten Tieren gegenüber geht gerade in unserer Zeit mit einem bisher nie da gewesenen Können zusammen. Der Möglichkeitsraum für eine dauerhaft bessere gesamtgesellschaftliche Herstellung und Erhaltung von mehr Tierwohl vom Acker auf den Tisch ist so groß wie nie zuvor in der Zivilisationsgeschichte. Alles relevante Wissen ist zur Hand, genügend Technologie zur Tierwohlüberwachung, genügend Geld zur Finanzierung eines Umbaus der Tierhaltung und der Neuausrichtung des menschlichen Ernährungsverhaltens. Auch die Politik hat die moralisch gebotene und heute wirklich machbare Transformation erfasst, beispielsweise in der inzwischen aufgelösten deutschen Borchert-Kommission. Die Borchert-Kommission hat mit ihren Empfehlungen dem notwendigen Umbau der Tierhaltung in Deutschland den Weg bereitet. Sie hat im Konsens mit verschiedenen gesellschaftlichen Gruppen festgestellt, dass und wie sich Tierhaltung verändern muss, wenn sie eine Zukunft und gesellschaftliche Akzeptanz haben will.

Wenn also sowohl die Pflicht und das Bewusstsein über das den Tieren Geschuldete als auch das Können so greifbar sind, wenn dazu die politische Willensbildung so weit wie nie zuvor fortgeschritten ist, dann ist die entsprechende Transformation am Horizont des Machbaren! Für die Tiere kann dann aus dem ethisch Gebotenen politisch gesetztes und durchgesetztes Recht werden.

Kapitel 1

Tierqual statt Tierwohl

Tierqual statt Tierwohl

Bernward Geier und Christopher Schümann

WIE LIEB ICH ES, DEN TIEREN ZUZUSEHEN [1]

Wie lieb' ich es, den Tieren zuzusehen
Wenn sie so selbstverständlich sich dem Dasein schenken
Und so bedingungslos in einer Welt bestehen
Die sie nicht ändern wollen und nicht lenken

Doch wenn wir ihren Eigensinn zerstören
Und sie als Nutzvieh züchten und in Ketten legen
Dann müssen sie auf einmal wem gehören
Anstatt nach ihrem Sinn sich zu bewegen

Was macht uns besser? Warum glauben wir
Wir sind die Herren über alle Lebewesen?
Sind wir den wirklich klüger als das Tier?
Weil wir's in sogenannten Heiligen Schriften lesen?

Musik & Text: Konstantin Wecker

Bewusstseinsgeschichtliche Aspekte der industriellen Tierhaltung

Angefangen hat die Tierhaltung vor etwa 16 000 Jahren mit dem Hund: Es folgten andere Tierarten wie Schweine, Rinder, Hühner und anderes Geflügel, Schafe, Ziegen, Kamele, Pelztiere und Pferde. Etwa 100 verschiedene Tierarten wurden bis heute domestiziert, also gezüchtet und damit auch im Körperbau und auch im Verhalten an die Bedürfnisse der Menschen und die gegebenen Haltungsumwelten angepasst.

Einige dieser Tiere, namentlich Rinder, Schweine, Geflügel, Kaninchen, Pelztiere sowie diverse Fischarten und Krabben für die Aquakultur wurden in die industrielle Tierhaltung integriert und ihre Körper sowie das Leistungspotenzial durch moderne Züchtungsverfahren auf industrielle Produktion hin optimiert.

Die industrielle Tierhaltung, um die es in diesem Kapitel gehen wird, ist im Verhältnis zur gesamten Geschichte der Tierhaltung eine vergleichsweise kurze Episode. Sie begann vor etwa 100 Jahren in den USA, kam zunächst nach Europa und ist mittlerweile weltweit verbreitet.

Das industrielle Zeitalter zeichnet sich durch zunehmende Technisierung, Mechanisierung und vor allem Effizienzssteigerung von Produktionsabläufen aus, wofür das Fließband ein Paradebeispiel ist.

Verbunden mit einer Fülle technischer Innovationen wurde es möglich, Gebrauchs- und Verbrauchsgüter in Massenproduktion herzustellen und den Menschen zu vergleichsweisen günstigen Preisen zur Verfügung zu stellen. Dies schafft auf der einen Seite Wohlstand, macht aber den heutigen Konsumwahn mit all seinen Übertreibungen, Perversionen und seinem gigantischen Ressourcenverbrauch erst möglich. Was zu Beginn der industriellen Revolution noch fehlte, war die Versorgung der vielen Menschen in den größer werdenden Städten mit reichlich Fleisch, Milchprodukten und Eiern.

Erstaunlicherweise herrschte auch auf dem Land vielfach Mangelernährung und Hunger. Tierische Erzeugnisse in ausreichender Menge verfügbar zu haben, entspricht seit dem beginnenden 20. Jahrhundert den Vorstellungen von Wohlstand. Landwirtschaftliche Nutztiere in industriellen Systemen zu halten, schien die Lösung zu sein.

Heute füllen sich die Kühltheken der Läden und Supermärkte mit einer schier unüberschaubaren Vielfalt an tierischen Produkten, und dies weitgehend zu Preisen, die auch für Bevölkerungsschichten mit geringem Einkommen erschwinglich sind.

Töten am Fließband. (ANINOVA e.V.)

Ein Traum wurde wahr, so scheint es. Nun, so paradiesisch wie es auf den ersten Blick scheint, ist die Situation nicht. Vor allem die Tiere zahlen mit viel Leid und Schmerz den Preis für »billig«. In der »Massentierhaltung« sind nicht nur extreme Einzelfälle problematisch, sondern das System an sich ist problematisch und hat zu teilweise katastrophalen Zuständen geführt.

Glücklicherweise gibt es eine wachsende Zahl von Verbraucher:innen, die sich für die Produktionsprozesse von Fleisch- und Milchprodukten interessieren beziehungsweise diese kritisieren, was dazu führt, dass sie mit ihrem Konsum unter anderem kein Tierleid verursachen wollen.

Diese bei vielen Abscheu und Ekel hervorrufenden Verhältnisse motivieren immer mehr Menschen, solche Produkte nicht mehr zu essen, was sich in der dynamischen Entwicklung der vegetarischen und veganen Bewegung zeigt.

Auch in der Politik und im Lebensmittelhandel ist Bewegung zu erkennen. Händler:innen blicken kritischer auf die Herkunft der tierischen Produkte in ihren Auslagen und stellen im Hinblick auf das Tierwohl zunehmend höhere Anforderungen an die Produzent:innen und listen zunehmend sogar aus. So finden sich praktisch

Wer hat da noch Lust auf dieses Putenfleisch? (ANINOVA e.V.)

keine Käfig-Eier als Verzehreier mehr im Sortiment. Sie kommen allerdings noch in verarbeiteten Lebensmitteln quasi versteckt in großem Umfang zum Einsatz.

Aber neben dem Leid der Tiere gibt es noch andere gewichtige Gründe, die zwingend erforderlich machen, dass die industrielle Tierhaltung engagiert und schnell beendet wird. Denn mit der Massenproduktion von Fleisch und anderen tierischen Erzeugnissen wurden auch massenhaft Probleme in den Bereichen Klima sowie Wasser- und Bodenverunreinigung produziert, die es so vorher nicht gab. Dazu kommen Gefahren für die menschliche Gesundheit und ein massiver Rückgang der Artenvielfalt.

Die industrielle Tierhaltung begann zuerst in den Köpfen, als industrielle Logik und radikales Effizienzdenken zum Maßstab wurden und dies nicht nur die Tierhaltung, sondern auch Züchtung, Ernährung, Transport und Schlachtung revolutionär veränderte. Auf die Bedürfnisse der Tiere wurde und wird dabei wenig bis keine Rücksicht genommen.

Dies zeigt sich besonders extrem beim Thema Tiertransporte. Mit jährlich 1,6 Milliarden lebend exportierter Tiere ist die EU beschämenderweise Weltmeister. Zusammengepfercht auf kleinstem Raum werden Schweine, Geflügel, Rinder/Kälber,

Lämmer und andere Nutztiere per LKW, Schiff, Bahn oder gar Flugzeug zu ihrer Mast oder Schlachtung transportiert.

Puten beim Transport zum Schlachten, noch enger eingepfercht. (ANINOVA e.V.)

Oft werden die Tiere geprügelt und viele sind krank oder kurz vor dem Verdursten und Verhungern, wenn sie am Zielort ankommen. Die Misshandlungen oder auch Havarien führen nicht selten zu einem qualvollen Tod auf dem Transport.

Das Tierleid entsteht vor allem dadurch, dass Tiere wie Gegenstände oder Maschinen angesehen und entsprechend behandelt respektive misshandelt werden. Tiere sind aber komplexe Lebewesen, die Emotionen haben und auch leidensfähig sind. Sie kennen ebenso wie wir Menschen Wut, Angst, Trauer, Verzweiflung und vor allem auch Schmerz.

Der soziopathische Faktor

Tiere in industriellen Produktionsverfahren zu halten oder zu produzieren erfordert ein hohes Maß an Empathielosigkeit. Man muss sich dafür ganz mit der industriellen Logik identifizieren und auch in sich alles unterdrücken, was Mitgefühl mit der leidenden Kreatur haben kann. Erst dann erscheint das Tier als der bloße Gegenstand, der unbegrenzt benutzt, ausgenutzt, misshandelt, verstümmelt, verbraucht und weggeworfen werden kann und darf. Das Schreddern oder Vergasen von männlichen Küken ist hierfür wohl das bekannteste Beispiel. Immer mehr Menschen sind fassungslos angesichts der Grausamkeiten, die den Tieren in der industriellen Tierhaltung angetan werden. Sie können nicht nachvollziehen, wie und warum dieses System überhaupt jemals legalisiert wurde und warum es Menschen gibt, die diese Art im Umgang mit Tieren normal oder zumindst unvermeidlich finden. Das System der industriellen Tierhaltung kann man als krank bezeichnen, denn tatsächlich gibt es in der Pathologie Beschreibungen von Krankheitsbildern, die dabei helfen können, zumindest einen Teil der Erklärung für das Phänomen der »akzeptierten« industriellen Tierhaltung zu liefern. Wenn die Empathielosigkeit bei Menschen über ein gesundes Maß hinausgeht, spricht man von einer soziopathischen Persönlichkeitsstörung. Veronika Settele hat in ihrem hervorragend recherchierten Buch »Deutsche Fleischarbeit« einige Beispiele zusammengetragen, die den soziopathischen Charakter der industriellen Tierhaltung nahelegen. Wir greifen jeweils ein Beispiel hierzu aus der Bundesrepublik Deutschland und eines aus der ehemaligen DDR auf. Wenngleich beide Beispiele etliche Zeit zurückliegen, sind sie symptomatisch und nach wie vor aktuell, wobei so engagierter Widerstand gegen die industrielle Tierhaltung vonseiten der Landwirtschaft kaum noch zu verzeichnen ist. »Widerstand« heute heißt zum Glück für immer mehr Bäuer:innen Umstellung auf biologischen Landbau.

Im Frühjahr 1973 schrieb Franz Schorefes, Rinderhalter bei Nürnberg, an das *Bayerische Landwirtschaftliche Wochenblatt:* »Wir nennen uns stolz ›die Krone der Schöpfung‹ und trotzdem ist keine Grausamkeit so groß, als dass der Mensch sie nicht erfinden würde«. Worauf bezog sich die Empörung des Nürnberger Rinderhalters? Anfang Februar 1973 wurde in einem Artikel eine neue Produktionstechnik in der Rinderhaltung, die sogenannte Färsenvornutzung, vorgestellt. Dieses neue, von Professor J. Kurt Hinrichsen entwickelte Verfahren, sollte eine technische Lösung für das aktuelle Problem bringen, dass es zu viel Milch und zu wenig Rindfleisch gab. Bei diesem Verfahren wird die Kuh, einige Tage bevor sie ihr Kalb auf natürliche Weise zur Welt bringen kann, geschlachtet. Die Geburt geschieht, indem von einem erfahrenen Metzger zusammen mit einigen Gehilfen der sterbenden Kuh durch gut gesetzte Schnitte innerhalb von 60 Sekunden das lebende Kalb herausgeschnitten wird. Es wurde bei der Vorstellung des Verfahrens angemerkt, dass das so geborene Kalb zwar in der ersten Zeit einiger Fürsorge bedarf, das Verfahren sich aber nicht negativ auf die Fleischqualität auswirkt. Offenbar war das Verfahren also schon zu Forschungszwecken durchgeführt und getestet worden.

»Viele Berufskolleginnen und -kollegen teilten die Empörung von Franz Schorefes und reagierten mit einer Mischung aus Irritation und wütender Ablehnung. Sie fanden ›mehr als abstoßend‹, wie hier ›bloß an den Geldbeutel‹ gedacht wurde. Obwohl sie alle ›selbstverständlich‹ einen möglichst hohen Gewinn aus ihrer Arbeit erzielen wollten, war hier eine Grenze überschritten worden.«[2] Auf der einen Seite also die empörten Rinderhalter, auf der anderen Seite der studierte Herr Professor Hinrichsen, der offensichtlich nicht verstand, worüber sich die Leute aufregen. Hatte er nicht alles richtig gemacht? Hatte er nicht im Hinblick auf ein aktuelles Problem eine technische Lösung entwickelt, die gut funktionierte, und letztlich nur das getan, was seine Aufgabe ist? Ein anderer Fall, an dem sich Empathielosigkeit gegenüber Tieren in Extremform zeigte, trug sich in der ehemaligen DDR zu. »Seit Anfang der 1970er Jahre fand die Rindermast in Ferdinandshof in drei Einheiten mit insgesamt 21 000 Plätzen statt. 17 000 Kälber wurden jedes Jahr angeliefert. (...) Für vier Wochen waren sie dort ›in Einzelständen angekettet und kontaktarm auf Vollspaltenboden gehalten. Zwei Arbeitskräfte pro Sechs-Stunden-Schicht betreuten 840 jungen Tiere im fensterlosen Stall, dessen Beleuchtung nur während der Stallarbeiten eingeschaltet wurde‹.«

Diese Tierquälerei haben die Arbeiter emotional nicht ausgehalten, weshalb es zu Verweigerungen kam, die Wellen bis zum XI. Bauernkongress der DDR schlugen. Dort berichtete der Leiter der Zwischenbetrieblichen Einrichtung (ZBE) Jungrinderaufzucht Fritz Krantz, über ›ideologische Probleme‹ in seinem Team. »Die ›alten Auffassungen‹ der Menschen passten nicht zu den neuen Ställen. Kranz' Mitarbeiterinnen und Mitarbeiter weigerten sich, in ein derartiges ›Zuchthaus‹ Kälber ›einzusperren‹. ›Alte, eingefahrene Gleise‹ hätten die Neuorganisation der Rinderhaltung ›nicht gerade bequem gemacht‹.«[3] Interessant ist hier, wie der Widerstand der Mitarbeiter von dem leitenden Angestellten Fritz Kranz aufgefasst wurde. Für ihn waren es »ideologische Probleme«, »Alte, eingefahrene Gleise«, die der Neuorganisation der Rinderhaltung im Weg standen. Von »alten Auffassungen« sprach er. Der moderne Weg in die Zukunft lag für ihn offenbar in der Anwendung einer stringenten erbarmungslosen industriellen Logik gegenüber den Tieren. Wie auch der Herr Professor Kurt Hinrichsen hatte er jegliche Empathiefähigkeit gegenüber der leidenden Kreatur verloren oder sie angesichts seiner Position und der damit einhergehenden Vorgaben und Pflichten vollständig verdrängt.

Unsere Kritik richtet sich hierbei ausdrücklich nicht gegen Bäuerinnen und Bauern, die unserer Ansicht nach in der Regel Opfer des Systems geworden sind und durch einen enormen ökonomischen und politischen Druck im Laufe der Jahrzehnte immer mehr in diese Denk- und Handlungsweisen hineingezwungen wurden.

Da diesem System ganz offensichtlich eine krankhafte Empathielosigkeit zugrunde liegt, ist auch nicht verwunderlich, dass es sich krank machend auf die betroffenen Tiere, die menschliche Gesundheit und die Gesundheit des Ökosystems auswirkt. Aber sobald dieses System als krank erkannt wird, stellt sich die Frage, welcher Umgang mit Tieren denn gesund wäre. Und dann findet man schnell zu ganz anderen Umgangsformen, zum Beispiel zu solchen, die als Beispiele bester Praxis in diesem Buch beschrieben werden.

Irrweg und Versagen der Politik und des Staates

Die Transformation von kleinteiligen bäuerlichen Strukturen hin zu Massenproduktion im industriellen Maßstab wurde von Regierungen weltweit leider bis heute nicht nur gefordert, sondern gefördert. Die heutigen Verhältnisse sind vor allem auch ein Produkt staatlicher Lenkung. Mit »Zuckerbrot und Peitsche« wurden und werden noch immer unzählige bäuerliche Betriebe oft in der Folge von Industrialisierung in Existenznöte oder in den Ruin getrieben. Inzwischen stehen nicht nur kleinere Höfe vor der Betriebsaufgabe , weil sie bei den ökonomischen Rahmenbedingungen keinen anderen Weg sehen, als aufzuhören.

Die Geschichte der Industrialisierung der Tierhaltung ist zugleich die Geschichte eines massenhaften, von staatlicher Seite gewollten Höfesterbens zugunsten größerer und, wie es heißt, »effizienterer und produktiverer« Strukturen. »Wachse oder weiche« wurde für Jahrzehnte zum leitenden Prinzip der Landwirtschaftspolitik. Auch wenn das Prinzip zunehmend infrage gestellt wird, ist das massive Höfesterben nach wie vor Realität und heute vor allem in der Schweine- und Milchviehhaltung alarmierend.

Auswirkungen auf Klima und Artenvielfalt

Riesige Flächen des Regenwaldes im Amazonasgebiet wurden gerodet, um Weideflächen für Rinder zu schaffen oder Soja anzubauen.

Lediglich sechs Prozent des weltweit angebauten Sojas dienen direkt der Ernährung von Menschen. Der Rest wird hauptsächlich nach China, Nordamerika und Europa verschifft und landet sozusagen als Treibstoff der industriellen Tierhaltung in den Futtertrögen von Rindern, Schweinen und Hühnern. Unsere Nutztiere, und damit indirekt wir, fressen buchstäblich den Regenwald auf. Sigmar Gabriel brachte es 2008 als Bundesumweltminister auf den Punkt: »Die Profiteure der Regenwaldabholzung sind weit mehr die deutschen Bauern als die brasilianischen Landwirte.«[4] Prinz Felix zu Löwenstein nannte die Katastrophe kurz und zutreffend: »Schnitzel für Urwald.« Wenn die Wunden, die Menschen in den Regenwald reißen, zu groß werden, folgt zwangsläufig der ökologische Kollaps. Klimaexpert:innen am Institute for Advanced Studies der Universität von Sao Paulo befürchten, dass die zunehmende Abholzung den Feuchtigkeitszyklus so verändern könnte, dass große Teile des Amazonasgebiets zu einer dauerhaft trockenen Waldsavanne werden. Sie gehen davon

Brandrodung des Regenwaldes in Juara, Mato Grosso, Brasilien. (Christian Braga/Greenpeace)

aus, dass der Kipppunkt schon erreicht wird, wenn 20 bis 25 Prozent des Regenwaldes abgeholzt werden. Nach Angaben der brasilianischen Regierung liegt die Abholzung der Wälder bereits bei über 17 Prozent.[5] Wenn dieser Kipppunkt erreicht wird, werden wir wegen der vielen Wurst und unzähliger Schnitzel und Chickenwings die jetzt schon fatale Klimakatastrophe nochmals verschärfen und für die angeblich so «billige» Massenware letztlich einen extrem hohen Preis zahlen.

Die Albert Schweizer Stiftung weist darauf hin, dass laut Angaben der UNO (FAO) die industrielle Tierhaltung für 14,5 Prozent der durch Menschen verursachten Treibhausgase verantwortlich ist.[6] Dieser signifikant hohe Anteil zeigt an, wo ein großes Potenzial zur Emissionsreduktion von Treibhausgasen liegt. Wenn in Deutschland (sehr viel) weniger tierische Produkte konsumiert werden und keine Fleischprodukte mehr exportiert würden, kann der Viehbestand deutlich reduziert werden. Auch hier gilt es, aus den Fehlern der Vergangenheit zu lernen und die Zukunft der Tierhaltung radikal neu zu denken.

Diese Zukunft kann aber nicht darin liegen, die bäuerlichen Betriebe, die man jahrzehntelang in die falsche Richtung beraten und subventioniert hat, nun in den

Luftaufnahme einer für Monokulturen oder Viehzucht vorbereiteten Fläche von ehemaligem Urwald in Brasilien. (Bruno Kelly/Amazônia Real – Creative Commons Attribution 2.0 Generic)

Konkurs zu treiben, sondern wir müssen ihnen tragfähige Zukunftsaussichten bieten, indem wir sie bei der Transformation in Richtung Nachhaltigkeit unterstützen und dies nicht nur finanziell, sondern auch durch Beratung und neue Kooperationsformen.

Für das Gelingen der dringend notwendigen Transformation sind Landwirtschaft, Staat, Lebensmittelhandel und -industrie sowie Verbraucher:innen gleichermassen in der Verantwortung.

Boden- und Wasserverschmutzung

Wenn Länder ungeheure Mengen an Futtermitteln aus fernen Ländern importieren, um damit Rinder, Schweine und Hühner zu mästen, die in dieser gigantisch hohen Anzahl durch landeseigene Futtermittelproduktion niemals ernährt werden könnten, ist klar, dass dadurch nicht etwa »nur« der Regenwald, sondern auch heimische Ökosysteme schwer geschädigt werden. Denn man produziert ja nicht nur massenhaft Fleisch und Eier, sondern gleichzeitig massenhaft Fäkalien, die das Ökosystem in solchen Mengen unmöglich aufnehmen kann.

Die Folge ist eine schwere Verunreinigung der Böden und des Wassers. Wenn zu viel gedüngt wird, weil die aus den Mastanlagen reichlich strömende Gülleflut irgendwo abgeladen werden muss, geschieht dies auf landwirtschaftlichen Nutzflächen. Im Boden sammelt sich zum Beispiel Nitrat, das dann zu großen Anteilen ins Grundwasser versickert, was dann mit weniger belastetem Grundwasser vermischt oder umständlich und teuer aus dem Grundwasser herausgefiltert werden muss, damit die Grenzwerte für Trinkwasser eingehalten werden können.

Das Zuviel an Nährstoffen, die der Boden nicht aufnehmen kann, wird ausserdem durch Niederschläge in Flüsse, Seen und Meere gespült, wo die als Eutrophierung bezeichnete Überdüngung der Gewässer bei Flora und Fauna sehr viel Schaden anrichtet.

Jahrelang hatte Deutschland die EU-Grenzwerte für Nitrat überschritten und ist deswegen nur knapp einer Verurteilung und damit einer saftigen Strafzahlung von über 17 Millionen Euro und einem *täglichen* Zwangsgeld in Höhe von 1,1 Millionen entgangen.

Eine neue Düngeverordnung wurde ausgehandelt, mit der die EU-Beamten offenbar vorläufig zufrieden sind. Trotzdem wird aber kein Weg daran vorbeiführen, die viel zu großen Tierbestände in der Massentierhaltung drastisch zu reduzieren.

Gesundheitsgefahren für den Menschen

Über die Gesundheitsgefahren für den Menschen, die mit der industriellen Tierhaltung einhergehen, ist sehr viel bekannt und publiziert. Wenn man Tiere unter Bedingungen hält, die mit ihrer natürlichen Lebensweise nichts mehr zu tun haben, versetzt man sie damit in einen permanenten Stresszustand, der sie krankheitsanfällig macht. Das macht die permanente Behandlung mit Medikamenten erforderlich, namentlich mit Antibiotika. Auf die damit zwangsläufig einhergehenden Gesundheitsgefahren für den Menschen gehen nachfolgend Rupert Ebner und Martin Häusling in ihren Beiträgen genauer ein.

Rückgang der Artenvielfalt

Das Amazonasgebiet ist nicht nur die grüne Lunge und eine der entscheidenden Kohlenstoffsenken der Erde, sondern auch im Hinblick auf seine Artenvielfalt eine der bedeutendsten Schatzkammern der Welt. Man kann sich leicht vorstellen, wie diese Biodiversität dezimiert wird, wenn der Futteranbau zunimmt und der Regenwald dem Sojaanbau in Monokultur und ausgedehnten Weideflächen für unzählige Rinder weichen muss. Wir brauchen aber nicht bis nach Südamerika zu blicken, um den Artenschwund zu bemerken. In der Europäischen Union werden 60 Prozent der landwirtschaftlichen Nutzflächen für den Futteranbau genutzt. Durch den Anbau von Monokulturen, Überdüngung und den Einsatz von synthetischen Pestiziden wird auch bei uns die Artenvielfalt auf diesen Flächen stark zurückgedrängt.

Ein Flugzeug im »Krieg gegen die Natur« versprüht großflächig Pestizide. (Carolyn Parsons – CC-BY-SA-4.0)

Der Artenschwund ist sowohl bei den Pflanzen als auch bei den Tieren feststellbar und jeweils mit erheblichen volkswirtschaftlichen Kosten verbunden.

Was heißt hier Produktivitätssteigerung?

Das übliche Verständnis von Produktivität in der Tierhaltung greift daher zu kurz und ist nicht zukunftsfähig, weil dabei zu viele wichtige Einflussfaktoren unberücksichtigt gelassen werden. Der Ertrag an Menge und Masse bei Fleisch, Eiern und Milchprodukten allein reicht nicht aus, um die tatsächliche Produktivität eines Tierhaltungssystems zu bestimmen. Vielmehr brauchen wir einen erweiterten Produktivitätsbegriff, der den finanziellen Wert der Krankheitsprävention bei den Tieren ebenso einbezieht wie ökologische und gesundheitliche Schadensvermeidung, vor allem aber auch mögliche ökologische Wertschöpfung in den Bereichen Klimaschutz, Artenschutz, Bodenfruchtbarkeit, Gewässerschutz und der Förderung regionaler Wasserkreisläufe.

Ob eine Kuh unterm Strich eine »Klimakillerin« oder eine Umweltschützerin ist, hängt davon ab, wo, wie und von was sie lebt. Wenn sie in extensiver Bewirtschaftung eine lichte Wald-Weide-Landschaft pflegt und gestaltet, ist sie letztendlich produktiver als ihre leidenden Artgenossinnen in der industriellen Tierhaltung, auch wenn sie am Ende ihres Lebens deutlich weniger Fleisch auf die Waage bringt und weniger Milch abgeliefert hat. Wald-Weide-Landschaften können große Mengen an Treibhausgasen langfristig in Biomasse umwandeln, sie gelten außerdem als Hotspots der Artenvielfalt, können die regionale Wasserversorgung verbessern, kommen ohne künstlichen Stickstoffdünger und synthetische Pestizide aus und kühlen die Landschaft durch ihre vielen Schattenflächen weit mehr, als Kraftfutter-Monokulturwüsten das jemals könnten.

Wenn die Schadensvermeidung und die Ökosystemleistungen in den Produktivitätsbegriff mit einbezogen werden, zeigt sich, dass die industrielle Tierhaltung mit ihren Turbo-Kühen und in Rekordgeschwindigkeit wachsenden Schweinen und Geflügel verglichen mit artgerechter Tierhaltung in ökologisch wertvollen Landschaften zu wenig produktiv ist, weil sie eben zu viele schädliche und kostenintensive und zu wenig positive Nebenwirkungen hervorruft.

Diese Schlussfolgerung deckt sich in wesentlichen Punkten mit den Ergebnissen des Abschlussberichts der Zukunftskommission Landwirtschaft aus dem Jahr 2021. Dort heißt es: »Die ökologische und (tier-)ethische Verantwortbarkeit der Landwirtschaft ist am effektivsten und dauerhaftesten zu verbessern, indem die Vermeidung ihrer derzeitigen beträchtlichen volkswirtschaftlichen Kosten in betriebswirtschaftlichen Nutzen überführt wird. Das Agrar- und Ernährungssystem muss deswegen so angelegt sein, dass die Steigerung der positiven Wirkungen und die Vermeidung schädlicher Effekte auf Klima, Umwelt, Biodiversität, Tierwohl und menschliche Gesundheit im unternehmerischen Interesse der landwirtschaftlichen Produzent:innen liegen können.

Die Politik ihrerseits muss diese Entwicklung befördern und beschleunigen. Dazu sollte sie ihr gesamtes Instrumentarium (von der Rechtsetzung über die Agrarverwaltung bis hin zur finanziellen Förderung) schlüssig integrieren und sorgfältig mit anderen Politikfeldern (wie unter anderem der Handels-, Verbraucher-, Bau- oder Bildungspolitik) abstimmen. Zudem empfiehlt es sich, nach Möglichkeit von einer indikatorbasierten Input- auf eine wirkungsorientierte Prozess- und Outcomesteuerung umzustellen sowie regionalen Kooperationen und auch zielgerichteten Erprobungsversuchen besondere Bedeutung beizumessen.«[7]

Bezogen auf unser Beispiel mit der Kuh würde das bedeuten, dass der Staat beziehungsweise letztendlich die Steuerzahler:innen dafür bezahlen, dass Bäuer:innen zum Beispiel multifunktionale Agroforstsysteme anlegen und diese mithilfe von Kühen, Schweinen, Puten oder Hühnern in artgerechter Tierhaltung pflegen und gestalten. Der Ertrag aus dem Verkauf von Fleisch, Eiern und Milchprodukten würde dann zusammen mit den Erträgen aus den geleisteten Ökosystemleistungen den Gesamtertrag bilden, der so hoch sein müsste, dass die Landwirt:innen gut davon leben können.

Damit würde sich das Tätigkeitsfeld der Bäuer:innen erweitern. Sie wären dann nicht mehr nur Produzent:innen von Fleisch, Eiern und Milchprodukten, sondern würden gleichzeitig als Landschaftspfleger:innen, Klimaschützer:innen, Hüter:innen der Artenvielfalt und der Reinheit des Wassers entlohnt. Das würde ohne Zweifel ihr Image deutlich stärken und ihnen endlich diejenige Anerkennung zukommen lassen, die ihnen, gemessen an ihrer Verantwortung, eigentlich zusteht. Die biologische Landwirtschaft leistet in diesem Kontext schon recht viel.

Es ist nicht primär Aufgabe von Politik, Futtermittelhersteller:innen, Pharmaunternehmen, Fleischfabrikbesitzer:innen und Tiertransportunternehmer:innen, maximalen Profit zu sichern, sondern diejenigen Tierhaltungs- und Landwirtschaftsformen zu fördern, die eine gute und gesunde Versorgung der Bevölkerung mit Lebensmitteln langfristig sicherstellen können und die gleichzeitig volkswirtschaftlich gesehen die günstigsten und ökologisch und gesundheitspolitisch gesehen die sinnvollsten Systeme sind.

Wenn sich die Subventionspolitik in Zukunft konsequent an diesem ganzheitlichen Produktivitätsverständnis ausrichtet und die Bäuer:innen bei der Umstellung ihrer Betriebe auf artgerechte Tierhaltung bei gleichzeitiger Optimierung von Erträgen und Ökosystemleistungen ausreichend fördert, dann werden sie sich an diesen Transformationsprozessen auch gern beteiligen, nicht nur, weil ihnen dies eine sichere Lebensgrundlage bieten würde, sondern auch, weil das eine Aufwertung ihres Berufes zur Folge hätte. Und wir als Gesellschaft würden sehr schnell, und vor allem noch rechtzeitig vor dem Erreichen verschiedener Kipppunkte, positive Veränderungen feststellen können.

Das Lebewesen Rind

Das in Eurasien ursprünglich weitverbreitete Wildrind war der Auerochse. Die Herden durchstreiften die Wälder und pflegten und gestalteten neben anderen großen Pflanzenfressern die Landschaften.

Das Fleisch war sehr begehrt, was schließlich durch nicht nachhaltige Jagd zu seiner Ausrottung führte.

Die Vorfahren der heute in Europa und Nordamerika verbreiteten Rinderrassen kamen allerdings ursprünglich aus den Gebieten des Nahen Ostens, die als Ursprungsregionen von Ackerbau und Viehzucht bekannt sind. In den regenreichen Weidegebieten begann die Domestizierung der Wildrinder bereits vor 10 000 Jahren. Durch Züchtung wurden die umgänglichsten und die ertragreichsten Tiere selektiert und dabei auch das Aussehen und die Anatomie deutlich verändert. Der Rumpf der Rinder wurde länger und massiger und das Euter größer. Den züchterischen Vorsprung der Viehzüchter des Nahen Ostens machten sich die Europäer zunutze. Vor circa 8 500 Jahren sollen riesige Herden aus den Gegenden des Fruchtbaren Halbmonds nach Europa getrieben worden sein. Sie bildeten dann den Ausgangspunkt für weitere Züchtungen.

Wie die Schweine wurden auch die Rinder in Europa über lange Zeiträume in Hutewäldern gehalten. Hute kommt von hüten. Die Tiere wurden von Hirten begleitet und durch die Waldweideflächen geführt, wo sie dafür sorgten, dass die Landschaften licht und reich strukturiert blieben, zumindest wenn sie nicht durch Übernutzung, das heißt durch zu hohe Tierbestände, geschädigt wurden.

Wiesen und Wald sind Heimat für Rinder – hier auf dem Demeter Hof Gut Rengoldshausen. (Sonja Pöhlmann)

In diesen biodiversen Landschaften fanden die Rinder nicht nur ausreichend vielfältige Nahrung, sondern auch Schattenflächen unter Bäumen, wo sie sich ausruhen und wiederkäuen konnten. In Weidehaltung verbringen Rinder acht bis zehn Stunden am Tag mit der Nahrungsaufnahme und vier bis neun Stunden mit Wiederkäuen.

Rinder sind Herdentiere mit einer ausgeprägten Rangordnung. Sie leben natürlicherweise in Gruppen von 20 bis 30 Tieren. Bei mehr als 50 Tieren bilden sich Untergruppen. Rinder halten gerne eine »Individualdistanz« ein. Es sei denn, sie haben sich darauf verständigt, dass sie Nähe wollen. Dann belecken sie sich gegenseitig oder liegen dicht beieinander. Nach der Geburt beriecht und beleckt die Kuh ihr Kalb ausgiebig. Danach kann sie es am Geruch wieder erkennen, bald auch am Klang der Stimme und durch optische Erkennung. Kuh und Kalb erkennen sich auch im fortgeschrittenen Alter wieder.

Übrigens enthalten Kuhfladen nicht nur sehr viele Nährstoffe, sondern sind auch Hotspots für eine grosse Vielfalt an Mikroorganismen, mit denen Kühe indirekt den Boden bereichern und dadurch erheblich zum Aufbau einer natürlichen Bodenfruchtbarkeit beitragen.

Kritik an Haltung, Züchtung, Ernährung, Transport und Schlachtung von Rindern

Ursprünglich züchtete man Rinder für den üblichen dreifachen Nutzen als Milch- und Fleischlieferant sowie als Zugtier. In der heutigen Zucht werden die Tiere auf singuläre »Leistungsmerkmale« selektiert, wie etwa hohe Fruchtbarkeit, leichte Geburten, eine hohe Milchleistung oder einen ausgeprägten Fleischansatz. Die für maximale Milchproduktion gezüchteten Kühe haben riesenhafte Euter und wirken oft bis »auf die Rippen« ausgemergelt.

Sie sind so gezüchtet, dass möglichst viel Futter, sprich Energie, in die Milchproduktion geht. Hier trifft der Begriff Qualzucht in besonders perverser Form zu.

Bei anderen Züchtungen steht das schnelle Fleischwachstum im Vordergrund. Am häufigsten verbreitet ist die Bullenmast. Denn Bullen setzen schneller und mehr Fleisch an als Kühe. Ihr Schlachtgewicht erreichen sie nach 18 bis 20 Monaten. In der Mast stehen die Tiere meist dicht gedrängt auf Spaltenböden.

Extreme Bedingungen herrschen in den sogenannten Feedlots. Das sind Fressplätze für die Endmast von Schlachtvieh. Es gibt sie vor allem in den USA, Uruguay, Argentinien und auch Australien. Hier werden die Tiere innerhalb kürzester Zeit zur »Schlachtreife« gemästet. Sie bekommen hauptsächlich Kraftfutter in Form von Mais und Soja, um möglichst schnell Gewicht anzusetzen, wobei auch Doping mit Hormonen eingesetzt wird. Zum Glück ist solches Hormonfleisch bei uns Deutschland verboten.

Knochengestell und Monstereuter – auch noch zur Schau gestellt und »ausgezeichnet«. (»Kassensturz«, Schweizer Radio und Fernsehen)

Mastbullen auf Vollspaltenboden im sogenannten Aufsprungschutz, der an allen Seiten geschlossen und somit auch ein Käfig ist. (VGT.at/VEREIN GEGEN TIERFABRIKEN, die Aufnahmen wurden dem VGT anonym zur Verfügung gestellt)

Luftaufnahme Wainui Feedlot in Australien. (Farm Transparency Project – Creative Commons Attribution 4.0 International License)

Die tierquälerische Anbindehaltung – hier für Mastbullen – ist noch immer legal. (aktion tier/Ursula Bauer)

Rinder fressen normalerweise faserreiches Raufutter. Die nicht artgemäße Ernährung führt oft zu Entzündungen im Pansen oder an anderen Stellen des Körpers. Die Rinder sollen sich während der Mast nicht viel bewegen, weil das die Gewichtszunahme mindert, und stehen oft knietief in ihrem eigenen Kot und Urin. Feedlots haben Platz für bis zu 100 000 Tiere!

Die Endmast dauert etwa 100 Tage. Davor haben die Rinder in der Regel 18 Monate in Weidehaltung gelebt. Die Ernährung mit viel Kraftfutter macht das Fleisch besonders zart, was als Premiumfleisch in Europa sehr beliebt ist und in großen Mengen importiert wird.

Viel besser geht es den meisten Mastrindern aber auch in Mitteleuropa nicht. Viele Kühe leben noch immer im Anbindestall, der nur eine sehr eingeschränkte Bewegung zulässt, oder das ganze Jahr in Laufställen mit Liegeboxen. In der Schweiz sieht über die Hälfte der Mastrinder niemals eine grüne Wiese und in Deutschland sehen sogar nur gut 30 Prozent der Rinder in ihrem Leben eine Weide.

Kaum Platz und im Kot liegend – so trostlos kann Massentierhaltung von Rindern sein. (VGT.at/VEREIN GEGEN TIERFABRIKEN, die Aufnahmen wurden dem VGT anonym zur Verfügung gestellt)

Ab 400 Kilo wird für das Rind eine Mindestfläche von nur drei Quadratmetern zugesprochen Die Tiere haben kaum Rückzugsmöglichkeiten und erkranken oft an den Klauen, haben eitrige Wunden oder sogar Knochenbrüche.

Damit sich die gestressten Tiere nicht gegenseitig verletzen, verlangt die Unfallverhütungsvorschrift in Deutschland die Enthornung, wenn durch die Art der Tierhaltung von den Hörnern eine Gefahr ausgeht. Und das ist in der industriellen Tierhaltung eigentlich immer der Fall, weil die Tiere zu wenig Platz haben.

Die Enthornung von Rindern muss in Deutschland unter Verwendung von Schmerzmitteln stattfinden. Ausgenommen davon sind Kälber, die jünger sind als sechs Wochen. Die dürfen in Deutschland im Gegensatz zur Schweiz und Österreich auch ohne Betäubung und Schmerzmittel enthornt werden. Aber hier gibt es inzwischen zum Glück Empfehlungen und Akzeptanz, dies nicht mehr zu tun. Auch in Ökobetrieben werden Rinder meistens enthornt. Ausnahme ist der Bio-Verband Demeter, bei dem die Enthornung konsequent verboten ist. Das bedeutet, dass Rinder in Demeter-Betrieben am ehesten unter Bedingungen leben, die so sind, dass die Tiere sich nicht stressbedingt verletzen.

In den USA gibt es zertifizierte »Bio«-Milchviehbetriebe mit bis zu 15 000 Kühen an einem Ort. Es braucht keine Fachkenntnisse, um sich vorzustellen, dass der im biologischen Landbau gebotene Weidegang für Kühe in solchen Größenordnungen unmöglich ist, was aber auch in der Bio-Gesetzgebung der USA gefordert wird. Hierzulande sind im ökologischen Landbau diese Irrungen undenkbar. Die Besitzer von solch einem »Bio«-Milchviehmassenbetrieb wurden schon mehrfach verklagt und vor ein paar Jahren wegen 14 Gesetzesverstößen auch zu 7,5 Millionen US-Dollar Strafe verurteilt. Statt permanenten Lizenzentzugs durften sie schon nach einer einjährigen Bewährungszeit weiter Biomilch erzeugen.

Die Lebensbedingungen der Milchkühe sind kaum besser als in Mastbetrieben, wo Bullen oder Ochsen in Ställen auf Spaltenböden leben müssen. Die durchschnittliche Milchleistung hat sich seit 1900 fast vervierfacht. Von 2 165 Kilogramm pro Kuh im Jahr 1900 auf 8 488 Kilogramm pro Kuh im Jahr 2021. Kühe können eigentlich 30 Jahre und älter werden, Milchkühe werden krankheitsbedingt heutzutage aber durchschnittlich schon nach vier bis fünf Jahren aussortiert und geschlachtet, das heißt, sie bekommen dann nur zwei Kälber. Früher waren das oft zehn und mehr Kälber. Auch Milchkühe werden in der Regel mit viel und oft importiertem Kraftfutter ernährt, damit sie diese enorme Milchleistung erreichen. Der Anbau und der Verkauf von Kraftfutter ist durch die industrielle Tierhaltung zum Milliardengeschäft geworden.

Das Lebewesen Schwein

Die Geschichte der Schweinehaltung beginnt mit den behaarten Vorfahren aus dem Wald. Das Wildschwein ist auf allen Kontinenten außer der Arktis verbreitet. Eurasische Wildschweine durchstreifen seit Urzeiten die Wälder des Fernen Ostens, Südostasiens und Europas. Mit ihren bis zu 20 Zentimeter langen als »Hauer« bezeichneten Eckzähnen durchwühlen Wildschweine den Boden nach Nahrung. Ihr hervorragender Geruchssinn hilft ihnen dabei, alles zu finden, was essbar ist. Obwohl sie Regenwürmer, Schnecken, Insekten, Frösche, Schlangen und anderes Kleingetier mögen, macht pflanzliche Nahrung den Hauptteil ihrer Ernährung aus. Neben Eicheln, Baumrinde, Zwiebeln und Pilzen mögen sie auch Kartoffeln und Gemüse und vor allem Getreide und Mais. Das macht sie allerdings auch für den Menschen zu Nahrungskonkurrenten. Zunächst waren die Wildscheine Jagdbeute, aber schließlich wurden sie durch Domestizierung und Züchtung zu Haustieren und damit zu einem lebendigen Fleischvorrat.

Schweine sind neugierige, intelligente und lernfähige Tiere, denen man auch Kunststücke beibringen kann. Die ausgeprägten Herdentiere haben abwechslungsreiche Sozialkontakte sowie erstaunlich unterschiedliche Charaktere. Manche sind aufgeschlossen und unternehmungslustig, andere eher mürrisch und ungesellig.

Freilaufende Iberische Schweine im Eichenwald in Spanien. (JamonSeleccion / Pixabay)

Wenn in der Gruppe gestritten wird, kommt es vor, dass einzelne Schweine die Rolle des Streitschlichters übernehmen, indem sie mit den streitenden Schweinen Körperkontakt aufnehmen.

Schweine sind zu Mitgefühl und Mitleid fähig und können anhand der Stimmlage menschliche Emotionen deuten. Ihre eigenen inneren Erlebnisse und Botschaften bringen sie durch Grunzen, Quieken oder Kreischen zum Ausdruck und erleben dadurch auch mit, ob ihre Artgenossen gerade glücklich, ängstlich, wütend oder verzweifelt sind. Schweine haben einen ausgeprägten Reinlichkeitssinn. Wenn sie durch Platzmangel nicht dazu gezwungen würden, würden sie niemals an dem Ort schlafen, wo sie ihre Geschäfte verrichten.

Die Hutewälder bedeckten in früheren Zeiten große Flächen zwischen den Siedlungen und den Fluren. Der Wert eines Waldes wurde lange Zeit daran bemessen, wie viele Schweine man zur Mast in ihn hineintreiben konnte.

Heute leben die meisten Schweine dicht gedrängt, einseitig ernährt und ohne viel Bewegungsfreiheit in Mastbetrieben in Kastenständen oder Boxen auf Betonspaltenböden beziehungsweise sogenannten Flatdecks.

In enge Buchten eingepferchte Schweine ohne Bewegungsfreiheit. (ANINOVA e. V.)

Kritik an Haltung, Züchtung, Ernährung, Transport, Schlachtung von Schweinen

In Deutschland wurden im Jahr 2021 etwa 23,8 Millionen Schweine gehalten. Das ist erstaunlicherweise nur etwa ein Drittel mehr als im Jahr 1900 (16,8 Millionen), als ganz viele Menschen ihr Hausschwein hielten und weitgehend mit Abfällen mästeten. Die Tiere werden in der industriellen Tierhaltung aus Effizienz- und Profitgründen auf sehr engem Raum gehalten und haben somit äußerst wenig Bewegungsfreiheit.

Da ihr einziger Zweck in den Mastanlagen darin besteht, so schnell wie möglich viel Fleisch anzusetzen, leben sie in den meisten dieser Fleisch»fabriken« im Dauerstress und zeigen Verhaltensweisen, die eigentlich nicht in ihrer Natur liegen. Dazu gehört, dass sie sich gegenseitig den Schwanz oder Ohren abbeißen oder anderweitig verletzen. Um diesem Kannibalismus vorzubeugen, schneidet man ihnen den Schwanz ab und schleift ihnen die Zähne.

Das an die Mastschweine verfütterte Kraftfutter enthält alles, was nötig ist, damit die Tiere so schnell wie möglich Fleisch ansetzen. Dabei kann es zu Knochenbrüchen kommen, da das Fleisch schneller wächst, als die Knochen an Stabilität gewinnen. In den wegen der Seuchengefahr hermetisch abgeriegelten großen Ställen haben indus-

Traurigkeit pur – Tierleid schaut uns an. (ANINOVA e. V.)

triell produzierte Mastschweine zu keinem Zeitpunkt ihres Lebens Gelegenheit, im Freiland zu sein, um zum Beispiel im Boden nach Nahrung zu wühlen, wie es für ihre Art typisch wäre.

Die sogenannten modernen Schweinerassen haben durch Züchtung zusätzliche Rippen und damit mehr Koteletts bekommen. Die Rassen sind durch diese Züchtung und die Art ihrer Haltung sehr krankheitsanfällig geworden und werden meist durchgängig mit Medikamenten behandelt. Demgegenüber sind alte Rassen sehr viel robuster und können teils ganzjährig im Freien gehalten werden.

In ihrem Leben müssen Schweine oft mehrfache Lebendtransporte über sich ergehen lassen, weil die Produktion arbeitsteilig organisiert ist und unterschiedliche Betriebe sich entweder auf Zucht, Ferkelerzeugung oder Mast spezialisiert haben. Da regionale kleine Schlachtereien schon lange von immer größer werdenden Schlachtbetrieben verdrängt werden, werden die Transporte dadurch auch länger.

Mastschweine werden nach rund sechs Lebensmonaten in den Schlacht»höfen«, die heuer in der Regel gigantische Fabriken sind, geschlachtet. Die Tötung mit an den Schläfen angesetzten Elektrozangen ist ein Weg. Aber etwa 60 Prozent der Schweine werden nach Informationen der Tierschutzorganisation Peta vor der Schlachtung durch CO2 betäubt. Hierbei werden sie in kleinen Käfigen in einer paternosterarti-

Schweine im LKW-Transport auf dem Weg zur Schlachtung. (ANINOVA e. V.)

gen Anlage in die Tiefe gelassen. Sobald sie in den Bereich mit dem CO_2 gelangen, geraten sie in Panik, weil sie keine Luft mehr bekommen. Sie schreien und zappeln und schlagen sich an den Käfigwänden blutig, bis sie schließlich das Bewusstsein verlieren. Unfassbar und skandalös, dass solche Verfahren in angeblich so zivilisierten Ländern zugelassen sind.

Wohin die konsequente Weiterentwicklung der industriellen Tierhaltung zu immer größer und billiger führen kann, zeigt ein Blick nach China, wo allein circa die Hälfte aller Schweine weltweit gemästet wird. Von 400 Millionen Schweinen mussten übrigens bei der afrikanischen Schweinepest vor zwei Jahren 200 Millionen Tiere gekeult, das heißt notgeschlachtet werden. Das Gemetzel sprengt eigentlich die Vorstellungskraft.

Da in China Land ein sehr knappes Gut ist, werden im großen Stil für die Schweinemast 6- bis 7-stöckige Wohnhäuser gebaut. In der Provinz Hubei wurde sogar ein 26-stöckiger Schweinemast-Wolkenkratzer in die Landschaft gesetzt. Da vegetieren (leben kann man das ja nicht nennen) dann mehrere Hunderttausend Schweine. Weder minimalstes Tierwohl noch auch nur ansatzweise Umweltschutz sind in solchen gigantischen Systemen möglich.

Schweinehochhäuser sind keine chinesische Erfindung – das gab es auch von der DDR geerbt wie hier in Sachsen-Anhalt bis 2018 bei uns. (Deutsches Tierschutzbüro / ANINOVA e. V.)

Um die Lust der Chines:innen auf Schweinefleische (60 kg pro Jahr) bei steigender Kaufkraft befriedigen zu können, wurden bis 2021 sage und schreibe 17 Milliarden Euro in diese Mega-Massentierhaltung investiert. Ironischer Aspekt dieses Wahnsinns ist die Tatsache, dass diese riesigen Fleichproduktionshochhäuser derzeit defizitär sind, denn wegen des Überangebots an Schweinen haben sich die Preise in den letzten 2–3 Jahren halbiert.[8]

Die Lebewesen Huhn & Hahn

Die ursprüngliche Heimat der Hühner liegt in den Urwäldern Südostasiens. Die heutigen Haushühner stammen von dem Bankiva-Huhn ab, einem Wildhuhn mit wunderschönem Federkleid, das bis heute erhalten geblieben ist, das aber im Gegensatz zu seinen domestizierten Nachfahren noch sehr schnell und wendig fliegen kann.

Bankivahahn in voller Farbenpracht in seinem natürlichen Lebensraum in Thailand. (Jason Thompson – CC BY 2.0)

Bereits 6 000 vor Christus hat in China eine erfolgreiche Domestizierung stattgefunden. Von dort gelangten die Hühner über den Nahen Osten nach Nordafrika, von wo sie sehr wahrscheinlich von griechischen Händlern nach Europa mitgebracht wurden. Hühner verbringen die meiste Zeit am Boden, leben aber gern im Umfeld von

Bäumen. Dort können sie sich am Abend »aufbaumen«, das heißt, auf einem Ast ein Ruheplätzchen für die Nacht finden und tagsüber in einigermaßen geschützter Umgebung auf Futtersuche gehen. Aus den Ästen auf Bäumen sind im Zuge der Domestizierung Sitzstangen in Hühnerställen geworden, die aber in den industriellen Formen der Käfig- oder Bodenhaltung verschwanden.

In Europa gehören vor allem Füchse und Greifvögel zu den natürlichen Feinden. Hühner sind Frühaufsteher. Auf Nahrungssuche gehen sie gern am frühen Morgen und am späten Nachmittag. Für eine ausgewogene Ernährung benötigen sie sowohl tierische als auch pflanzliche Futterstoffe. Sie suchen im Boden nach Würmern und Insekten, fressen aber auch gern Getreide, Gräser, Klee und Brennnesseln. Mit der Nahrung nehmen sie auch Sand und kleine Steine auf. Da sie keine Zähne haben, hilft ihnen das bei der Zerkleinerung der Nahrung im Magen und bei der Verdauung.

Hühner lieben es, ein Sand- oder Staubbad zu nehmen. Dabei plustern sie ihr Gefieder auf und wälzen sich in Bodenmulden. Das hilft ihnen, ihr Gefieder von lästigen Milben zu befreien. Sie leben in einer strengen Rang- und Hackordnung. Die Rangordnung wird durch Kämpfe festgelegt. Sobald diese ausgetragen wurden, kehrt in der Regel Ruhe ein. Hühner sind gesellige Tiere, die in Gruppen leben. Der Hahn verteidigt »seine« Hühner durch lautes Krähen und Flügelschlagen. Ihre Eier legen Hühner am liebsten in ein Nest aus Stroh. Wenn Glucken Eier bebrüten, drehen sie sie immer wieder und sorgen dabei für eine konstante Temperatur von 25 Grad Celsius. Nach etwa drei Wochen schlüpfen die Küken, indem sie die Schale von innen mit ihrem sogenannten Eizahn auf dem Schnabel durchstoßen. Sobald ihr Gefieder getrocknet ist, sind sie in der Lage, ihrer Mutter hinterherzulaufen. Damit sind sie im wahrsten Sinn des Wortes Nestflüchter. Mutter und Küken erkennen sich vor allem an der Stimme, aber auch optisch. Sie verständigen sich durch Gegacker, das sehr unterschiedlich klingen kann, und durch glucksende Laute. Ein Wildhuhn legt 30 bis 40 Eier pro Jahr. Auf Höchstleistung gezüchtete Hühner kommen auf bis zu 320 Eier pro Jahr.

Kritik an Haltung, Züchtung, Ernährung, Transport und Schlachtung von Geflügel

Die Anzahl an Geflügel hat sich in Deutschland seit 1900 fast verdreifacht. Wie Rinder und Schweine werden auch Hühner, Puten, Gänse und Enten auf engstem Raum gehalten.

Viele Jahrzehnte war die Käfighaltung bei Hühnern dominierend. Die Bodenhaltung in großen Ställen ist kaum besser als Käfige und dominiert vor allem nach wie vor die Produktion von Lege- und Masthühnern, Puten, Gänsen und Enten. Die Genehmigung für Käfighaltung läuft zum Glück 2025 endgültig aus.

Noch immer werden weltweit sehr viele Eier von in Käfigen eingesperrten Hühnern gelegt. (ANINOVA e. V.)

Auch Hühner entwickeln schwere Verhaltensstörungen in der industriellen Tierhaltung und neigen zu Federpicken und wie Schweine ebenfalls zu Kannibalismus

Um eine gegenseitige Verletzung zu verhindern, kürzt man ihnen die Schnäbel und Krallen. Sie werden auch mit sehr energiereichem Kraftfutter gefüttert. Das Soja kommt überwiegend aus Südamerika, wo meist mit Gentechnik veränderte Sorten zum Einsatz kommen. Weil die Vögel nicht in einer artgemäßen natürlichen Umgebung leben, sich nicht ausreichend bewegen und ihre Nahrung nicht selbst suchen können, sind sie stark krankheitsgefährdet. Daraus folgend ist ein hoher und zum Teil präventiver Medikamenteneinsatz unumgänglich.

Die Züchtung verläuft für Legehennen und Masthähnchen komplett getrennt in zwei verschiedene Richtungen, um maximale Erträge zu erzielen: Die Wachstumsgeschwindigkeit bei Masthähnen wurde durch Züchtung extrem gesteigert. Ihr Schlachtgewicht von 1,5 bis 2 Kilogramm erreichen sie in 32 bis 38 Tagen. Mit anderen Worten ist schon im Kindesalter das Leben zu Ende. Bei über 90 Prozent der Masthähnchen wurden wegen der hohen Wachstumsgeschwindigkeit und den angezüchteten übergroßen Brustteilen Knochenbrüche festgestellt. Das betrifft leider, wenngleich in deut-

Zu dem Tierleid braucht es keine Worte mehr. (ANINOVA e. V.)

lich geringerem Ausmaß, durchaus auch Hühner, die aus zertifizierten Ökobetrieben kommen, die aber eine merklich längere Lebenszeit und artgerechten Freilauf haben und mit Futter aus biologischem Anbau gefüttert werden.

Bei fast jedem Tag ein Ei sind Legehennen nach ein bis anderthalb Jahren so ausgepowert, dass sie kaum noch Eier legen können und quasi als Teenager als Suppenhühner oder im Tierfutter enden.

Hühner werden auch lebend und dicht gedrängt transportiert. Die Tiere erleiden dadurch maximalen Stress.

In der industriellen Hühnerhaltung werden bei der Schlachtung die Tiere meist per Stromschlag betäubt, indem sie kopfüber an den Füßen aufgehängt und dann mit dem Kopf in ein Wasserbad getaucht werden, durch das Strom fließt. Auch hier kommt es häufig zu Fehlbetäubungen, sodass diese Tiere ihre Tötung bei vollem Bewusstsein erleben.

Dieses Problem gilt leider auch für Rinder und Schweine, wie es die Tierschutzorganisation Peta wie folgt zusammenfasst: »Laut Bundesregierung sind je nach Betäubungsart 3,3 bis 12,5 Prozent der Schweine und 4 bis über 9 Prozent der Rinder nicht ausreichend betäubt, wenn sie kopfüber an einem Bein aufgehängt werden und ihre Kehle durchtrennt wird.

In absoluten Zahlen bedeutet dies jährlich weit über 300 000 Rinder und über 6 Millionen Schweine – die Dunkelziffer liegt wahrscheinlich weitaus höher.«[9]

Puten, Gänse, Enten, Wachteln – auch anderes Federvieh erleidet ein qualvolles Schicksal

Gefühlt und wohl auch faktisch leiden beim industriell gehaltenen Federvieh vor allem Puten sogar noch mehr als Hühner und Hähne. Das fängt schon bei der abartigen Produktion der Putenküken an. Die qualvolle Enge im Maststall steigert sich vor allem zum Ende des »Lebens«zyklus ins kaum Vorstellbare.

Puten in der Massentierhaltung. (ANINOVA e. V.)

Die angezüchtete enorme Brustbemuskelung ist schlimmste Qualzucht, denn die Tiere können sich damit kaum auf den Beinen halten.

Bei den Gänsen, und was vielen Menschen nicht bekannt ist, auch bei Enten sind das Stopfen zur Erzeugung übermässig großer und fetter Lebern für «Foie Gras» sowie das Lebendrupfen der Daunen besonders extreme Perversionen der tierquälerischen Haltung.

Käfighaltung und Futterstopfmaschine für Gänsefleisch zum Ramschpreis und Foie Gras. (VIER PFOTEN International)

Schafe und Ziegen

Schafe und Ziegen haben das Glück, dass sie sich nicht wirklich für industrielle Produktion eignen und deshalb viel weniger leiden müssen.

Der Bestand an Schafen und Ziegen ist in Deutschland seit 1900 stark zurückgegangen. Aber nach wie vor ist die Wolle der Schafe sehr beliebt. Den Schafen wurde der natürliche Fellwechsel weggezüchtet, der ihnen ermöglichte, sich an klimatische und saisonale Veränderungen anzupassen. Zu Recht spricht man hier auch von Qualzüchtung, weil die Tiere bei hohen Temperaturen ein viel zu dickes und schweres Fell tragen müssen und nach der Schur dann kalten Temperaturen schutzlos ausgeliefert sind. Merinoschafe wurden auf maximale Wollproduktion gezüchtet. Sie liefern heute 18 Kilogramm Wolle pro Jahr. Vor 200 Jahren waren es lediglich zwei Kilogramm Wolle.[10] Wenn sie nicht mehr genügend Wolle produzieren, werden sie ausgemustert. Australien verschifft jährlich rund eine Million Wollschafe in den Nahen Osten oder in afrikanische Staaten. Sie sind dann wochenlang dicht gedrängt auf Containerschiffen unterwegs, bevor sie in den Bestimmungsländern oft ohne Betäubung geschlachtet werden.

Schafe beim Verladen auf ein Containerschiff. (Compassion in World Farming (CIWF))

Es sind glücklicherweise Bestrebungen im Gange, den Lebendexport in der EU zu verbieten.

Bei Ziegen ist die Tatsache ein Problem, dass die männlichen Zicklein praktisch keinen Nutzen und damit Marktwert haben: Sie sind Konkurrenz um die Ziegenmilch und können eigentlich nicht profitabel gemästet werden, was sie meistens zu einem Abfallprodukt macht, das eventuell noch als Hundefutter Verwertung findet.

Pferdehaltung – vom Acker in die Reithallenbox

Pferde waren sehr wichtige Nutztiere in der Landwirtschaft. 1950 lebten in Deutschland noch circa 2,3 Millionen Pferde. Dann eroberten die Traktoren auch die kleineren Bauernhöfe, was die Anzahl von Pferden massiv reduzierte. Aber in den letzten 40 Jahren boomt die Pferdehaltung, wobei heute diese Tiere so gut wie gar nicht mehr in Land- und Forstwirtschaft eingesetzt werden, denn 98 Prozent werden für Freizeit und Sport genutzt. Den Boom belegt die Tatsache, dass es heute mit wieder etwa einer Million Pferden viermal so viele Tiere gibt wie vor 40 Jahren.

Das Pferd als Zugtier, aber auch als Nahrungsquelle hat bei uns weitgehend ausgedient, aber in vielen Regionen der Welt sind Pferde, Esel und andere Zugtiere in der Landwirtschaft noch von zentraler Wichtigkeit. Hierzulande bedeutungsvoll sind Pferde, wenn man auf den Wirtschaftsfaktor der Pferdebranche schaut. Schätzungen gehen davon aus, dass jährlich rund ums Pferd fünf Milliarden Euro umgesetzt werden. Während viel Geld für »Leckerli und Gerten« ausgegeben wird, gibt es im Hinblick auf die Haltung der Pferde Kritisches anzumerken. In der freien Natur sind die Lauf- und Fluchttiere circa 16 Stunden am Tag unterwegs und legen dabei bis zu 40 Kilometer zurück. Sie sind auch ausgeprägte Herdentiere. Es braucht nicht viel Fantasie, sich vorzustellen, dass die weitverbreitete Haltung von Pferden in Boxen bei Gestüten, Pensionsbetrieben und in Reithallen alles andere als eine artgerechte Haltung bietet. Die Vorgabe der deutschen reiterlichen Vereinigung für das Mindestplatzangebot einer Box liegen bei gerade mal zwölf Quadratmetern pro Pferd.

Beim Blick zurück in die Zeiten, in denen bei uns Pferde noch zur Landwirtschaft gehörten, zeigen sich auch viele Schattenseiten. Die Haltung war auch damals alles andere als artgerecht und sehr viele Tiere wurden geschunden oder hatten ein miserables Leben.

Es gibt einen sehr widerlichen wirtschaftlichen Zweig der Pferdehaltung, der im direkten Zusammenhang mit der industriellen Tierhaltung steht. Es handelt sich um sogenannte Blutstuten. Unter miserablen Bedingungen werden schwangere Pferde

PMSG-Gewinnung in Island: Eine Stute zeigt während der Blutentnahme klare Anzeichen von Stress und Angst.
(Animal Welfare Foundation/Tierschutzbund Zürich)

auf sogenannten Blutfarmen in Argentinien, Uruguay, aber auch in Island gehalten, um in unvorstellbaren und ihre Gesundheit bedrohenden Mengen Blut abzuzapfen, um daraus das darin enthaltene Hormon PMSG (Pregnant Mare Serum Gonadotropin) zu extrahieren. Millionenfach wird dieses Hormon auch in der deutschen Schweinezucht eingesetzt, denn es manipuliert beziehungsweise synchronisiert die Brunst der Sauen.

Es gibt auch noch sogenannte Urinfarmen. Dort wird tragenden Pferden ein Katheter angesetzt, denn im Stutenurin sind Hormone, die in der Humanmedizin für die Hormontherapie von wechseljahrgeplagten Frauen genutzt werden. Für die Stuten ist das katastrophal. In Ständerhaltung angebunden können sich die armen Tiere nicht einmal hinlegen.

Peta und andere Tierschutzgruppen haben die skandalösen Umstände auf den Urin- und Blutfarmen und das unsägliche Leid der Stuten dokumentiert und inzwischen auch zum Glück für einigen Öffentlichkeitsdruck gesorgt.[11]

https://www.peta.de/themen/presomen-stuten/

Aussterbende Rassen – unwiederbringliche Verluste

Die Biodiversitätskrise manifestiert sich besonders dramatisch und folgenreich bei den bedrohten oder aussterbenden Nutztierrassen. Vor allem im Hinblick auf die extreme genetische Verengerung der wenigen Hochleistungsrassen in der industriellen Nutztierhaltung sind die genetischen Ressourcen der alten Rassen von unschätzbarem Wert, denn sie zeichnen sich unter anderem aus durch gute Konstitution, Genügsamkeit, Langlebigkeit, gute Muttereigenschaften, und ganz besonders wichtig: Sie sind widerstandsfähig gegenüber Krankheiten. Zwei Beispiele, die deutlich machen, wie alarmierend die Situation ist. Laut der Bundesanstalt für Landwirtschaft und Ernährung (BLE) galten 2017 in Deutschland 55 von 77 Nutztierrassen (Pferd, Rind, Schwein, Schaf und Ziege) als vom Aussterben bedroht oder gefährdet. Dies entspricht 71 Prozent der Rassen! Was an Vielfalt verloren geht, zeigt auch ein Blick nach Bayern. Allein dort gab es im 19. Jahrhundert 35 Rinderrassen. Heute sind es nur noch fünf.

Für das Aussterben dieser Rassen gibt es eine Reihe von Gründen, aber die Konsequenz der industriellen Nutztierhaltung dominiert. Zum Glück wird die Katastrophe nicht mehr tatenlos hingenommen. Eine wichtige Rolle zur Erhaltung der Nutz- und Haustierrassen spielt die Gesellschaft gefährdeter Haustierrassen e.V. (GEH), die auch die umfangreiche Dokumentation der sogenannten Roten Liste der aussterbenden Rassen koordiniert. Für so manche Rasse konnte bereits das endgültige Verschwinden verhindert werden. Hierbei hilft auch die Tatsache, dass es inzwischen Fördermittel der Bundesländer für die Halter aussterbender Rassen gibt. Wir Verbraucher:innen können ebenfalls einen Beitrag leisten. Wie erfolgreich die Aussage der Slow-Food-Bewegung ist, »Essen, was man retten will«, wird am Beispiel der ehemals gefährdeten Schwäbisch-Hällischen Schweinerasse deutlich. Diese Tiere sind Passagier in der Arche des Geschmacks; ein Projekt von Slow Food, um Nutztierarten, Kulturpflanzen sowie traditionelle Zubereitungsarten vor dem Vergessen und Verschwinden zu retten.

Das Schwäbisch-Hällische Landschwein ist Passagier in der Arche des Geschmacks – ein Projekt von Slow Food, um Nutztierarten, Kulturpflanzen sowie traditionelle Zubereitungsarten vor dem Vergessen und Verschwinden zu retten. (Bäuerliche Erzeugergemeinschaft Schwäbisch Hall (BESH))

Hier war es vor allem die Nachfrage von Verbraucher:innen nach Fleisch und Wurst dieser robusten Schweinerasse, die viele Schweinehalter:innen motivierte und es ihnen auch wirtschaftlich erlaubte, dieser alten Rasse wieder eine Heimat zu geben.

Mehr Informationen zur Arbeit der GEH und zur Roten Liste unter www.g-e-h.de.

Tierleid – auch in der Aquakultur

Udo Censkowsky

Im Vergleich zur landwirtschaftlichen Nutztierhaltung wurden Tierwohlaspekte in der Aquakultur erst spät wissenschaftlich erforscht und von Tierschutzorganisationen ins öffentliche Bewusstsein getragen. Dafür gibt es verschiedene Erklärungen: Trotz jahrtausendealter Praxis ist die Aquakultur als globaler Wirtschaftszweig noch sehr jung. So hat die kommerziell wichtige Erzeugung von Atlantischem Lachs erst in den 1970er-Jahren ihren Anfang in Norwegen genommen. Entsprechend wurden sich Verbraucher:innen auch erst in der jüngeren Vergangenheit bewusst, dass Fisch zunehmend aus Fischfarmen stammt. Traditionell dominierte die Meeres- und Binnenfischerei die Versorgung mit Fisch und Meeresfrüchten. Heute liefert die Aquakultur aber bereits die Hälfte der Weltfischproduktion. Zudem umfasst die Aquakultur ein unvergleichlich breites Spektrum an Tiergruppen (Weichtiere, Stachelhäuter, Krebstiere, Fische) mit sehr unterschiedlicher Lebensweise und sensorischer Ausstattung, was eine einheitliche Betrachtung erschwert. Schließlich ist es für Menschen schwierig, sich in die Lebensrealität eines Fisches hineinzuversetzen. Dies führt dazu, dass

»Ernte« auf einer Lachsfarm in Schottland. (Corin Smith)

Lachs in Aquakultur mit Wunden durch Krankheit und Parasitenbefall. (Corin Smith)

es den meisten Menschen schwerfällt, für Aquakulturtiere Empathie zu entwickeln, im Gegensatz zu den näher verwandten Säugetieren und Vögeln.[12]

Diese Umstände bestimmen auch die wissenschaftliche Diskussion darüber, ob Fische oder Krustentiere überhaupt Schmerzen empfinden können (die Mehrheit der Studien bestätigt allerdings, das Aquakulturtiere Schmerzen empfinden können,[13] wenn auch zweifellos auf ganz andere Weise als ein Mensch oder Säugetier).

Die Bedeutung des Tierwohls für den ökonomischen Erfolg und die Reputation eines Aquakultur-Betriebs ist grundsätzlich in der aktuellen Praxis angekommen. Je kapitalintensiver produziert wird, desto mehr wird das Thema als Managementaufgabe begriffen. Eine entscheidende Frage in diesem Zusammenhang ist: Wie kann das Wohlbefinden für Aquakulturtiere gemessen werden? Dazu wurde eine Reihe von Indikatoren und Bewertungssystemen entwickelt, die es Fischzüchtern ermöglichen, das Tierwohl-Niveau auf der eigenen Farm zu bewerten (zum Beispiel Salmon Welfare Index SWIM 2.0, FISHWELL oder MyFishCheck).[14] Die im System FISHWELL zu betrachtenden Indikatoren umfassen insgesamt 51 Indikatoren für den Atlantischen Lachs, die der Fischfarmer persönlich oder mithilfe eines Labors während der Aufzuchtphase in den Netzgehegen ermitteln kann. Ein arbeitsintensiver Prozess, der von sehr großen Unternehmen durchgeführt werden mag, aber die Kapazitäten kleinerer Betriebe häufig übersteigt.

Über viele Jahre wurde das Tierwohl in der Aquakultur vor allem als Abwesenheit von Stress und Krankheiten definiert, ohne die weiteren Ansprüche der Fische zu

Hummer mit für den Transport zusammengebundenen Scheren in Murray Harbour, Kanada. (Krystal MacKay/Unsplash)

berücksichtigen. Wuchs der Fisch zufriedenstellend, ging man davon aus, dass die Wachstumsbedingungen den Bedürfnissen der Fische gerecht wurden. In den oben genannten Bewertungssystemen spiegelt sich dieser Ansatz wider, indem vor allem potenziell schädliche Einflüsse auf die Aquakulturtiere gemessen werden.

Zukunftsweisende Anstrengungen für mehr Tierwohl gehen aber darüber hinaus: Es soll nicht nur die Schädigung der Tiere beispielsweise durch schlechte Wasserqualitäten oder mangelnde Ernährung vermieden werden, sondern die positiven Erfahrungen sollen möglich sein und beispielsweise durch Versteckplätze oder eine abwechslungsreiche Umgebung gefördert werden. Davon ist die heutige Aquakulturpraxis aber noch ein ganzes Stück entfernt, denn einer systematischen Umsetzung von Verbesserungsmöglichkeiten stehen sowohl ökonomische als auch Wissens- und Bewusstseinsdefizite entgegen. Eine im Auftrag des EU-Parlamentes erstellte Studie hat die spezifische Tierwohl-Situation für fünf wichtige Fischarten in Europa untersucht. Sie kommt unter anderem zu dem Ergebnis, dass entlang der Produktionskette (Reproduktion in Brutanstalten, Lebendtransport von Fischen, Hälterung auf der Farm, Handling und Management auf der Fischfarm, Tötung beziehungsweise Schlachtung der Fische) Wissensdefizite vorliegen und kontinuierliche Schulungen des beteiligten Fachpersonals zu einer Anhebung des Tierwohl-Niveaus führen würden.[15]

Ein gutes Beispiel für das gesamtgesellschaftliche Bewusstseinsdefizit im Umgang mit Fischen und Krustentieren ist der aus Wildfang stammende Hummer. Insgesamt hat alleine Kanada im Jahr 2021 rund 8,5 Millionen lebende Hummer[16] nach Europa exportiert; ungefähr die gleiche Menge wurde vor Ort geschlachtet und tiefgefroren exportiert. Mit zusammengebundenen Scheren wird der lebende Hummer in beschichteten Hartpapier-Boxen – meist als klimaschädliche Flugware – transportiert. Für Europa werden oft 15 Hummer je Karton verpackt; je Hummer eine Zelle, in die er mit den Scheren nach oben hineingelegt wird. Dabei wird er seinem Lebensmedium Salzwasser entzogen und erleidet Stress. An der Luft kann er bei ausreichender Kühlung und Feuchtigkeit zwar drei bis vier Tage überleben, kommt aber bereits nach dem ersten Tag in ein Sauerstoffdefizit. Dieser wenig tierwohlbewusste Transport von lebenden Hummern muss auch im Zusammenhang mit der weltweit nach wie vor vorherrschenden Tötungsmethode gesehen werden. Lebendige Hummer werden dabei in stark kochendes Wasser gegeben und so getötet. In der Schweiz scheiterte zuletzt eine Parlamentsinitiative, den Import von lebendem Hummer zu verbieten. Immerhin wurde dort die Tötung in kochendem Wasser im Jahr 2018 verboten (stattdessen muss eine Elektrobetäubung respektive die mechanische Zerstörung des Hauptnervengewebes mit einem Messer vor dem Kochen erfolgen).[17]

Massentierhaltung aus der Sicht eines unabhängigen Tierarztes

Rupert Ebner

Massentierhaltung? Das industrielle Produktionssystem ist das Problem

Verwenden wir den Begriff Massentierhaltung, so machen wir uns von den Protagonist:innen der jetzigen Tierhaltungssysteme leicht angreifbar, denn der Begriff »Masse« müsste für jede Tierart gesondert definiert werden, was bisher nicht gelungen ist. Und natürlich gibt es auch große Tierbestände, die den hohen Ansprüchen an Haltung, Zucht, Fütterung und Tiergesundheit gerecht werden. Dies gelingt aus meiner Sicht aber nur in geschlossenen Betrieben, also in Betrieben ohne Zukauf, alle Tiere bleiben nach ihrer Geburt bis zu Schlachtung im Betrieb. Beispiel hierfür ist der Bio-Schweinebetrieb Hestbjerg Økologi in Denmark mit 1200 Muttersauen, 30000 Mastplätzen.

Daher sprechen wir von industrieller Landwirtschaft. Dieser Begriff zeigt alle Ursachen auf, die zu den Zuständen geführt haben, die wir heute sehen, und unter denen die Tiere, die Umwelt, das Klima und nicht zuletzt alle Menschen und auch die Bäuerinnen und Bauern, leiden. Der große Erfolg der industriellen Entwicklung lag darin, dass die Produktion in viele kleine, sehr effektive und deshalb kostenreduzierende Schritte aufgeteilt wurde. Bäuerliche, überschaubare Betriebe wurden in diese industriellen Systeme integriert und sind damit leider Teil davon.

Gleichzeitig wurde alles unternommen, um menschliche Arbeitskraft durch Technik, Maschinen und simple Routinen zu ersetzen.

Nicht nur in Kauf genommen, sondern gewünscht war und ist es, dass möglichst einheitliche Produkte entstehen. Vielfalt stört die industrielle Produktion. Lebensmitteln. Diese Produktionsweise benötigt simple, immer gleiche, möglichst einfach Abläufe.

Das Beispiel »industrielles »Geflügel

Beim Geflügel zeigt sich der höchste Spezialisierungsgrad. Es gibt Betriebe, die die Mutter- beziehungsweise die Vaterlinien halten und damit Küken produzieren. Die Genetik dafür liegt weltweit in den Händen von vier Konzernen. Die Eier aus den Kreuzungen sind immer Hybride. Die Eigenschaften der Vater- und Mutterlinien führen zu mehr Fleisch, mehr Eiern, als dies bei den Elterntieren der Fall ist. Eine Weiterzucht mit diesen Tieren, Hybriden, macht keinen Sinn. Diese Hybrid-Eier gehen in spezialisierte Brütereien. In diesen Brütereien schlüpfen die Küken. Bis vor Kurzem wurden auch bei uns in Deutschland die männlichen Küken bei der Legehennen-Zucht getötet – und das hieß lange Zeit lebendig geschreddert. Bei uns ist das Töten männlicher Küken mittlerweile verboten, aber in der EU respektive weltweit ist das nach wie vor die Regel. Die einen Tag alten weiblichen Küken werden zu spezialisierten Aufzuchtbetrieben transportiert. Sobald sie beginnen, Eier zu legen, liefern diese Betriebe die jungen Hühner dann an Legehennen-Halter:innen.

Welche Dimensionen der Wahnsinn solcher Transporte haben kann, zeigte sich zum Beispiel, als am 9. August 2013 eine Antonow 12 mit 49 000 Küken an Bord auf dem Flughafen Leipzig in Flammen aufging. Die Küken sollten in die Ukraine geflogen werden.

Die Folge dieses Systems ist, dass der Einsatz von Antibiotika in der Geflügelhaltung konstant hoch ist, insbesondere der Einsatz von Reserveantibiotika, zum Beispiel Colistin.

Bei den Pleuromutilinen, einem sehr neuen Antibiotikum, das erst seit 2007 angewendet wird, meist über das Trinkwasser, hat die Anwendung sogar noch zugenommen. Die Wartezeit auf essbares Gewebe nach der Anwendung dieses Antibiotikums ist lediglich drei Tage. Die Eier der mit diesem Antibiotikum behandelten Legehennen unterliegen keiner Wartezeit, sie dürfen während der Behandlung in den Verkehr gebracht werden.

Beim Geflügel zeigt sich inzwischen außerdem deutlich, dass die Impfung ihre »Unschuld« verloren hat. Seit Corona wissen wir alle, wie variabel Viren sind. Sie entwickeln immer neue Varianten und deshalb müssen auch immer wieder neue Impfstoffvarianten entwickelt werden. Virus-Mutationen gibt es besonders häufig in großen Beständen. Die entstandenen Varianten bedrohen natürlich auch kleine, bäuerliche Bestände. Die immer wieder neu entwickelten Impfstoffe werden aber nur in großen Gebinden (für 10 000 Tiere und mehr) hergestellt und müssen dazu noch in flüssigem Stickstoff gelagert werden. Diese Entwicklung bedroht die gesamte bäuerliche Rassegeflügelzucht, da diese Impfstoffe für diese Betriebe unerschwinglich sind.

Bei Schweinen und Rinder läuft es ähnlich

Auch bei Schweinen wird nach dem Prinzip der industriellen Arbeitsteilung verfahren. Stufe 1. Eberzüchter:innen, 2. Zuchtsauen–Produzent:innen, 3. Ferkelerzeuger:innen, 4. Babyferkel-Halter:innen, Mäster:innen.

Neben dem hohen Antibiotikaeinsatz in der industriellen Schweinehaltung ist der strategische und generelle Einsatz eines aus tierquälerischer Pferdehaltung gewonnenen Hormons zur Steuerung der Brunst ein Thema, das endlich öffentlich diskutiert wird.

Das Hormon PMSG – Pregnant Mare Serum Gondatropin – wird aus dem Blut schwangerer Stuten gewonnen, viel zu häufig und viel zu viel pro Stute. Nachdem an den Fohlen der Stuten kein Interesse besteht, wird deren Fetus nach Ende der Nutzungszeit – also des Zeitraums, in dem man das Hormon »abzapfen« kann – abgetrieben.

Der Rinderbestand von weltweit circa einer Milliarde Tiere teilt sich weitgehend in Fleischrinder und Milchrinder auf. Mit etwa 260 Millionen sind mehr als ein Viertel davon Milchkühe.

Bei den Rindern hat sich ebenfalls die industrielle Aufteilung durchgesetzt. Hier gibt es Bullenaufzüchter:innen, Bullenmäster:innen, Aufzüchter:innen von weiblichen Rindern und sogenannte »Fressererzeuger:innen«.

Am Beispiel der Fressererzeuger:innen lässt sich besonders eindrucksvoll darstellen, welche Folgen die industrielle Arbeitsweise in Bezug auf die Tiergesundheit und damit den Einsatz von Tierarzneimitteln, insbesondere von Antibiotika hat.

Betrieben, die weltweit die mit Abstand am häufigsten verbreitete Milchrinderrasse der Holstein Friesen halten, haben in der Regel keine Verwendung für die männlichen Kälber. Im »Säuglingsalter« von drei Wochen müssen die Kälber den Betrieb, in dem sie geboren wurden, verlassen. Bis zu diesem Zeitpunkt ernähren sich die Kälber fast ausschließlich von »Milch«. In der Regel allerdings nicht von der Milch ihrer Mutter oder überhaupt von Kuhmilch, sondern sie werden mit einer mit großem Energieaufwand industriell hergestellten Ersatzmilch, dem sogenannten Milchaustaucher, getränkt.

Große Handelsunternehmen sammeln dann diese Kälber ein und verbringen sie in spezialisierte Betriebe die aus den Saugkälbern sogenannte »Fresser« machen. Das Know-how dieser Betriebe besteht vor allem darin, die Ernährung durch Milchaustauscher sofort zurückzufahren und auf eine Ernährung mit speziellem »Kraftfutter«, nämlich Heu und Silage, umzustellen. Denn wenn das Kalb kein Saugkalb mehr ist, also keine Milch mehr bekommt, kann man hohe tägliche Zunahmen durch Silage und Kraftfutter erreichen. Diese Kälber werden dann als »Fresser« bezeichnet und für die Endmast an Bullenmäster:innen ausgeliefert. Dabei ist es nichts Ungewöhnliches, dass ein Kalb zweimal durch ganz Deutschland transportiert wird.

Bei der traditionellen Haltung von Milchkühen mit sogenannten Zweinutzungsrassen, die sowohl für die Fleisch- als auch für die Milcherzeugung gehalten werden, war und ist das männliche Kalb wertvoll. Es bescherte den Milchviehhalter:innen ein nicht unerhebliches weiteres Einkommen neben seinen Einnahmen aus dem Verkauf von Milch. Die männlichen Kälber der Hochleistungsrasse Holstein-Friesen oder auch von Jersey-Kühen sind für den Betrieb nicht nur wertlos, sondern ein Kostenfaktor, der »entsorgt« werden muss.

Das Pharma-Desaster

Die wenige Zeit, die für die Betreuung der männlichen Kälber in überwiegend großen Mastbetrieben aufgewendet wird, führt häufig dazu, dass Erkrankungen wie zum Beispiel ein banaler Durchfall zu spät erkannt werden und das Kalb daran verenden kann. Häufig wird auch aus Kostengründen kein Tierarzt oder keine Tierärztin hinzugezogen oder die Tierhalter:innen behandeln die Tiere mit von spezialisierten Tierarztpraxen zur Verfügung gestellten Medikamenten, meist Antibiotika und Schmerzmittel, selbst.

Gelangen sie dann auf den häufig viele Stunden langen Transport, ist das neben der Verletzungsgefahr ein Stressfaktor, der außer Verletzungen auch Krankheiten hervorrufen kann. Außerdem kommt es im aufnehmenden Fresserbetrieb zu Kontakten mit Tieren aus zahlreichen Herkunftsbetrieben, was ebenfalls einen hohen Infektionsdruck hervorruft.

Der strategische Einsatz von Antibiotika, wie der prophylaktische Einsatz verharmlosend genannt wird, ist auch bei besten hygienischen Gegebenheiten nahezu in 100 Prozent der Betriebe die Regel.

Seit der Amtszeit der ehemaligen Landwirtschaftsministerin Renate Künast (2001 bis 2005) ist der prophylaktische Einsatz von Antibiotika verboten. Die Pharmaindustrie und die Behörden fanden aber schnell einen Ausweg, der Prophylaxe weiterhin ermöglicht. Das Kind hat nur einen anderen Namen, denn es heißt jetzt Metaphylaxe. Die Definition für Metaphylaxe lautet: »Wird bei einem Tier einer Gruppe ein krank machender Erreger nachgewiesen, so kann die ganze Gruppe mit dem entsprechend wirksamen Antibiotikum behandelt werden.« In einer zusammengewürfelten Gruppe aus Hunderten oder Tausenden von Tieren wird sich immer ein Erreger finden, der eine Metaphylaxe legalisiert.

In den Griff bekommen wollte man den weiterhin horrenden Einsatz von Antibiotika nun durch die Vorschrift für sogenannte Anwendungs- und Abgabebeleg. Tierärztinnen und -ärzte sowie Landwirt:innen müssen nun jede Anwendung eines Tierarzneimittels umfangreich dokumentieren. Damit wurde ein Bürokratiemonster geschaffen, dessen Überprüfung die Veterinärbehörden nicht leisten können. In der Regel werden, wenn überhaupt, nur die dokumentierten Daten auf Plausibilität überprüft. Die damit behandelten Tiere sind zum Zeitpunkt der Überprüfung meist längst geschlachtet. Ob der Einsatz tatsächlich fachlich nach den Regeln der tierärztlichen Kunst notwendig war, kann damit natürlich nicht mehr überprüft werden.

Seit 2011 werden die Abgabemengen von Antibiotika in Tonnen erfasst. Der Rückgang von 1705 Tonnen 2011 auf 540 Tonnen 2022 erscheint auf den ersten Blick erfreulich, ist aber offensichtlich nicht aussagekräftig. Allein von 2014 auf 2015 gab es einen Rückgang um über 400 Tonnen, wofür niemand eine Erklärung hat. Ob die Erfassung in Tonnen überhaupt einen Sinn macht, darf bezweifelt werden, denn die Dosierungen schwanken je nach Wirkstoff von 15 Milligramm pro Kilogramm Körpergewicht bis zu 400 Milligramm.

Seit Beginn 2023 werden nun sogenannte Medikamenten-Wirktage pro Tier erfasst. Dies klingt nach einer sinnvollen Maßnahme, aber ob dieses neue Bürokratiemonster wirklich verwertbare Ergebnisse erzielen kann, muss sich noch zeigen. Die Bayerische Staatsregierung hat schon mal angekündigt, dass sie die nun vorliegenden Ergebnisse erst 2024 für die im Tierarzneimittelgesetz vorgesehenen restriktiven Maßnahmen nutzen wird.

Das Dilemma der Tierärztinnen und -ärzte

Welche Rolle spezielle, überregional tätige Tierarztpraxen bei der Abgabe von Tierarzneimitteln spielen, ist einer breiten Öffentlichkeit nicht bekannt. Der Wiederstand innerhalb des tierärztlichen Berufstandes gegen diese Tierarztpraxis, der in der Vergangenheit sehr stark war, ist inzwischen nicht mehr erkennbar. Neben dem Tierarzneimittelgesetz, das im September 2021 inkraft trat und schon 2022 einer Novellierung unterzogen werden musste, ist die Tierärztliche Hausapothekenverordnung ein entscheidendes Instrument zum Umgang und damit zur Kontrolle zur Abgabe von Tierarzneimittel/Antibiotika. Tierärztinnen und -ärzte führen keine öffentliche Apotheke, sondern dürfen nur Medikamente für ihr Klientel vorrätig halten, anwenden und abgeben. Der Vollzug dieser Verordnung zum sogenannten Dispensierecht – die Apotheken der Tierarztpraxen dürfen Medikamente nur an Tierhalter:innen abgeben, deren Tiere ihnen anvertraut sind – ist von Anfang an ungenügend. So ist es möglich, dass Tierärztinnen und -ärzte Landwirt:innen Medikamente zur Verfügung stellen, obwohl ihr Praxissitz häufig über Hunderte von Kilometern entfernt liegt. Wie unter diesen Bedingungen die vorgeschriebene Wirksamkeit der tierärztlich getroffenen Maßnahmen erfolgen soll, ist für mich schwer vorstellbar.

Hintergrund ist, dass Tierarzneimittel an Veterinärmediziner:innen je nach Abnahmemenge mit hohen Rabatten verkauft werden. Dies führt zu einem massiven Wettbewerbsnachteil für Praxen, die regional arbeiten.

Tierärztliche Standesvertretungen haben mehrfach die Abschaffung von Rabatten gefordert. Im Auftrag der ehemaligen Landwirtschaftsministerin Julia Klöckner hat die Bosten Consulting Group ein Gutachten erstellt, das zu dem Schluss kommt, dass Rabatte auf Tierarzneimittel keinen Einfluss auf das Handeln der Tierärztinnen und -ärzte hatten.

Als langjähriger tierärztlicher Standesvertreter kann ich da nur den Kopf schütteln. Der Einfluss der Pharmaindustrie und der bäuerlichen Lobbyorganisationen auf die tierärztliche Standespolitik verhindert, dass der Berufsstand der Tierärztinnen und -ärzte sich intensiv für einen verantwortungsvollen Einsatz von Tierarzneimitteln einsetzt, was dazu geführt hat, dass ich unter Protest meine Ehrenämter in den tierärztlichen Organisationen niedergelegt habe. Mein Nachfolger im Amt des Vizepräsidenten, ein höchst honoriger Kollege, hat nach dem Ende seiner Amtszeit aus den gleichen Gründen sogar seinen Beruf gänzlich an den Nagel gehängt und seine Approbation zurückgegeben.

Mein Fazit ist: Industrielle Tierhaltung, mit allen ihren negativen Auswirkungen auf Tierwohl, Umwelt und Klima, ist nur möglich, weil es Tierärztinnen und -ärzte gibt, die das Tierwohl aus den Augen verloren haben und sich Profit getrieben ausschließlich als Lieferant:innen oder als Dienstleister:innen für dieses nach industriellen Prinzipien organsierte System verstehen.[18]

Kapitel 2

Nutztierhaltung – vom Status quo zum Tierwohl

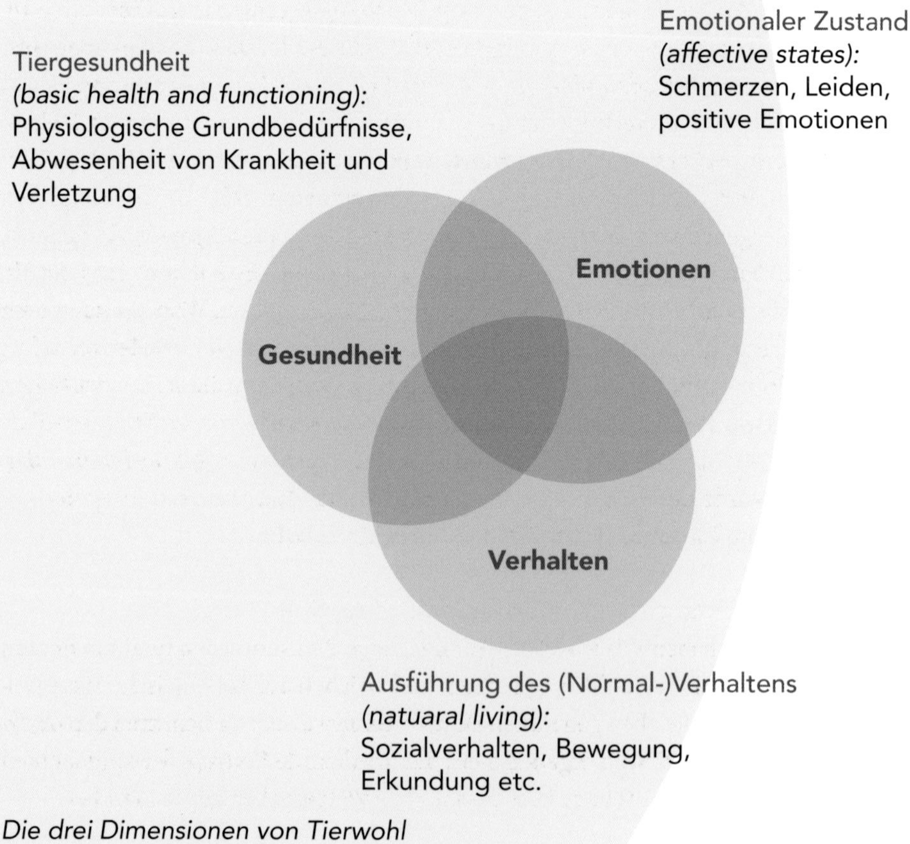

Die drei Dimensionen von Tierwohl

In diesem Kapitel wollen wir uns mit der Frage auseinandersetzen, wie Tierwohl in der Landwirtschaft umgesetzt werden kann. Dazu beschreibt Professorin Dr. Edna Hillmann zuerst, woher der Begriff Tierwohl kommt und wie Tierwohl in der landwirtschaftlichen Tierhaltung gemessen wird. Daran anschließend erfolgt ein Überblick von Stefanie Pöpken über die Bedürfnisse der Nutztierarten Schwein, Rind und Geflügel. Im letzten Beitrag des Kapitels geht Angela Dinter der Frage nach, wie Transporte und Schlachtung von Nutztieren unter dem Begriff Tierwohl aussehen sollten.

Tierwohl – nur ein Modewort?

Edna Hillmann

Der Begriff

Der Begriff Tierwohl hat sich in der öffentlichen Kommunikation etabliert, die genaue Bedeutung des Wortes ist jedoch in gewisser Weise Auslegungssache. Eine kurze Internetabfrage im September 2023 mit diesem Suchbegriff führt zu folgender Auswahl: »Bezeichnung für Gesundheit und Wohlbefinden von Tieren, insbesondere von Nutztieren (...)«[1], »Tiergerechte Haltung orientiert sich an den natürlichen Bedürfnissen der Tiere, berücksichtigt deren angeborene Verhaltensweisen und ist dem Tierwohl verpflichtet«[2], »Unter dem Begriff Tierwohl verstehen viele, die Lebensqualität und das Wohlergehen von Nutztieren zu verbessern (...)«. Eine allgemein akzeptierte, genaue Definition des Begriffs Tierwohl gibt es aber nicht.[3] Es fällt auf, dass zur Erklärung von Tierwohl Begriffe wie Tiergerechtheit, Wohlergehen, Wohlbefinden oder sogar Verbesserung der Lebensqualität herangezogen werden, die wiederum selbst zunächst definiert werden müssten.[4] Hinzu kommt, dass Tierwohl in der deutschen Sprache mit etwas Positivem assoziiert wird (niemand spricht von »schlechtem Tierwohl«), eigentlich aber ein Kontinuum von gar nicht vorhanden bis vorhanden darstellt. Zudem wurde der Begriff zunächst vor allem von Branchenvertretungen dazu benutzt, schlechte Zustände in der Tierhaltung schönzureden.

Das Konzept – Versuch einer wissenschaftlichen Definition

Aus diesem Grund haben Wissenschaftler:innen lange Zeit vermieden (und tun es zum Teil immer noch), von Tierwohl zu sprechen, und weichen auf das englische Wort Animal Welfare aus, das alle oben genannten Begriffe umfasst, oder sie benutzen den objektiver scheinenden Begriff Wohlergehen, dem das anerkannte Konzept der sogenannten »Fünf Freiheiten«[5] zugrunde liegt. Dies besagt, dass Wohlergehen gegeben ist bei

- Freiheit von Hunger, Fehlernährung und Durst,
- Freiheit von haltungsbedingten Beschwerden,
- Freiheit von Schmerzen, Verletzungen und Krankheiten,
- Freiheit von Angst und Stress,
- Freiheit zum Ausleben normalen Verhaltens.

Ausgehend von den Fünf Freiheiten wurde ein weiteres Modell entwickelt, das ein Zusammenspiel einzelner Dimensionen klarer betont, wie in der Abbildung zu sehen ist.

Nur wenn physische Gesundheit, psychische Gesundheit (auch als positiver emotionaler Zustand bezeichnet) und natürliches Verhalten vorliegen, kann von positivem Wohlergehen oder Tierwohl gesprochen werden. Während ein Zustand körperlicher Gesundheit noch einigermaßen gut definierbar ist, ist dies für den mentalen Zustand und die Natürlichkeit deutlich schwieriger. Tiere haben, auch aufgrund ihrer uns zum Teil sehr unähnlichen Sinnesleistungen, möglicherweise andere Emotionen und empfinden diese wahrscheinlich anders als wir. Trotzdem ist es intuitiv einleuchtend und inzwischen in der Wissenschaft anerkannt, dass emotionale Zustände für die Befindlichkeit eines Tieres bedeutsam sind. Als ebenso kompliziert stellt sich bei genauerer Betrachtung die Dimension »Natürlichkeit« oder »Natürliches Verhalten« dar. In Bezug auf Tiere in menschlicher Obhut scheint es wenig sinnvoll, sich hierbei auf das komplette Verhaltensrepertoire der adressierten Tierart zu berufen, denn dazu gehören auch Verhaltensweisen wie Flucht, aggressive Auseinandersetzungen, Schmerzäußerungen und Ähnliches. Vielmehr gilt es, den Tieren solches Verhalten zu ermöglichen, das ihr Wohlbefinden fördert, und die Ursachen für Verhaltensweisen, die auf mangelndes Wohlbefinden schließen lassen, zu vermeiden.

Einen entsprechenden Ansatz finden wir in dem Vorschlag der britischen Ethologin Marianne Dawkins. Sie argumentiert, dass Tierwohl dann gegeben sei, wenn ein Tier gesund ist und es tun kann, »was es will«. Der Vorteil dieses Ansatzes ist, dass er auf die in der Umsetzung extrem schwer zu fassenden Dimensionen »Emotionen« und »Natürlichkeit« verzichtet. Was aber »will« ein Tier? Um diese Frage wissenschaftlich bearbeiten zu können, konkretisiert Lorenz Gygax, dass ein Tier die dem »gewollten« Verhalten entsprechenden Ziele erreichen können muss, damit es dieses Verhalten als positiv erlebt, dieses Verhalten »mag«. Was Tiere wollen, erfahren wir schlussendlich über Beobachtung und experimentelle Überprüfung (»Wanting and Liking«[7], »Natürliches Verhalten«[8]).

Aus diesen theoretischen Überlegungen können wir schließen, dass physische Gesundheit eine notwendige Voraussetzung für Tierwohl ist, diese allein aber nicht ausreicht. Gleichzeitig kann eine perfekt naturnahe Haltung nur dann Tierwohl sichern, wenn die Tiere körperlich gesund sind. Hinzu kommt, dass Tiere in menschlicher Obhut nicht nur frei von langfristig Schlechtem sein sollen, sondern darüber hinaus eine gute Lebensqualität (»positive Emotionen«) haben sollten. Wie können wir dies in der Praxis überprüfen und Haltungsumgebungen so gestalten, dass Tierwohl möglich ist?

Kann man Tierwohl messen, und wenn ja, wie?

Da wir Tiere nicht direkt fragen können, wie es ihnen geht, werden sogenannte Tierwohlindikatoren verwendet, um Tierwohl messbar zu machen. Diese Indikatoren sollen einen möglichst sicheren Rückschluss auf das subjektive Empfinden des Tieres ermöglichen (valide), wiederholbar zum selben Ergebnis führen (reliabel) und in der Praxis anwendbar (praktikabel) sein. Viele in der Theorie gut geeignete Indikatoren scheitern am Ende daran, dass ihre Erhebung sehr viel Zeit und Geld kosten würde.

Des Weiteren werden Tierwohlindikatoren anhand ihrer Bezugsgröße klassifiziert. Ressourcenbasierte Indikatoren beziehen sich auf die Haltungsumgebung eines Tieres und beschreiben zum Beispiel das Platzangebot, Zugang zu einem Außenbereich oder die Bodenbeschaffenheit. Diese Art von Indikatoren liegt beispielsweise der staatlichen Tierhaltungskennzeichnung zugrunde. Managementbezogene Indikatoren beschreiben die Art und Weise, wie ein Haltungssystem betrieben wird und beinhalten zum Beispiel Einstreu, Dauer von Auslauf oder Häufigkeit und Art der Fütterung. Der Vorteil der ressourcen- und managementbasierten Indikatoren ist, dass viele von ihnen mit einer einfachen technischen Ausrüstung verhältnismäßig leicht zu erfassen und reliabel sind.

Weil diese Indikatoren aber nur indirekt auf das Befinden eines Tieres rückschließen lassen, werden vermehrt auch tierbasierte Indikatoren herangezogen. Tierbasierte Indikatoren werden, wie der Name sagt, direkt am Tier erfasst und sind gut geeignet, um zum Beispiel den aktuellen Gesundheitszustand von Tieren zu erkennen. Sie beschreiben den Ernährungszustand, Verletzungen oder Krankheitsanzeichen. Es gibt auch tierbasierte Indikatoren, die am Tierkörper auf dem Schlachthof erfasst werden und somit den zurückliegenden Gesundheitszustand eines Tieres abbilden.

Darüber hinaus wird versucht, auch den emotionalen Zustand eines Tieres über tierbasierte Indikatoren zu erfassen. Infrage kommen hier verschiedene Aspekte des Verhaltens, wie das Sozialverhalten oder die Lautgebung, und einige physiologische Parameter, zum Beispiel Stresshormone. Die Messung solcher Indikatoren erweist sich in der Praxis jedoch als sehr schwierig, weil zum Teil ihre Validität nicht ausreichend bewiesen ist und zu ihrer Erfassung detaillierte und zeitaufwendige Beobachtungen notwendig sind. Ebenfalls ungelöst ist oft die Frage, woran wir bei einem Tier positive Zustände erkennen können. Während bei den meisten Tierarten mangelndes Wohlergehen visuell oder akustisch erkennbar ist, ist das für positive Zustände nur selten der Fall. Gleichwohl haben wir den Anspruch, dass Tiere in menschlicher Obhut nicht nur frei von schlechten Zuständen sein, sondern auch positive Emotionen erleben sollen.

Solange wir positives Empfinden aber nicht valide, reliabel und praktikabel messen können, ist es für den Tierschutz in meinen Augen zielführender, Haltungsformen und Management dahingehend zu überprüfen, dass die Tiere gesund sind und sie das Verhalten zeigen können, das sie zeigen wollen. Für die Gestaltung eines tiergerechten Haltungs- und Managementsystems benötigen wir eine gute Kenntnis über das natürliche Verhalten einer Tierart und gegebenenfalls eine experimentelle Validierung. Anschließend ist Tierwohl auch über ressourcen- oder managementbasierte Indikatoren überprüfbar.

Freies Abferkeln in eingestreuter Bucht ermöglicht Nestbauverhalten vor der Geburt. (Sabine Münch, Zentrum für tiergerechte Haltung, Schweiz)

In Buchten mit aufklappbarem Kastenstand fehlen häufig Platz und Einstreumaterial. (Stefanie Pöpken)

Ein gut geeignetes und bekanntes Beispiel ist die nach wie vor umstrittene Haltungsform für Muttersauen. Durch langjährige Beobachtungen an Wildschweinen[9] und Hausschweinen im Freiland[10] ist das Verhalten von Mutterschweinen rund um die Geburt der Ferkel gut beschrieben. Wir wissen, dass Sauen eigentlich in Familiengruppen leben, sich in den Tagen vor der Geburt aber von ihrer Gruppe absondern und am Tag vor der Geburt damit beginnen, ein Wurfnest zu bauen. Dafür legen sie weite Strecken zurück und tragen verschiedene Materialien zusammen, die auf eine bestimmte Art arrangiert werden. Das Nest dient zum Schutz vor widriger Witterung und Fressfeinden und bietet einen weichen Untergrund zum Liegen. Schweine sind meines Wissens die einzige Huftierart, die Nestbauverhalten zeigt.

Aber »wollen« Sauen ein Nest bauen und »mögen« sie dieses Verhalten? Wenn das der Fall ist, muss dies den Tieren auch in Stallhaltungsbedingungen ermöglicht werden. Um herauszufinden, wie wichtig das Nestbauverhalten für Sauen ist, wurden verschiedene experimentelle Studien durchgeführt. Dabei hat sich herausgestellt, dass Sauen kurz vor der Geburt für Nestbaumaterial »arbeiten« und ihnen solches Material ebenso viel wert ist wie Futter. Sie bauen auch dann ein Nest, wenn ihnen ein fertiges Nest zur Verfügung gestellt wird. Darüber hinaus weisen Sauen erhöhte Konzentrationen von Stresshormonen auf, wenn ihnen der Nestbau verweigert wird. Das heißt, nicht das Nest ist das Wichtigste, sondern vielmehr der Nestbau. Aufgrund solcher Studienergebnisse ist es unstrittig, dass Sauen ein Nest bauen wollen und in einer tiergerechten Haltung ausreichend Platz und Nistmaterial (zum Beispiel ungeschnittenes Stroh) vorhanden sein müssen, damit sie dies tun können.

Mit diesem Wissen müssen wir, zum Beispiel im Rahmen eines Tierwohl-Monitorings, nicht unbedingt immer das Verhalten jeder Sau beobachten. Es reicht dann aus, den ressourcenbasierten Indikator Platz und den managementbezogenen Indikator Stroh zu erfassen, um darauf schließen zu können, ob die Sau Nestbauverhalten ausüben kann, wenn sie will. Wenn die Sauen zusätzlich gesund sind, können wir davon ausgehen, dass in einem solchen Stall Tierwohl ermöglicht wird und Tierwohl dann mehr ist als ein Modewort.

Tierwohlprogramme im Überblick

Stefanie Pöpken

Für Verbraucher:innen kann die Flut an Siegeln und Labeln auf den Verpackungen verwirrend und unübersichtlich sein und zur besseren Einordnung erhebliche Recherchearbeit im Internet nach sich ziehen. Als Grundlage zur Einschätzung des Tierwohls greifen daher viele auf die vom Lebensmittelhandel 2019 ins Leben gerufene »Haltungsform«-Kennzeichnung zurück. Das Prinzip dieser Kennzeichnung ist einfach. Mithilfe von Schlagwörtern, die die Haltungsumgebung der jeweiligen Tiere beschreiben, und der Nummerierung von eins bis vier und einem farblichen Kodex[11] können die Verbraucher:innen wählen, welche Form der Tierhaltung sie mit ihrem Kauf unterstützen wollen. Allerdings hat das Nürnberg Institut für Marktentscheidung (NIM) in einer Studie herausgefunden, dass es für Verbraucher:innen zum Teil schwierig sei, die auf dem Haltungsformlabel vermittelte Information richtig zu deuten[12]. Besonders die persönliche Einordnung, wie sich zum Beispiel das Platzangebot in der Schweinemast von Stufe eins (gesetzlicher Mindeststandard) bis Stufe vier (Premium und Bio) entwickelt, wird von Befragten falsch bewertet und überschätzt. Das NIM empfiehlt daher die Umgestaltung und Erweiterung des Labels um den grafisch dargestellten Aspekt des Platzangebots. Dadurch erfährt die tatsächliche Haltungsumgebung eine Aufwertung in ihrer Bedeutung für die finale Kaufentscheidung. Und der bislang prominenteste Grund einer Kaufentscheidung, der Preis, rückt in den Hintergrund.

Nichtregierungsorganisationen wie die Albert Schweitzer Stiftung für unsere Mitwelt kritisieren, dass die Haltungsform keine Aussage zum Tierwohl oder Tierschutz treffen würden[13] und dadurch die Kundschaft in die Irre führen.

Das vom Lebensmittelhandel entwickelte Haltungsform-Siegel sortiert verschiedene Label und Programme den einzelnen Stufen zu. Positiv zu betrachten ist daher die Dynamik, die zu einer Vielzahl neuer Programme vor allem in den höheren beiden Haltungsstufen geführt hat. Durch die Zielsetzung der deutschen Handelsunternehmen, bis 2030 im Frischfleischbereich zu 100 Prozent auf tierische Produkte der Haltungsstufen drei und vier zurückzugreifen, kann sich der Markt möglicherweise in Richtung bessere Haltungsbedingungen und somit besseres Tierwohl entwickeln. So viel zur Theorie: Der neuste Supermarktcheck von Greenpeace, der im Juli 2023 erschien, hat ergeben, dass das Angebot an tierischen Lebensmitteln aus den Haltungsformstufen drei und vier nur langsam erhöht wird.[14] Bewegung kommt vornehmlich in den Bereich der Konsummilch. So haben etwa Aldi und Lidl medial wirksam darauf hingewiesen, dass das Trinkmilchsortiment bis Ende 2024 nur noch aus den Haltungsformstufen drei und vier stammen wird.

Wirft die interessierte Kundschaft einen Blick auf die Programme, die in Haltungsformstufe drei und vier eingeordnet sind, fällt auf, dass sich einige nicht nur auf die Haltung als solche konzentrieren, sondern auch Tierwohl in einem breiteren Verständnis in die Gestaltung der Programmkriterien mit einbeziehen.

Das Neuland-Programm setzt sich seit über 30 Jahren für tiergerechte Haltung von Rindern, Schweinen, Hähnen, Puten, Gänsen und Lämmern mit entsprechenden Kriterien für Mitgliederbetriebe ein. Neuland hat sich seit der Gründung bewusst gegen eine Biozertifizierung ausgesprochen, da es zeigen möchte, dass eine Landwirtschaft, die sich an den Bedürfnissen von Umwelt, Tier und Mensch orientiert, nachhaltig und biologisch sein kann, ohne das Biosiegel tragen zu müssen.

Das Tierschutzlabel »Für mehr Tierschutz« des Deutschen Tierschutzbunds wurde 2013 ins Leben gerufen und hat zum Ziel, Verbesserungen in der Haltung von landwirtschaftlich genutzten Tieren zu schaffen. Es besteht aus zwei Stufen, der Einstiegs- und Premiumstufe, mit unterschiedlich strengen Kriterien. Tierische Produkte von Rindern, Schweinen und Geflügel werden durch dieses Label abgebildet und sollen Verbraucher:innen helfen, bewusste Kaufentscheidungen im Sinne des Tierschutzes treffen zu können.

Die Initiative Tierwohl startete 2015 als Förderprogramm für Tierwohl. Ihr schlossen sich Mitglieder aus der Landwirtschaft, Fleischwirtschaft, Lebensmittelhandel und Gastronomie an. Die Brancheninitiative hat sich zum Ziel gesetzt, Haltungskriterien über dem gesetzlichen Mindeststandard zu entwickeln und teilnehmende landwirtschaftliche Betriebe für den Mehraufwand entsprechend finanziell zu entlohnen. Mittlerweile nehmen 12 300 Betriebe teil, 753 Millionen Tiere werden in der Initiative Tierwohl gehalten, das entspricht 90 Prozent der Hähne und Puten und 50 Prozent der Mastschweine in Deutschland.

Von der Politik angeschobene Projekte im Bereich Tierwohl und Tierhaltung

Auch auf politischer Ebene wurden über die vergangenen Jahre viele Programme gefördert und Projekte im Bereich der landwirtschaftlichen Tierhaltung angestoßen. Stellvertretend seien hier einige genannt.

Der 2006 implementierte Nationale Bewertungsrahmen Tierhaltungsverfahren des Kuratoriums für Technik und Bauwesen in der Landwirtschaft (KTBL) ist kein Label oder Fleischprogramm. Er beschreibt und bewertet auf Grundlage von Wissenschaft und Forschung über 100 verschiedene Haltungssysteme für Rinder, Schweine und Geflügel und bezieht mit ein, wie tiergerecht die Haltung ist und welche Wirkung sie auf die Umwelt hat. Es werden Hinweise zu risikomindernden Möglichkeiten in

Bezug auf die Tiergerechtheit gegeben. Der Nationale Bewertungsrahmen Tierhaltungsverfahren bietet eine Grundlage, um verschiedene Haltungssysteme miteinander zu vergleichen, und ist generell ein geeignetes Werkzeug in der Darstellung von Tiergerechtheit und Tiergesundheit von landwirtschaftlich genutzten Tieren.

Die 2013 ins Leben gerufenen Modell- und Demonstrationsvorhaben (MuD) Tierschutz bestehen aus drei Phasen und schließen alle landwirtschaftlich gehaltenen Tierarten ein. Sie waren in die damalige Initiative des Bundesministeriums für Ernährung und Landwirtschaft »Eine Frage der Haltung – Neue Wege für mehr Tierwohl« eingebettet. In der ersten Phase ging es um das Sammeln von Wissen und den Aufbau von Beratungsinitiativen. In der zweiten Projektphase wurde ein gesamtnationales Netzwerk von Demonstrationsbetrieben aufgebaut, die jeweils zu verschiedenen Thematiken neue Wege und Lösungen umgesetzt haben. Mittlerweile ist MuD Tierschutz Bestandteil im Bundesprogramm Nutztierstrategie. In der letzten Programmphase der MuD Tierschutz geht es um die Wissensvermittlung der gewonnenen Erkenntnisse in die breite Ebene.

Das Netzwerk Fokus Tierwohl übernimmt diese Aufgabe, um den Wissenstransfer in die Praxis zu optimieren und die Landwirtschaft entsprechend zukunftsfähig aufzustellen. Es ist ein Verbundprojekt, dessen Koordination über den Verband der Landwirtschaftskammern e. V. läuft. Das Netzwerk bietet eine Vielzahl von Veranstaltungen online und in Präsenz an, die verschiedenste Themen und Fragestellungen der Nutztierhaltung beinhalten.

Am 16. Juni 2023 wurde das vom Bundeslandwirtschaftsminister Cem Özdemir vorgelegte staatliche Tierhaltungskennzeichnungsgesetz beschlossen. Ab dem 1. Januar 2024 tritt es in Kraft und regelt dann als fünfstufiges Haltungsformsystem die Schweinemast. Zugleich ändert sich das Bundesbaugesetz. Die Umsetzung hin zu höheren Haltungsformen wird mit Fördermitteln in Höhe von 1 Mrd. Euro finanziert. Das Gesetz wird in den nächsten Schritten auf weitere Tierarten, verarbeitetes Fleisch und die Gastronomie ausgeweitet.

Schweine: vom Ringelschwanz und der freien Abferkelung

Stefanie Pöpken

Schweinefleisch nimmt hierzulande, verglichen mit den anderen Fleischarten, den größten Teil in der menschlichen Ernährung ein.[15] Allerdings zeichnet sich hier seit Jahren ein Rückgang ab, während zeitgleich der Konsum von Hühner- und Rindfleisch zunimmt.

Das Schwein ist eins der landwirtschaftlich genutzten Tiere, das durch physische Eingriffe wie Zähneschleifen, Kastration und Schwanzkupieren am meisten an die Haltungsumgebung angepasst wurde.

Unterschätztes Schwein: Supernase und Kommunikator

Schweine stellen sehr hohe Anforderungen an ihre Haltungsumgebung. Sie legen großen Wert darauf, ihren Lebensraum in verschiedene Aktivitätsbereiche zu unter-

Die hochsensible Rüsselscheibe ist das Erkennungsmerkmal von Schweinen. Die vier Exemplare recken ihre Nasen in Richtung der auf dem Betrieb angekommenen Menschen. (Stefanie Pöpken)

teilen, denn sie mögen es gerne ordentlich und sauber. Wenn ausreichend Platz gegeben ist, würde ein Schwein nicht da schlafen, wo es kotet. In üblichen Mast- oder Abferkelbuchten haben die Tiere aus Platzmangel oft keine andere Möglichkeit, als dort zu schlafen, wo sie Urin und Kot absetzen. Eine Suhle wird angelegt, um sich im Sommer zu kühlen und Hautpflege zu betreiben. Der Ruhebereich wird dort geschaffen, wo es dunkel und zugluftfrei ist.

Schweine sind hauptsächlich tagaktiv und beschäftigen sich in dieser Zeit überwiegend mit der Nahrungsaufnahme. Die Rüsselscheibe spielt dabei eine große Rolle.

Sie enthält so viele Tastsinneszellen wie beide menschlichen Hände zusammen. Mit ihr wird der Boden durchgewühlt und auf Essbares hin untersucht. Der Geruchssinn der Tiere ist ausgeprägter als der der Hunde, weshalb sie auch bei der Trüffelsuche zum Einsatz kommen. Schweine gelten als neugierig und zeigen ein starkes Erkundungsverhalten, weil in ihrem ursprünglichen Lebensraum das Nahrungsangebot sehr heterogen verteilt ist und die Tiere daher ein ausgeprägtes Erkundungsverhalten an den Tag legen müssen, um nicht zu verhungern.

*Beschäftigungsmaterial wird gerne und zusammen untersucht.
Hier werden Jutesäcke eingesetzt, die von Tieren von beiden Seiten der Abtrennung manipuliert werden können. (Stefanie Pöpken)*

Dieses Verhalten konnte in der jahrzehntelangen Zuchtanstrengung der modernen Schweineindustrie nicht weggezüchtet werden. Im Umkehrschluss bedeutet das, dass Mastschweine, die aus einer konventionellen Stallhaltung in den Genuss von Freilauf kommen, direkt Verhaltensweisen zeigen würden, die an ihren Urahn, das Wildschwein, angelehnt sind.

Diese Ferkel eines Wurfs kuscheln sich dicht an- und übereinander. Schweine sind Kontaktschläfer und suchen gerne die Nähe ihrer Artgenossen. (Stefanie Pöpken)

Als hoch sozialem Wesen ist einem Schwein die Kommunikation mit seinen Artgenossen wichtig. Ungefähr 20 verschiedene Grunz- und Quietsch-Laute werden genutzt. Mithilfe eines von einer künstlichen Intelligenz entwickelten Algorithmus ist es Wissenschaftler:innen aus der Schweiz gelungen, die Emotionen von Schweinen in verschiedenen Situationen zu entschlüsseln und den Attributen »glücklich«, »aufgeregt«, »ängstlich« oder »gestresst« zuzuordnen.[16]

Schweine fangen schon kurz nach der Geburt an, die Sozialstruktur der Gruppe zu klären. So sind meist die erstgeborenen Ferkel die größeren und stärkeren und sichern sich daher die besten Plätze am Gesäuge der Sau. Dieser Platz wird rabiat vor den anderen Ferkeln verteidigt. Größe und Kraft bestimmen über den zukünftigen Rang in der Gruppe.

Jedes Ferkel hat eine ihm durch die Rangordnung zugeschriebene Zitze am Gesäuge der Sau. Diese wird dann auch mit Hingabe und Krafteinsatz bearbeitet. (Stefanie Pöpken)

Sauenhaltung: Rück- und Ausblick

In den 1960er-Jahren fand ein Wandel in der Haltung von Sauen statt. Aus China wurden Kastenstände in die ehemalige DDR importiert, um die Synchronisierung und künstliche Besamung der Sau zu ermöglichen. Bestehende Systeme, wie die Sauenhütten, fanden immer weniger Verwendung, wurden daher teurer und sind heutzutage nur noch als Nische meist in Ökobetrieben zu finden, wie auch beim dänischen Betrieb Pappelschwein, der im Best-Practice-Kapitel ausführlich porträtiert wird. Die Kastenstände hingegen fanden weltweite Verbreitung und dienen nicht nur der Fixierung während der künstlichen Besamung, sondern wurden als System genutzt, die Sauen den Großteil ihres Lebens auf kleinstem Raum platz- und kostensparend zu halten.

Der Einsatz der Kastenstände und Ferkelschutzkörbe ging so weit, dass die Sauen über die Hälfte ihres Lebens im Kastenstand verbringen mussten. Durch die starke Bewegungseinschränkung entwickelten viele Tiere Verhaltensauffälligkeiten. Das hat auch der Gesetzgeber verstanden und 2020 die Tierschutznutztierhaltungsverordnung entsprechend geändert. Die Gruppenhaltung der Sauen wird zukünftig somit

Die freie Abferkelung kann eine große Herausforderung für Betriebe darstellen. Die Gefahr, dass Ferkel beim Ablegen der Sau erdrückt werden, findet sich im Ökolandbau wie auch in der konventionellen Haltung. (Stefanie Pöpken)

Standard. Jeder Sau steht ein Platzangebot von fünf Quadratmetern zu. Die Fixierung im Ferkelschutzkorb wird auf fünf Tage rund um die Geburt herum reduziert. Der Kastenstand darf nur noch genutzt werden, um die Sau zu besamen.

Sauen sind fürsorgliche Mütter mit einem starken Bedürfnis, ihrem zu erwartenden Nachwuchs ein sicheres Geburtsnest zu bereiten. Dazu werden im günstigsten Falle Stroh oder andere trockene, faserhaltige Materialien für den Nestbau genutzt. Unter natürlichen Bedingungen würden sich ein paar Sauen zusammenschließen, zeitgleich in die Rausche kommen und synchron ihre Ferkel zur Welt bringen. Bei der Futtersuche wird sich dann abgewechselt. Eine Sau passt auf den Nachwuchs auf, während die anderen unterwegs sind. Die Ferkel trinken drei bis vier Monate bei der Sau, bis sie dann abgesetzt werden. Sie lernen direkt von den adulten Tieren, welche Nahrung wo zu finden ist.

»Bei den Sauen im Abferkelbereich haben wir am meisten gelernt«, erinnert sich Wilhelm Schulte-Remmert, Bioland-Sauenhalter aus Lippstadt, Nordrhein-Westfalen. Er hat seinen Betrieb 2003 von konventionell auf Bioland umgestellt und musste lernen, seine Sauen nicht nur frei abferkeln zu lassen, sondern auch auf ihre sonstigen Bedürfnisse zu achten. Sein Erfolgsgeheimnis sei die eigene Nachzucht. Er kenne die Mütter der zukünftigen Sauen. »Unsere Sauen müssen zu unserem System passen. Das bedeutet auch, dass aggressive und unruhige Tiere dann nicht weiter auf dem

Schweine sind soziale Tiere. Die Sauen kümmern sich fürsorglich um ihren Nachwuchs. (Stefanie Pöpken)

Hof bleiben.« Es gehe ihm nicht darum, dass die Sauen 19 Ferkel pro Wurf haben, wichtiger sei vielmehr, dass jedes Ferkel eine eigene Zitze habe und ausreichend ernährt würde. Wilhelm räumt seinen Tieren über 13 Quadratmeter Platz im Abferkelbereich ein, der über ein separates, beheiztes Ferkelnest und einen unüberdachten Auslauf verfügt. Die Ferkel werden kurz nach der Geburt in das Nest gelegt und kommen mehrmals täglich zur Sau. Nach dem Säugen gehen die Ferkel freiwillig ins Nest zurück, da es dort sehr viel wärmer ist als im Bereich, in dem die Sau lebt. »Die erste Zeit nach der Geburt ist besonders kritisch, wenn es um Ferkelverluste durch Erdrücken geht. Hier sind wir um eine engmaschige Betreuung der Tiere bemüht.«

Männliche Schweine: von Gerüchen und Kastrationen

Seit 2021 ist die betäubungslose Kastration von männlichen Ferkeln nicht mehr erlaubt. Dieses Verbot griff erst sieben Jahre nach dem Beschluss der Bundesregierung! Eber werden aus verschiedenen Gründen kastriert. Ein Hauptgrund mag das dadurch veränderte Verhalten der Tiere sein. Sie sind ruhiger und weniger aggressiv als ihre unkastrierten Artgenossen.

Nun gibt es zwei verschiedene Möglichkeiten, die männlichen Schweine zu mästen: als Kastraten oder als unkastrierte Eber. Da die Kastration nicht mehr ohne Betäubung geschehen darf, kann auf Injektions- oder Inhalationsnarkose mit anschließender Kastration zurückgegriffen werden. Die Mast unkastrierter Eber ist die einzige Methode, männliche Tiere ohne Eingriff zu halten, erfordert allerdings einen Mehraufwand in Management, Platzangebot und Buchtenstrukturierung, um zusätzlichen Stress unter den Tieren zu vermeiden. Eber sind häufig agiler, aber auch aggressiver und können den typischen Ebergeruch entwickeln, der allerdings in Deutschland nicht gerne beim Kochen »gerochen« wird. Anders sieht es in Spanien, Portugal, Irland und Großbritannien aus – hier wird hauptsächlich Mast mit unkastrierten Ebern praktiziert.

Eine weitere Möglichkeit, zumindest in der konventionellen Ebermast, ist die Immunokastration. Hierbei werden männliche Ferkel im Abstand von vier Wochen mit Improvac geimpft. Die Impfung unterdrückt die Geschlechtsreife und den Ebergeruch. Die Tiere sind im Verhalten vergleichbar mit kastrierten Tieren. Aus tierschutzfachlicher Sicht ist dies die beste Methode, allerdings haben sich Schlachtbetriebe und einige Lebensmitteleinzelhändler in der Vergangenheit geweigert, das Fleisch von immunokastrierten Tieren anzunehmen. Gefürchtet wurde eine Ablehnung der Verbraucher:innen. Aber auch internationale Handelspartner hätten das Fleisch von immunokastrierten Ebern abgelehnt. Im Ökolandbau ist der Einsatz der Immunokastration nicht erlaubt, da der Eingriff in den Hormonhaushalt der Tiere schwerwiegender eingestuft wird als die Kastration mit Betäubung.

Der Ringelschwanz: Tierwohlindikator und größte Herausforderung

Ringelt das Schwein seinen Schwanz, kann davon ausgegangen werden, dass das Haltungssystem die Bedürfnisse so weit erfüllt, dass die Tiere sich untereinander nicht verletzen und gegenseitig am Schwanz beißen. Allerdings hat ein Großteil der gehaltenen Schweine keinen intakten Schwanz mehr, den sie ringeln könnten – er wird kurz nach der Geburt kupiert. Obwohl das Tierschutzgesetz das Amputieren von Gewebe untersagt, schafft es für die Schweineindustrie eine Ausnahmeregelung. Besteht die Möglichkeit, dass sich ein Tier selbst oder andere Tiere verletzt, darf der Schwanz gekürzt werden. Bereits 1994 hat die Europäische Kommission das Kupieren der Schwänze untersagt und die 26 Mitgliedstaaten aufgefordert, entsprechende Aktionspläne zum Ausstieg aus dieser Praxis zu entwickeln und umzusetzen. Knapp 30 Jahre später erhöht sich politisch der Druck auf die Landwirtschaft, endlich den Ringelschwanz an den Tieren zu lassen. Im Juli 2019 trat der Aktionsplan Kupierverzicht inkraft, der seither den Ausstieg des routinemäßigen Schwanzkürzens begleitet.

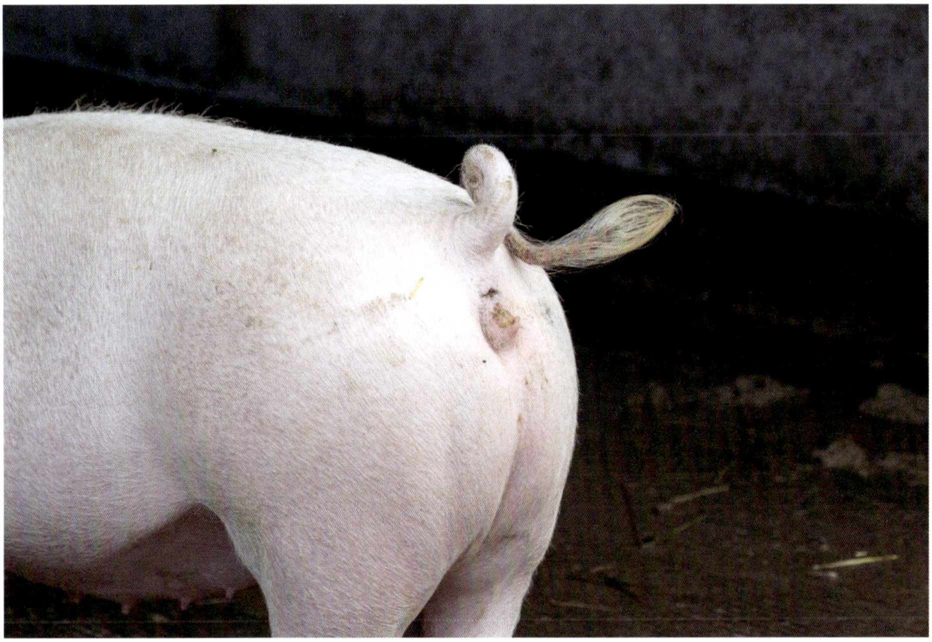

Dieser intakte Ringelschwanz ist vollkommen unberührt, wie die Borsten am Schwanzende zeigen (Stefanie Pöpken)

Der Ausstieg ist deshalb so schwer, weil er neben zahlreichen Faktoren nur durch einen (kostenintensiven) Umbau oder eine Umstrukturierung der Ställe mit einer deutlich reduzierten Tierbesatzdichte möglich scheint. Solange diese Kosten nicht durch einen adäquaten Preis abgefangen werden, wird auch die Umsetzung des Kupierverzichts auf sich warten lassen. Viele Faktoren bestimmen darüber, ob dieser Verzicht in einem Betrieb erfolgreich sein wird oder nicht. Der wichtigste Punkt liegt in der Bereitschaft der Landwirtinnen und -wirte, diesen Weg überhaupt einschlagen zu wollen. Diese Betriebe sollten von Beginn an mit genügend Informationen, Anleitungen und Hilfe unterstützt werden, sodass die Umstellung des Tierbestands für Mensch und Tier nicht zur Belastungsprobe wird.

Im Gespräch mit einer Fachberaterin für Schweine – »Managementeffekte haben einen großen Einfluss«

Mirjam Lechner hat ihre Wurzeln auf einem bäuerlichen Schweinebetrieb und ist seit über 20 Jahren in der Beratung von Schweinehalter:innen auch international unterwegs. Sie hält Workshops zu Tiersignalen an Berufsschulen, auf tierärztlichen Kongressen und bei Weiterbildungsmaßnahmen für Beratung und Kontrollbehören. Seit 2011 hat sie sich dem Thema Ringelschwanz und Kupierverzicht verschrieben und hat als Initiatorin eines EIP-Agrip-Projektes[17] die Schweinesignal-App FitForPigs umgesetzt. Sie gehört seit 2018 zum Team um Professor Gerald Reiner an der Schweineklinik in Gießen und arbeitet seit 2021 mit Professorin Prisca Kremer-Rücker zur Erforschung des Entzündungs- und Nekrosesyndroms[18] als Ursache für Schwanzspitzennekrosen beim Schwein und Rind und den zugehörigen genetischen Aspekten. Aktuell erarbeitet sie die Umsetzung der App FitForCows und eine automatische Erfassung von Schwanzbefunden bei Schlachtung.

Welche positiven Entwicklungen können Sie in Bezug auf den intakten Ringelschwanz erkennen? Was machen die Betriebe richtig?
Der Kupierverzicht beim Ringelschwanz steht seit Jahren ganz oben auf der Agenda der bundesweiten Forschungseinrichtungen, der Modell- und Demonstrationsbetriebe Tierschutz sowie in den Weiterbildungen innerhalb des Netzwerk Fokus Tierwohl. Daraus resultierte nicht nur ein enormer Wissenszuwachs rund um die Bedeutung der Gesundheit der Tiere, sondern auch ein Schulterschluss von Praxis und Wissenschaft, von ökologischen Betrieben und konventionellen. Im Mittelpunkt stehen dabei die Gesundheit und die Fütterung der Tiere. Mit dieser Erkenntnis und begleitet mit der bundesweiten Initiative Tierwohl mit finanziellem Ausgleich für notwendige Investitionen begannen Schweinehalter vor allem, vorhandene Ställe aufzurüsten: Beckentränken für mehr Saufkomfort und Raufutter werden inzwischen in vielen Betrieben eingesetzt sowie mehr Platz angeboten. Ein Schub entstand auch durch den teilweisen Ausgleich der Mehrkosten für eine verbesserte Haltung von circa 30 Euro pro Schwein durch die Ringelschwanzprämie in Niedersachsen.

Als Innovation hat sich unsere Erforschung der häufig zugrunde liegenden systemischen Entzündungs- und Nekroseprozesse gezeigt. Denn auch bei Freiland-, ja sogar bei Wildschweinen zeigen sich Schwanznekrosen und -teilverluste, die nicht mit Langeweile zu erklären sind. Auf dieser Basis laufen auch mehrere große Forschungs- und Zuchtprojekte, an denen auch ich beteiligt bin. Sie fokussieren sich auf robustere Tiere und eine gesunde Immunreaktion der Schweine. Denn es gibt leider so empfindliche Zuchtlinien, dass selbst gute Robusthaltungen oder vorbildliche Ökoställe mit ihrem Management an Grenzen stoßen.

Unsere Tierhaltungsbetriebe brauchen weiterhin die Unterstützung durch geschulte Berater und Tierärzte, um die sichtbaren Tiersignale richtig zu interpretieren und rechtzeitig geeignete Maßnahmen zur Vorbeugung oder bei auftretenden Problemen zu ergreifen. All dies hat in den letzten Jahren bei uns im Vergleich zu anderen EU-Ländern einen großen Schub erhalten – viele Betriebe haben sich schon an den Kupierverzicht herangewagt und motivieren sich in den Arbeitskreisen und Projektgruppen gegenseitig. Sehr positiv ist, dass viele erfolgreiche Projekte aus der Branche heraus selbst entwickelt wurden.

Forschungseinrichtungen tauschen sich regelmäßig über aktuelle Ergebnisse aus und erarbeiten so gemeinsam Ansätze, wie Betriebe, die in den Kupierverzicht einsteigen möchten, am besten unterstützt werden können. Das wurde damals vom Zentralverband der Deutschen Schweineproduktion initiiert, der auch die Informationsseite www.ringelschwanz.info als Anlaufstelle für Berater und Betriebe aufgebaut hat. Diese Infosammlung bildete später eine wichtige Grundlage für das Nationale Wissensnetzwerk Kupierverzicht, das mit Mitteln des Bundesprogrammes Nutztierhaltung ausgebaut und weiterentwickelt wurde. Ziel war die Sensibilisierung der Betriebe und der Berater. Wie viele andere Kollegen habe auch ich viel von diesen Betrieben und Netzwerken lernen und weitertragen können. Mittlerweile enthält das Informationsportal auch E-Learning-Module, ein Forum zum kollegialen Austausch und Videos.

Erfahrungsberichte aus den skandinavischen Ländern runden das Portal ab. Dem Bundeslandwirtschaftsministerium und der Bundesanstalt für Landwirtschaft gebührt großer Dank für das finanzielle Engagement, welches EU-weit seinesgleichen sucht.

Ich erlebe in besonders guten Tierhaltungen, dass die dort arbeitenden Menschen eine intensive Beziehung zu ihren Tieren pflegen, sie täglich genau beobachten, kennen und bei Warnsignalen wie Unwohlsein oder Erkrankungen unmittelbar handeln. Sie haben individuelle Lösungen für ihre Ställe gefunden und auch erkannt, dass ein Optimum an Gesundheit die Grundlage für Tierschutz und Wohlbefinden ist und dazu mehr notwendig ist als die Minimumstandards der Tierschutznutztier-Haltungsverordnung.

Sie haben bei der FitForPigs-Tierwohl-App mitgearbeitet. Was kann die App genau und wie unterstützt sie den Landwirt oder die Landwirtin?
Wie bei jeder Pflege in Altenheimen oder Krankenhäusern sind das Kümmern und die Managementeffekte der Betreuer der größere Hebel als eine Gebäudestruktur oder Produktionsweisen wie konventionell oder ökologisch. Genau auf diese für den Tierschutz so wichtigen Ressourcen haben wir mit Experten aus verschiedenen Bereichen gesetzt. Die weltweit erste Schweinesignal-App FitForPigs hat es sich zum Ziel gemacht,

Schweinesignale direkt dorthin zu bringen, wo sie hilfreich sind: Über das Handy in den Stall, zu den Betreuern und somit zu den Schweinen. Die meisten Bücher über Schweinekrankheiten zeigen wohl eine Vielzahl an Gesundheitsstörungen, aber kaum gesunde Tiere. Jeder Veränderungsprozess beginnt mit dem Bewusstsein, das es Handlungsbedarf oder Probleme gibt und dazu braucht es eine Einordnung, was überhaupt gesund oder unverändert ist. Um das Auge der Tierbetreuer zu schulen, haben wir mit einem Ampelsystem zuerst bei den Fotos von gesunden Schweinen und Organsystemen begonnen. Im zweiten Schritt können dann Veränderungen erkannt werden, wenn sie noch im Entstehen sind, womit man eine Chance hat, rechtzeitig geeignete Maßnahmen zu ergreifen. In der täglichen Tierbetreuung kann man beobachtete Symptome oder Verhaltensweisen in der selbsterklärenden App nachschlagen und findet dann auch Hilfethemen zur Erläuterung, wie es zu den Symptomen kommt und welche Sofortmaßnahmen er ergreifen kann.

Gleichzeitig zeigen wir Videos von Normalverhalten von Schweinen und auch Verlinkungen zu Schulungsvideos beispielsweise zum Kupierverzicht. Somit haben wir eine gewaltige Datenbank von über 1 200 Foto- und Videos von Schweinen online gestellt, die nicht nur in drei weiteren Sprachen angezeigt werden kann, sondern auch noch weiter ausgebaut wird.

Welche Parameter müssen erfüllt sein, damit es den Schweinen wirklich gut geht?

Wohlbefinden ist zwar bereits im ersten Paragrafen des Tierschutzgesetzes benannt, ist aber ein vielseitig interpretierter Begriff, ein nicht erfasster oder bisher nicht messbarer Wert und, wie wir von uns Menschen wissen, kaum ein dauerhafter emotionaler Zustand. Die Voraussetzung hierfür ist aber nicht nur die Abwesenheit von Leiden, Schäden und Schmerzen, sondern dass die Tiere von entspanntem Schlafen bis Spielverhalten alle Verhaltensweisen, die auf Wohlbefinden hinweisen, ausleben können. Dies entspricht auch der Grundlage unserer EU-Tierschutzgesetzgebung, den fünf Freiheiten Freisein zum Ausleben natürlicher Verhaltensweisen, Freisein von Angst/Leiden, Freisein von Unbehagen, Freisein von Schmerz und Freisein von Hunger und Durst. Dies bedeutet – vorausgesetzt die Fundamente in der Tierernährung sind erfüllt –, dass das Tier nicht nur ein Wahlverhalten beim Futter zum Beispiel mit der Aufnahme von Raufutter hat, sondern auch bei den unterschiedlichen Klimabereichen. Entsprechende Buchtenstrukturen sorgen für eine tiergerechte Haltungsumgebung und ein entsprechendes Wohlbefinden. Stressminimierung in der Haltung und der Umgang mit den Tieren gehört hier genauso dazu wie eine regelmäßige veterinärmedizinische Betreuung der Tiere.

Wo sehen Sie momentan die größte Herausforderung in der Schweinehaltung und wie kann diese Ihrer Meinung nach aufgelöst werden?

Die Zahl der Schweinehalter ist in den vergangenen Jahren drastisch zurückgegangen. Zählte das Statistische Bundesamt im Jahr 2000 noch 126 000 Betriebe, waren es im Jahr 2022 noch 16 900 Betriebe, was einem Minus von 86,59 Prozent entspricht. Das hat viele Ursachen. Neben den schlechten Erlösen spiegelt sich hier auch ein Politikversagen wider.

Wenn keine Chancen auf eine Refinanzierung von Tierwohlinvestitionen absehbar sind, läuft ein Betriebszweig durch den mangelnden Absatz in die roten Zahlen wie übrigens derzeit auch bei Biobetrieben. Auch fehlt es an Geld für dringend notwendige Investitionen. Das hält kein Unternehmen lange durch, denn es heißt Land*wirtschaft* und nicht Landhobby. Zusätzlich kommt der emotionale Druck, als Tierhalter per se an einem Pranger der Gesellschaft zu stehen, da scheinbar das Misstrauen größer ist als die Frage: »Was braucht ihr Tierhalter, damit ihr einen guten Job machen könnt?« Das Erstaunlichste ist ja, dass die Absicht zur Transformation zu einer gesellschaftlich akzeptierten Tierhaltung nicht nur von allen Parteien und der Gesellschaft gefordert, sondern selbst von der betroffenen Branche gewollt ist. Viele haben Ideen oder sogar Pläne in der Schublade – aber ohne Geld, im Sinne verlässlicher Verträge für einen Umbau, geht das nicht. Zudem werden Erfolge wie die enorme Verminderung des Antibiotikaeinsatzes kaum anerkannt, statt die Tierhalter auf diesem Weg weiter zu bestärken. Auf die gesetzlichen Zielkonflikte von Baugesetzbuch, Tierschutznutztierhaltungsverordnung und Technische Anweisung Luft möchte ich nicht eingehen – denn viele Tierwohlumbaumaßnahmen werden schlichtweg nicht genehmigt.

Welche weiteren Entwicklungen wünschen Sie sich persönlich in der Schweinehaltung?

Der Preisdruck aus weltweiten wirtschaftlichen Unsicherheiten und Inflation wird den Ausbau von Ökoschweinehaltungen sowie den Neubau von Tierwohllabel-Ställen bremsen. Es ist nicht möglich, mit Gesetzen die Schweinehalter entgegen einer Marktrichtung zu treiben – deswegen stehen wir in einem beispiellosen Zusammenbruch der Selbstversorgung.

Ich würde mir wünschen, wir kämen zügig bei dem Abbau bürokratischer Hemmnisse voran, um zu ermöglichen, dass Landwirte vorhandene Ställe zwar weiternutzen, aber optimieren, indem sie beispielweise einen Auslauf anbauen dürfen, oder Fronten als Außenklimastall zu öffnen, um sich auch als konventioneller Betrieb weiterentwickeln zu können. Hier hat die Politik Verbesserungen versprochen; allerdings geht das viel zu langsam – meine landwirtschaftlichen Familien, Freunde und Kunden verlieren die Hoffnung und das Vertrauen in die Zukunft, dass sie als Tierhalter in unserer Gesellschaft erwünscht sind und nicht einfach der Fleischbedarf durch ansteigende Importe aus anderen Ländern ohne Information zum Tierschutz dort gedeckt wird.

Vor allem drehen wir kybernetisch betrachtet an den falschen Hebeln: Bezahlfaktor muss die Tiergesundheit selbst werden, der Rest an Verbesserungen in Haltung, Genetik und Management wird dann automatisch folgen, ohne dass es in dogmatischen Details und Bürokratie zu Verschlimmbesserungen kommt. Denn bisher befindet sich die Branche in einem unfairen Wettbewerb. Nicht nur von der Verhandlungsposition her, in der sich viele Landwirte wenigen, aber marktgewaltigen Einzelhändlern gegenübersehen, welche die Kostenpositionen der Landwirte genau kennen und ständigen Preisdruck auf die Letzten in der Kette ausüben. Es fehlt nicht nur an verlässlichen Abnahmeverträgen, sondern das größte Defizit liegt auch in dem Bezahlsystem zu Tierwohl und Tiergesundheit selbst. Folgt man dem von den Grünen beauftragten wissenschaftlichen Gutachten durch Professor Sundrum *Tierschutzmängel in der Schweinehaltung – Erläuterungen zum aktuellen Stand,* wird offensichtlich, dass, wie aus den von ihm zitierten wissenschaftlichen Publikationen hervorgeht, nicht das Haltungssystem allein entscheidend ist für das Tierwohl, sondern Managementeffekte den viel größeren Einfluss haben. Bezahlt man aber Landwirte wie in Tierwohllabeln oder Haltungsformkennzeichnungen nur nach der Gebäudestruktur, wird ein bemühter Landwirt mit gesunden Tieren das gleiche Geld bekommen wie jemand mit Defiziten. Das ist nicht fair – nicht für den Landwirt und erst recht nicht für die Tiere! Nur ein Benchmark-System für Tiergesundheit, ein Wettbewerb um wirklich gesunde Tiere, wird eine dringende Tiergesundheitsinitiative als Voraussetzung zu einer Wende in der Tiergesundheit auslösen. Und damit die vorhandenen Ressourcen und unsere Bemühungen aus Weiterbildung, Schweinesignal-App, tiermedizinischer Gesundheitsvorbeuge und genetischen Korrekturen wirklich ausnutzen und equifinal damit auch den Tieren zugutekommen.

Rinder: Milch- und fleischliefernde Pflanzenfresser im Fokus

Stefanie Pöpken

Das domestizierte Rind begleitet den Menschen seit circa 10 000 Jahren[19]. Bis heute wird es als Lieferant von Fleisch, Milch und Arbeitskraft geschätzt. Die Nähe zum Menschen hat das Rind besonders im letzten Jahrhundert züchterisch verändert. Die Dreifachnutzung entwickelte sich hin zu einer Einfachnutzung – entweder Milch- oder Fleischerzeugung. Deutlich wird das bei der Milchkuh, deren Milchleistung sich in den vergangenen 70 Jahren mehr als verdoppelte, während sich ihre Lebensspanne von möglichen 20 Jahren auf durchschnittlich knapp fünf Jahre reduziert hat.

Des Weiteren hat sich die Haltungsumgebung der Tiere verändert. Waren früher Praktiken wie das Melken der Kühe auf der Weide ein tägliches Unterfangen, sind die Tiere mehr und mehr in Ställe mit Anbindehaltung abgewandert. Um Kühe auf engerem Raum halten zu können, wurde die Praxis des Enthornens eingeführt.

Diese behornte Kuh steht nach einem langen Tag auf der Wiese im Laufstall. Die meisten Bioverbände sprechen sich gegen ein Enthornen der Tiere aus. (Stefanie Pöpken)

Die Weidehaltung als Ernährungsgrundlage der Kühe wich der Stallhaltung und Fütterung mit Kraftfutter, welches seit der BSE-Krise in den 1990er-Jahren vermehrt Proteinquellen aus Lateinamerika oder den USA einsetzt. Durch eine Verschiebung der Nachfrage nach fettärmerem Rindfleisch ging die Ochsenmast auf der Weide zurück und die Bullenmast im Stall –meistens strohlos auf Spaltenböden – gewann an Präferenz und ist mittlerweile gängige Praxis.

Tierwohl bei Rindern erfassen und bewerten

Ob es einer Milchkuh, einem Kalb oder Mastrind gut geht und wie dieses Wohlergehen gemessen werden kann, ist Gegenstand vieler nationaler und internationaler Forschungsarbeiten. Kriterien zu ermitteln, die sowohl durch die tierbetreuenden Menschen, interessierte Verbraucher:innen, NGOs als auch von politischen Entscheidungsträgern verstanden und genutzt werden können und gleichzeitig den tierischen Verhaltensweisen gerecht werden, ist eine große Herausforderung. Um das Tierwohl bei Milchkühen, Kälbern und Mastrindern zu ermitteln, wurde das Welfare Quality® Assessment (WQA) aufgebaut. Die ist ein System zur Bewertung des Tierwohls von Nutztieren, das im Rahmen des europäischen Welfare-Qualitiy®-Projekts entwickelt wurde[20]. Das WQA konzentriert sich hauptsächlich auf tier-basierte Faktoren, die direkt mit dem Zustand des Tieres in Bezug auf Körperzustand, Gesundheitsaspekte, Verletzungen, Verhalten und so weiter zusammenhängen. Es basiert auf vier Hauptprinzipien des Tierwohls: gute Fütterung, gute Unterbringung, gute Gesundheit und angemessenes Verhalten. Jedes Prinzip wiederum umfasst zwei bis vier Kriterien, die unabhängig voneinander sind. Insgesamt gibt es im Rahmne des Assessments zwölf Kriterien, die bei der Bewertung des Tierwohls Berücksichtigung finden:

1. Abwesenheit von Hunger und Durst
2. komfortable Ruhebedingungen,
3. thermischer Komfort,
4. Abwesenheit von Verletzungen, Krankheiten und Schmerzen,
5. Ausdruck von sozialem Verhalten,
6. Ausdruck von anderen Verhaltensweisen,
7. gute Mensch-Tier-Beziehung,
8. positive emotionale Zustände,
9. Sicherheit,
10. Abwesenheit von Angst und Stress,
11. Möglichkeit, normale Verhaltensweisen auszuführen,
12. gesunder Körperzustand.

Positive emotionale Zustände können als angenehme Empfindungen oder Erfahrungen definiert werden, die mit Freude, Vergnügen oder Zufriedenheit verbunden sind. Die Bewertung von positiven emotionalen Zuständen bei Tieren kann dazu beitragen, ihr Wohlbefinden zu verbessern und die Bedingungen ihrer Haltung zu optimieren.

Der Großteil der deutschen Milchkühe steht im Laufstall. Es gibt zwei grundsätzliche Laufstallsysteme: den Einraumlaufstall und den Mehrraumlaufstall. Der Mehrraumlaufstall trennt die verschiedenen Funktionsbereiche zum Liegen, Laufen und Fressen voneinander. Die Laufgänge können entweder aus einem planen Boden oder einem Spaltenboden bestehen. Die Entmistung erfolgt per Hand, mit einem mechanischen Schieber oder einem Roboter. Die Liegeflächen können mit verschiedenen Materialien ausgelegt sein. Kühe können bei entsprechendem Platzangebot (etwa auf der Weide) täglich Strecken von bis zu zehn Kilometern zurücklegen. Dabei bewegen sie sich hauptsächlich grasend, mit tiefgestelltem Kopf, fort. Die Bodenbeschaffenheit von Grünland kommt den Bedürfnissen der Rinderklaue nach gleichmäßigem Abrieb und Impulssetzung zur Hornbildung am nächsten[21]. Ein moderner Laufstall beschränkt die Tiere, sodass sie weniger laufen, als zum Beispiel auf der Weide. Der Boden eines Kuhstalls muss so beschaffen sein, dass der Abrieb der Klauen nicht zu Entzündungen und anschließender Lahmheit führt. Außerdem sollte der Boden nicht rutschig sein und auf keinen Fall Stürze der Tiere verursachen. Erkrankungen des Bewegungsapparates und der Klauen sind der Hauptgrund, warum Milchkühe Leistungseinbußen haben oder gar aus dem Bestand genommen werden.

Mastrinder leben selten in Laufställen, sondern werden mit ihren Artgenossen in Mastbuchten, teilweise eingestreut oder mit perforiertem Betonboden, gehalten. Das Platzangebot beträgt je nach Haltungssystem im konventionellen Bereich zwischen 1,8 und 5 Quadratmeter je Tier. Die Buchten sind häufig strukturarm, Liegebereiche und Aktivitätsbereich sind vermischt, sodass die Mastrinder Gefahr laufen, sich gegenseitig zu verletzen.

Konzentriert sich das WQA auf tierbezogene Indikatoren, bewertet der Nationale Bewertungsrahmen des Kuratoriums für Technik und Bauwesen in der Landwirtschaft das jeweilige Haltungssystem. Für Rinder hat der Nationale Bewertungsrahmen 59 Haltungssysteme ausgewertet. Davon werden 19 für den Bereich der Milchviehhaltung, 9 für den Bereich Mastrinder, 11 für die Kälberaufzucht, 3 für die Kälbermast, 10 für die Jungrinderhaltung und 7 für die Mutterkuhhaltung beschrieben. Die Weidehaltung schneidet als die am wenigsten einschränkende Haltungsform am tierwohlfreundlichsten ab.

Diese Limousin-Fleischrinder leben im Herdenverbund auf der Weide. Bei der Mutterkuhhaltung verbleibt das Kalb bis zum Absetzen bei der Mutter. (Stefanie Pöpken)

Mittlerweile gibt es für Landwirt:innen zahlreiche unterstützende Werkzeuge in Form von Apps oder Leitfäden, die bei der Eigenkontrolle und der Beurteilung der Tiergesundheit im Rinderbereich und des Wohlbefindens helfen können.

Kälberaufzucht in der Milchviehwirtschaft – Tierwohl von Beginn an

Die Trennung von Kuh und Kalb unmittelbar nach der Geburt wird vollzogen, um die Kuh möglichst zügig wieder melken und die Milch verkaufen zu können. Dem Kalb wird im günstigsten Falle die Biestmilch gegeben, die weitere Aufzucht erfolgt durch Einsatz von Milchaustauschern und in den ersten Wochen oft in Einzelhaltung. Kälber sind besonders in den ersten Wochen nach der Geburt eigentlich auf den Schutz durch die Mutterkuh und die Herde angewiesen. Da sich der Pansen noch ausbilden muss und erst nach circa drei Lebensmonaten sein Potenzial entfaltet, spielt die Milchaufnahme zur Ernährung des Kalbs eine essenzielle Rolle. Aufgrund der genetischen Disposition auf das Merkmal »hohe Milchleistung« sind besonders die männlichen Nachfahren der Milchkühe eher unerwünscht und nicht von

Nutzen für einen Milchviehbetrieb. Sie verlassen nach vier Wochen den Betrieb und werden auf deutschen oder niederländischen Betrieben gemästet. Der Verkauf der Kälber ins europäische Ausland führt zu einem monetären Verlust in der nationalen Wertschöpfungskette.

Einige Betriebe gehen einen neuen Weg und versuchen, sowohl den weiblichen als auch den männlichen Nachkommen der Milchkühe einen neuen Wert zu geben. Viel gesellschaftlichen Zuspruch findet die kuhgebundene Kälberaufzucht, da sie die Trennung des Kalbes unmittelbar nach der Geburt verhindert.

Werden Kälber konventionell, also in der Regel getrennt von der Mutter oder Amme aufgezogen, kann dennoch einiges dafür getan werden, um das Wohl der Tiere aktiv zu fördern. Allgemein spielen verschiedene Faktoren eine wichtige Rolle:

Dazu gehören unter anderem ausreichend Platz, eine stabile Gruppenzusammensetzung, gute Kolostrum-Versorgung nach der Geburt, bedarfsgerechte Fütterung, hygienische Umgebung, angemessene Temperatur und Luftfeuchtigkeit sowie der Schutz vor Stressfaktoren wie Transport, Verletzungen und Veränderungen in der Zusammensetzung der Gruppe. Icht vernachlässigt werden sollte außerdem Zugang zu sauberem Wasser, Strukturfutter und eine weiche Liegefläche[22].

Bioverbände schreiben in ihren Richtlinien die Gruppenhaltung von Kälbern ab der zweiten Lebenswoche vor[23]. Durch die Nähe zu anderen Kälbern können sie ihr starkes Bedürfnis nach sozialen Kontakten stillen. Kälber sind neugierig und erkunden ihre Umgebung, indem sie an Gegenständen knabbern und sie beschnuppern. Sie spielen auch gerne miteinander und zeigen dabei Verhaltensweisen wie rennen, springen, rangeln oder kämpfen.

Um aus dem Kälberdilemma herauszukommen, werden neue Wege in der Milchviehhaltung gedacht. Ein besonders auch von Tierschutzorganisationen geforderter Lösungsweg kann die Erhöhung der Zwischenkalbezeit sein. Um die Anzahl der Kälber zu verringern, gibt es die Möglichkeit, die Zwischenkalbezeit zu verlängern und die Laktationsspanne auszuweiten. Weitere positive Aspekte können eine längere Nutzungsdauer, höhere Lebensleistungen und ein verringertes Erkrankungsrisiko durch weniger Abkalbungen und eine verbesserte Persistenz (nur langsame Abnahme der Milchleistung nach der Laktationsspitze) der Kuh sein. Für eine erfolgreiche Umsetzung müssen bestimmte Voraussetzungen wie gute Gesundheit, Kondition und optimale Haltungsbedingungen erfüllt sein. Auch die Höhe der Milchleistung spielt eine Rolle. Je höher sie ausfällt, desto länger kann der Zeitraum der Zwischenkalbezeit ausfallen. Milchkuhrassen mit geringer Milchleistung laufen Gefahr, dass sie schneller »trockenstehen«, das heißt das Euter die Milchproduktion stoppt.

Kälberaufzucht bei Mutter oder Amme, unabhängig vom Geschlecht

Die moderne Milchviehwirtschaft hat die getrennte Aufzucht des Kalbes perfektioniert und argumentiert für diese Praxis auf Grundlage des Wohlbefindens und der Gesundheitsvorsorge des Kalbes. Die anfängliche Einzelaufzucht der Kälber dient der engmaschigen Gesundheitsüberwachung und der Ermittlung tierischer Parameter wie Zuwachsrate und körperliche Entwicklung. Dabei profitieren Kälber in den ersten Lebenswochen vom Kontakt mit ihrer Mutter. Das Belecken des Kalbes durch die Kuh direkt nach der Geburt regt dessen Kreislauf an. Die ausreichende Aufnahme des Kolostrums (Erstmilch nach der Geburt) sichert den Aufbau des Immunsystems.

Die kuhgebundene Kälberaufzucht wird häufig auf Biobetrieben praktiziert. Hier sieht man eine Mutter, die ihrem Kalb aufmerksam beim Trinken zuschaut. (Stefanie Pöpken)

Im besten Falle steht dem Kalb das Euter uneingeschränkt zur Verfügung und es kann sein Bedürfnis nach Milch entsprechend decken. Gerade zu Beginn trinken Kälber bis zu zehnmal pro Tag bei der Mutter.[24] Das mehrmalige Entleeren des Euters entspricht dessen natürlicher Funktion und Nutzung. Die mutter- und ammengebundene Kälberaufzucht macht sich dieses Prinzip zunutze und wird deutschlandweit auf über 100 Biobetrieben praktiziert.

Im Vordergrund dieser Aufzucht steht das artgemäße, natürliche Verhalten von der Mutterkuh zu ihrem Kalb. Das Kalb profitiert von der Anwesenheit der Mutter und weist in den ersten Lebenswochen höhere Tageszunahmen auf als ein durch Eimer oder Tränkeautomat gefüttertes Tier.[25] Eine Studie von 2012 hat zudem herausgefunden, dass Färsen, die mit (zum Teil restriktivem) Kontakt zu ihrer Mutter aufgewachsen sind, einer späteren Integration in die Kuhherde stressresistenter begegnen konnten als Tiere, die ohne mütterlichen Kontakt gehalten wurden.[26] Es wurde außerdem beobachtet, dass die Tiere auch nach zwei Jahren ihre Mütter wiedererkannt haben.

Es gibt mehrere Verfahren, die kuhgebundene Kälberaufzucht durchzuführen. Zunächst wird unterschieden zwischen der Aufzucht bei der leiblichen Mutter oder bei einer Amme. Häufig gehen Betriebe den Weg der ammengebundenen Kälberaufzucht, da sie hier die Möglichkeit haben, mehrere Kälber durch eine Amme betreuen zu lassen. Je nach persönlicher Präferenz der Betriebe wird dann festgelegt, wann, wie lange und wie häufig die Tiere miteinander Kontakt haben und ob die Mutter oder Amme während der Kälberaufzucht zusätzlich ein- oder mehrmalig gemolken wird.

Bis zu vier Kälber können theoretisch bei einer Ammen-Kuh trinken. Meist werden jedoch nur zwei bis drei Kälber je Amme genommen, um eine ausreichende Ernährung zu gewährleisten. (Stefanie Pöpken)

Tierwohl bei Rindern aus Sicht einer Tierschutzorganisation

Eine Suchanfrage bei Wikipedia ergibt 75 Einträge in der Kategorie »Tierschutzorganisationen«[27]. Die älteste deutsche von ihnen ist der 1881 gegründete Deutsche Tierschutzbund (DTB), der sein bis heute andauerndes Engagement im Haustierbereich auf die landwirtschaftlich genutzten Tiere erweitert hat. »Ende 2011 entschied sich der Deutsche Tierschutzbund, die Trägerschaft für das Tierschutzlabel zu übernehmen«, erzählt Lea Schmitz, Leitung der Pressestelle des Deutschen Tierschutzbunds. Bis dahin hatten Verbände vergeblich auf Gesetzgeber und Politik gewartet, bessere Haltungsbedingungen für Nutztiere zu schaffen. Das Tierschutzlabel beruhe auf dem Grundkonzept der Initiativgruppe Tierwohl-Label der Universität Göttingen. »Mit dem zweistufigen Label Für Mehr Tierschutz[28] möchten wir Konsumenten, die nicht auf tierische Produkte verzichten möchten, eine Alternative bieten, um den Tierschutz beim Einkauf miteinzubeziehen.«

Das Label reiht sich in eine lange Liste von Kennzeichnungen ein. Lea Schmitz stellt die Einzigartigkeit des Labels folgendermaßen heraus: »Von den anderen Labeln unterscheidet das Tierschutzlabel vor allem auch das robuste, risikobasierte Zertifizierungssystem. Mindestens zwei vollständig unangekündigte – beziehungswesie risikobasiert bis zu vier Audits – im Jahr helfen dabei und dokumentieren, dass sämtliche Vorgaben möglichst jederzeit eingehalten werden. Die Kontrollen finden durch unabhängige Zertifizierungsstellen statt. Darüber hinaus kontrollieren auch Mitarbeiter des Deutschen Tierschutzbundes unangekündigt die Molkereien und Betriebe.«

Tierschutzaspekte stünden beim Label Für Mehr Tierschutz klar im Fokus. Tiere profitieren von deutlich besseren Haltungsbedingung, Massenbilanzierungen würden ausgeschlossen.

Im Bereich der Milchkühe stellt das Tierschutzlabel verbindliche Forderungen hinsichtlich des Platzangebots, das den Milchkühen zur Verfügung stehen muss. Die Anbindehaltung ist verboten. In der Premiumstufe müssen die Kühe zusätzlich ganzjährigen Zugang zu einem Laufhof und einer Weide haben. Eine Liegebox pro Kuh sowie separate Kranken- und Abkalbebuchten müssen vorhanden sein. Es müssen außerdem genügend Fressplätze da sein, damit die Tiere jederzeit ungestört und ohne Stress fressen können. Das betäubungslose Veröden der Hornanlage der Kälber ist verboten. Die Pflicht zur Erhebung tierbezogener Indikatoren soll dazu dienen, unter anderem Rückschlüsse auf das Wohlbefinden zu ziehen und frühzeitig Hinweise auf mögliche Gesundheitsprobleme zu geben.

Das Label geht über die Tierhaltung hinaus, weil es auch Transport und Schlachtung sowie die Verarbeitung regelt. Vor dem Transport zum Schlachthof muss eine Trächtigkeitsuntersuchung durchgeführt werden; die Schlachtung von trächtigen Tieren ist nicht zulässig.

Die Vision des DTB sei langfristig, »dass kein Tier mehr für den menschlichen Nutzen leiden oder getötet werden muss«, so Schmitz. Da tierische Produkte jedoch weiterhin konsumiert würden, müssten die Bedürfnisse der Tiere, so gut es geht, Berücksichtigung finden. »Wünschenswert ist zudem, dass zukünftig Zweinutzungsrassen gehalten werden, die sowohl für die Milch- als auch Fleischerzeugung geeignet sind. Sie müssen im Wesentlichen auf der Weide leben und größtenteils dort ihren Nährstoffbedarf decken können. Auch aus Klimaschutzgründen muss die Anzahl der gehaltenen Tiere deutlich reduziert werden. Die Rinder, die noch gehalten werden, müssen unter höheren Standards gehalten werden. Natürlich gehört dann auch dazu, dass Verbraucher zukünftig bereit sein müssen, dafür einen höheren Preis zu bezahlen, als es bisher der Fall ist.«

Pro Weideland: Die Weide im Fokus

Verbraucher:innenumfragen haben ergeben, dass bei Weidemilch erwartet wird, dass Kühe mindestens zwölf Stunden am Tag auf der Weide stehen. Und das nicht nur im Sommer, sondern ganzjährig. Milch mit dem Aufdruck Weidemilch gibt es seit Langem von verschiedenen Hersteller:innen zu kaufen. Ob das Versprechen, oft mit der abgebildeten Kuh auf der Weide, als solches in der Verpackung zu finden war, konnte mangels fehlender Transparenz nicht nachvollzogen werden. Mittlerweile haben sich die großen und kleinen Molkereien auf Kriterien für Weidemilch geeinigt.

Das 2017 gegründete Pro Weideland Label versucht den Spagat zwischen Tierwohl, Umwelt- und Klimaschutz und faire Bezahlung für die Milchviehbetriebe. Es labelt Milch- und Fleischprodukte aus Weidehaltung und ist in der Haltungsformstufe drei zu finden. An mindestens 120 Tagen für mindestens sechs Stunden je Jahr verpflichten sich die über 2 000 gelisteten Betriebe, ihre Tiere auf die Weide zu lassen. Pro Kuh müssen 2 000 Quadratmeter Grünland und davon mindestens 1 000 Quadratmeter Weideland nachgewiesen werden. Ein Kuratorium mit Vertreter:innen aus Landwirtschaft, Umwelt, Tierschutz, Wissenschaft, Wirtschaft und Politik haben die Pro-Weideland-Kriterien mitentwickelt. »Wir wollten mit diesem Label ein wirtschaftsgetragenes System aufbauen, um die Weidehaltung dadurch zu erhalten und der Gesellschaft eine Möglichkeit zu bieten, eine bewusste Kaufentscheidung für die Weide zu treffen«, erklärt Arno Krause, Geschäftsführer des Grünlandzentrum Niedersachsen e. V., die ursprüngliche Motivation. »Das perfekte Bild von Landwirtschaft ist für mich: blauer Himmel, grüne Wiese und die Kuh, die darauf steht. Weidehaltung ist seit vielen Jahren rückläufig, weil sie anstrengend ist und oft als Einbahnstraße gesehen wird. Primär geht es darum, unabhängig von klimatischen Einflüssen viel Milch aus den Tieren zu bekommen. Die besten Bedingungen finden sich hierfür im Stall und deshalb ist ein Gros der Tiere dorthin gewandert.« Problematisch ist aus Sicht von Arno Krause, dass die Entkopplung von Fläche und Produktion das Bild der Landwirtschaft oft ins Negative gewandelt hätte, wie es häufig in der Schweine- und Geflügelindustrie zu sehen ist. Es gehe nun nicht darum, Milchviehhaltung mit reiner Stallhaltung in eine Ecke zu stellen. Es gehe vielmehr darum, die Abkehr von der Weidehaltung »zu bekämpfen«, ohne Stallhaltungssysteme

Diese Weiderinder beobachten genau, was passiert. Ihr Landwirt hält vor circa 50 Personen einen Vortrag zur Weidehaltung von Kühen. Da wird natürlich von den Expertinnen kontrolliert, ob alles Gesagte auch stimmt. (Stefanie Pöpken)

schlechtzureden. Weidehaltung bietet auch in Bezug auf Ökologie zwei positiv zu bewertende Auswirkungen. Die erste sei ein »positives Image« in der Bevölkerung durch die Tiere auf der Weide, die zweite, dass sich Aspekte des Tierwohls verbessern würden. »Die Weide bietet prinzipiell ein Stück mehr Tierwohl als ein reines Stallsystem, da die Weide die natürlichste Form der Haltung ist. Bei guter Fachkenntnis kann ein Landwirt seinen Tieren aber auch im Stall ein hohes Maß an Tierwohl gewährleisten.«

Öffentlich wird der Einfluss des Rindes auf den Klimawandel diskutiert, basierend darauf werden neue Verfahren in der Fütterung entwickelt, mit dem Ziel, den Methanausstoß der Milchkuh zu minimieren. »Zielsetzung sollte es doch vielmehr sein, ein regionales Kreislaufsystem aufzubauen, denn das natürlichste Futter der Milchkuh ist das Gras.« Aber nicht nur als Grasverwerterin eignet sich die Kuh. Ihr Beitrag zur Biodiversität ist nachgewiesen: In einem Kuhfladen können bis zu 500 Insektenarten leben, die wiederum als Nahrungsquelle für Vögel zur Verfügung stehen.

»Kein Tier prägt unsere Kulturlandschaft so sehr wie das Rind! Damit ist die Kuh die perfekte Landschaftspflegerin, die sogar noch das verwertet, was wir Menschen nicht essen können.«

Legehennen und Masthühner: Meister der Anpassung

Stefanie Pöpken

Kein anderes Nutztier wurde in den vergangenen Jahrzehnten so stark auf ein Leistungsmerkmal gezüchtet wie das Huhn. Und so begegnen uns physiologisch gesehen zwei grundverschiedene Hühnertypen: die Legehenne, die bei entsprechender Fütterung und Management bis zu 320 Eier im Jahr legt und somit 30-mal so viele Eier wie ihre Urahnin, und das Masthuhn, das innerhalb von 28 bis 42 Tagen sein Gewicht von 50 Gramm auf 2 200 Gramm vervierundvierzigfachen kann und bevorzugt als Hähnchenbrust, Chickenwing und Hähnchenkeule auf unseren Tellern landet.

Um die Bedeutung des Huhns in der menschlichen Ernährung zu verstehen, lohnt sich ein Blick auf die Zahlen, die regelmäßig vom Bundesministerium für Landwirtschaft und Ernährung (BMEL) herausgegeben werden.

Aufmerksam wird die Umgebung kontrolliert – kurze Zeit später scheint es nicht mehr sicher zu sein und dieses Huhn läuft schnell zum Mobilstall. (Stefanie Pöpken)

Legehennen und Masthühner: Hochleistungstiere mit vielen Bedürfnissen

Legehennen und Masthühner stammen beide vom Gallus gallus ab, dem wilden Bankivahuhn, das heute noch in den Urwäldern Südostasiens lebt. Hühner haben trotz großer Zuchtanstrengungen der vergangenen 3 000 Jahre durch den Menschen ihre ursprünglichen Bedürfnisse und Verhaltensweisen nicht abgelegt. Noch immer würde das Huhn, wenn es die Wahl hätte, das Leben in kleinen Gruppen mit fester Rangordnung beziehungsweise Sozialstruktur bevorzugen. Dies kann in Gruppen mit bis zu 100 Tieren (beim Bankivahuhn bis zu 40 Tiere) gewährleistet werden.

Aufmerksam bewacht vom Hahn streifen diese Mobilstall-Legehennen über den Auslauf, auf der Suche nach Würmern, Insekten, aber auch pflanzliche Nahrung. Würde ein Beutegreifer am Himmel erscheinen, wäre es die Aufgabe des Hahns, einen Warnruf auszustoßen und seine Hennen dadurch in Sicherheit zu bringen. (Stefanie Pöpken)

Sind die Gruppen größer, hat das Huhn keine Möglichkeit mehr, die Tiere wiederzuerkennen und seinen Rang in der Gruppe einzuordnen. Daher kann die Aggressionsbereitschaft mit zunehmender Gruppengröße und abnehmendem Platzangebot steigen, wobei ab einer bestimmten Tieranzahl in der Herde die Aggressionen wieder abnehmen würden. Das erklärt sich dadurch, dass die Wahrscheinlichkeit, dass sich beispielsweise dieselben Legehennen in konventionellen Haltungssystemen mit mehreren Tausend Tieren je Gruppe täglich über den Weg laufen, gering ist. Hühner haben von Grund auf kein Interesse daran, sich gegenseitig zu verletzen. Umgekehrt geht aggressives Verhalten mit kleiner werdender Gruppengröße und steigendem individuellem Platzangebot zurück. Hühner nutzen das gegenseitige Behacken, um ihren Rang in der Gruppe zu finden, zu festigen und ein stabiles Sozialgefüge zu erreichen. Das Bedürfnis nach sozialer Interaktion lässt Hühner viele Aktivitäten gemeinsam ausführen. Das Sandbaden wird gerne mit mehreren Tieren ausgeübt, ebenfalls die Futtersuche und das Ruhen auf erhöhten und für die Tiere sicheren Sitzmöglichkeiten wie Ästen oder Sitzstangen.

Die Wildform des Haushuhns lebt bevorzugt an Waldrändern, in halb offenen Landschaften und geschlossenen Waldgebieten. Und diese Strukturen sind es, die die Hühner in ihrer Haltungsumgebung bräuchten:

- dunkle, geschützte und ruhige Bereiche für die Eiablage,
- Möglichkeiten, das Sandbaden auszuüben,
- Auslaufmöglichkeiten mit natürlichem Boden zum Scharren und zur Futtersuche,
- Büsche und Sträucher zum Verstecken vor Beutegreifern,
- Sitzmöglichkeiten in verschiedenen Höhen, um sich aufzubäumen,
- einen sicheren Zufluchtsort für die Nacht.

Hühner sind als quasi Allesfresser sehr anspruchslos in der Wahl ihrer Ernährung. Das Nahrungsspektrum ist weit gefasst und passt sich je nach Jahreszeit an. Die Fütterung der Hühner hat sich aufgrund der zunehmenden Leistung im Ei- und Fleischbereich stark verändert. Häufig werden Rohstoffe eingesetzt, die ebenso gut in der menschlichen Ernährung genutzt werden könnten und das Huhn somit zum direkten Nahrungskonkurrenten des Menschen machen. Im Kapitel »Das Zweinutzungshuhn – ein Lösungsansatz« stellt Inga Günther von der Ökotierzucht gGmbH ein Projekt vor, dass dieser Problematik begegnen soll und neue Wege in der Hühnerernährung und -zucht einschlägt.

In den vergangenen Jahrzehnten hat sich die Legehennenhaltung in Deutschland gewandelt. Nachfolgend werden ein paar Meilensteine aufgeführt, die durch Politik, Landwirtschaft und Handel erreicht wurden und zum Teil die Lebensumstände der Hühner zum Positiven verändern konnten.

Von null bis drei: Die Legehenne als Vorreiter der Haltungskennzeichnung

Seit 2004 wird in Deutschland unter dem damaligen grünen Landwirtschaftsressort die Hühnerhaltung in vier verschiedene Kategorien eingeteilt, die auf dem Ei mithilfe eines Zahlensystems aufgedruckt werden. Dieses System ist mittlerweile EU-weit bindend. Null steht für ökologische Legehennenhaltung, eins für Freilandhaltung, zwei für Bodenhaltung und drei für Käfighaltung beziehungsweise Kleingruppenhaltung im ausgestalteten Käfig. Seit dieser Maßnahme haben sich die Anteile nicht zuletzt durch politisches Gegensteuern und Impulse aus dem Lebensmittelhandel in den jeweiligen Haltungssystemen grundlegend zum Besseren verschoben.

Diese Vorwerkhühner werden privat im Garten gehalten und bedanken sich für die gute Pflege mit frischen Eiern. (Stefanie Pöpken)

Kampagnen von Tierschutz-, Verbraucher- und Umweltorganisationen taten ihr Übriges: Die Verbraucher:innen wollten das Ei aus Käfighaltung nicht mehr kaufen,[29] weshalb das Käfig-Ei mit der Drei nach und nach aus dem Handel verschwand Die Haltung einer Henne im Einzeltierkäfig (Legebatterie) ist seit 2010 in Deutschland und seit 2012 in der EU verboten. Statt der Legebatterie wurde die Kleingruppenhaltung im ausgestalteten Käfig eingeführt. Aber auch diese Haltung wird in Deutschland ab 2025 verboten sein,[30] den Beschluss fasste die Bundesregierung 2015. Der Großteil der Legehennen lebt in der Bodenhaltung, die bei Vorhandensein mehrerer Ebenen Volierenhaltung genannt wird. Bei der Freilandhaltung wird den Legehennen ein Auslauf von vier Quadratmetern je Tier ermöglicht. Die ökologische Legehennenhaltung bietet mehr Platz im Stall und verpflichtend einen Auslauf an.

Der nationale Bewertungsrahmen Tierhaltung des Kuratoriums für Technik und Bauwesen in der Landwirtschaft bestätigt allen Haltungseinrichtungen mit Bodenhaltung, Kaltscharrraum und Auslauf für ihre Hühner ein weitgehend mögliches tierisches Normalverhalten mit negativen und positiven Wirkungen auf die Tiergesundheit im Bereich Biosicherheit und Verluste durch Beutegreifer.

Der (freiwillige) Ausstieg aus dem Schnabelkürzen

Lange mussten die Legehennen warten, dass sich Wirtschaft und Politik zur Wahrung des Tierschutzgesetzes bekannten und das routinemäßige Kupieren der Schnabelspitze unterließen.

Der Hühnerschnabel ist nicht nur zur Nahrungsaufnahme da. Er besteht aus einem hochsensiblen Nervengeflecht und ist vergleichbar mit der menschlichen Fingerspitze und hilft bei der Untersuchung von potenzieller Nahrung. (Stefanie Pöpken)

Niedersachsen hatte 2013 unter dem damalig grünen Landwirtschaftsressort den ersten Schritt zu intakten Schnäbeln in der Legehennenindustrie beschritten und das Ende des Schnabelkürzens zu 2016 festgelegt. Etwas später initiierte das Bundesministerium für Ernährung und Landwirtschaft die Initiative »Eine Frage der Haltung – Neue Wege für mehr Tierwohl«. Dieser Initiative schloss sich die Geflügelwirtschaft an und verpflichtete sich, ab August 2016 auf das Kupieren der Schnäbel zu verzichten und ab 2017 nur noch Junghennen mit intaktem Schnabel einzustallen.[31] Einerseits wurde dieser Schritt von Nichtregierungsorganisationen gefeiert, andererseits angemahnt und kritisiert, dass die Managementmaßnahmen zur Wahrung des intakten Schnabels nicht zu mehr Platzangebot und Struktur in den Ställen führen würden, sondern die Tiere ihr Leben weiterhin in abgedunkelten Ställen bestreiten müssen.[32]

Das Eintagsküken – ein Abfallproblem

2019 kündigte sich ein Wechsel im bisherigen grausamen Umgang mit den männlichen Eintagsküken in der Legehennen-Industrie an. Das Bundesverwaltungsgericht urteilte, dass wirtschaftliche Interessen allein nicht rechtfertigem, dem Tier Schmerz zuzufügen. Ab 2024 darf der Abbruch der Bebrütung von Eiern mit männlichen Föten unter Zuhilfenahme der Geschlechtsbestimmung nur noch bis zum 12. Bebrütungstag geschehen. 2017 wurde das Unternehmen Seleggt gegründet, das durch endokrinologische Geschlechtsbestimmung im Ei das Töten männlicher Eintagsküken verhindern kann.[33] Mithilfe eines Lasers werden befruchtete und seit 12 Tagen bebrütete Eier mit einem kleinen Löchlein geöffnet. Dann wird eine kleine Menge Allantoisflüssigkeit mittels gesteuertem Saugverfahren entnommen und auf das weibliche Geschlechtshormon Östronsulfat untersucht. Die als männlich identifizierten Föten werden nicht weiter bebrütet und in Futtermittel verarbeitet, die weiblichen Bruteier werden an der Einstichstelle mit Bienenwachs verschlossen und zurück in den Brutschrank gelegt. Nach 21 Tagen schlüpft die weibliche Legehenne.

Anstatt das männlich getestete Ei der Futtermittelindustrie zuzufügen, wird es alternativ als sogenannter Bruderhahn ausgebrütet und aufgezogen. Auch Lebensmittelunternehmen haben Eigenmarken-Programme entwickelt, die die Aufzucht des Bruderhahns für 10 Wochen beinhalten. Betriebe der Bioverbände sprechen sich gegen die Verwendung der Geschlechtsbestimmung im Ei aus und ziehen die Bruderhähne entsprechend mindestens 10 bis 18 Wochen auf.

Die Europäische Masthuhn-Initiative

Nicht nur die Legehennen benötigen Verbesserungen in ihrer Haltungsumgebung, auch die Masthühner sind von negativen Auswirkungen sowohl durch die Haltungssysteme als auch durch ihre Zuchtausrichtung auf möglichst hohen Fleischzuwachs in kurzer Zeit betroffen. In der konventionellen Hühnermast leben – schwer vorstellbar – bis zu 26 Tiere beziehungsweise bis zu 39 Kilogramm Lebendgewicht je Quadratmeter! Treiber der Europäischen Masthuhn-Initiative[34] sind über 30 europäische Tierschutzorganisationen, die neue Mindestanforderungen an die Hühnermast stellen.

Der Kriterienkatalog umfasst Vorgaben von mehr Platz (knapp 25 Prozent weniger Tiere je Quadratmeter), ausreichender Beleuchtung respektive Tageslicht, Strukturelementen wie Sitzstangen, Pickmöglichkeiten bis hin zu den einzusetzenden Mastlinien. Gerade Letzteres ist den Verbänden sehr wichtig, denn eine alternative Mastrasse, die die Kriterien des RSPCA Broiler Breed Welfare Assessment Protocols[35] erfüllt, kann durch langsameres Wachstum beispielsweise physische Probleme des Bewegungsapparates und Herz-Kreislauf-Systems minimieren. Die Organisatoren haben Vergleiche der Kriterien der Europäischen Masthuhn-Initiative mit verschiedenen Labeln angestellt und bescheinigen bisher nur vier Labeln die Erfüllung der Kriterien. Unterstützende Unternehmen verpflichten sich, die Masthuhn-Initiative bis 2026 umzusetzen. Bisher konnte die Initiative mehr als 80 europäische Unternehmen insbesondere des Einzelhandels dazu überzeugen.

Das Zweinutzungshuhn aus ökologischer Tierzucht – ein Lösungsansatz

Die 2015 von Demeter und Bioland gegründete Ökotierzucht gGmbH (ÖTZ) hat das Ziel, Strukturen aufzubauen, um Nutztiere für ökologisch wirtschaftenden Betriebe zu züchten. Begonnen hat sie mit der Entwicklung von Zweinutzungshühnern. Seit 2020 werden auch Bestrebungen in der Zweinutzungs-Rinderzucht betrieben. Inga Günther ist eine der Co-Geschäftsführer:innen der ÖTZ und leitet dort den Bereich der Geflügelzucht.

»Ein Teil der Tiere, mit welchen wir heute arbeiten, wurden bereits in der ehemaligen DDR züchterisch bearbeitet«, sagt sie. Nach dem Mauerfall wurde der Bestand im Auftrag der Domäne Mechthildshausen in Kooperation mit der Universität Halle weiter selektiert und damit auch in seinen Leistungen stetig entwickelt.

Als 2014 jedoch die Finanzierungsmöglichkeiten im Rahmen der Domäne Mechthildshausen ausliefen und der damalige Züchter in den Ruhestand ging, wurde der Bioland e. V. kontaktiert und die Tiere angeboten. »Diese Tiere für den Aufbau einer eigenständigen Zucht einsetzen zu können, war eine einmalige Chance für uns.« Die ÖTZ war geboren und Inga Günther mit an Bord. Seitdem engagiert sie sich national und international für Züchtung, Haltung und Verbreitung des Zweinutzungshuhns. Dafür arbeitet die ÖTZ unter anderem auch eng mit der Brudertierinitiative Deutschland e. V. zusammen, welche sich seit ihrer Gründung 2013 als eine der ersten für die

Inga Günther von der Ökologischen Tierzucht setzt sich seit Jahren für das Zweinutzungshuhn ein. (Stefanie Pöpken)

Bruderhahnaufzucht einsetzte, das Thema Kükentöten bis zu den Verbraucher:innen transportierte und ein Zertifizierungsmodell und Label mit eigenen Qualitätsstandards für die Aufzucht entwickelte.

»Seit meiner Jugend liebe ich Hühner, wollte aber nach meinem Studium in Witzenhausen nicht mit den herkömmlich gezüchteten Tieren arbeiten. Bereits nach kurzer Zeit an der Uni war mir klar, dass beinahe alle bestehenden Tier- und nachgelagerten Umweltprobleme schon in der Zucht ihren Ursprung haben. Der Rückschluss war also: Wenn du willst, dass sich was verändert, müssen die Zucht und ihre Zuchtziele verändert werden. Nach dieser Erkenntnis hat sich alles Weitere dann sozusagen quasi ergeben«, erzählt die Geflügelzüchterin.

Mit der Gründung der ÖTZ gGmbH konnten auf einem alten Militärgelände in Nordrhein-Westfalen Zuchtställe gepachtet, ausgebaut und die Tiere züchterisch unter Zuhilfenahme von Transpondertechnik auf Einzeltierbasis bearbeitet werden. Eine Infrastruktur, welche bis dato schlicht fehlte. »Es gab in den letzten 70 Jahren einen enormen Konzentrationsprozess von ursprünglich vielen Hundert Zuchtunternehmen bis zu den heutigen drei agierenden Weltkonzernen. Das Zuchtziel richtet sich nach dem Haltungssystem des Marktes darauf aus, wo die meisten Tiere abgesetzt

Elterntierhaltung mit Auslauf gibt es bei Zuchtunternehmen nicht oft zu sehen. Die Ökotierzucht möchte auch ihren Elterntieren eine artgemäße Haltungsumgebung bieten. (Maxi Strauch)

werden – und ist nicht etwa in Deutschland, sondern in Südamerika und Asien. In diesen Ländern werden die Tiere nach wie vor in Käfigen gehalten und das Kükentöten wird nicht kritisiert.«

Als Inga Günther begriffen hatte, dass sie Zucht auch selbst machen kann, war das für sie eine echte Perspektive. Von da an brauchte es nur noch Menschen und Konsumentinnen und Konsumenten, die sich dafür begeistern ließen, sowie Landwirt:innen und Händler:innen, welche das Thema aufnahmen und in die Praxis umsetzten. »Abgesehen davon, dass wir die Tiere Bioland-zertifiziert halten, haben wir als erstes und einziges Zuchtunternehmen ein System entwickelt, mit welchem wir komplett käfigfrei und ohne künstliche Besamung arbeiten können. Zudem haben alle Elterntiere täglich Zugang zu einem Auslauf mit Baumbestand. Ein absolutes Novum.«

Um die Tiere im Ausland vertreiben zu dürfen, hat sich die ÖTZ nach Binnenmarkt-Tierseuchen-Schutz-Verordnung zertifizieren lassen und ist damit das einzige Bio-zertifizierte Zuchtunternehmen, welches nach diesen Standards arbeitet. Denn weil Geflügel nicht einmal im Tierzuchtgesetz erwähnt wird, sieht dieser auch der ökologischen Landwirtschaft vorgelagerte Bereich abgesehen von den Vorgaben der Hygieneverordnung eigentlich keinerlei Regulierungen in Bezug auf die Haltung von Zuchttieren vor. So wird neben dem Handel von Bruteiern und Küken in Deutschland auch der Vertrieb in die Schweiz und andere angrenzende Länder zusehends besser.

Die ÖTZ-Tiere werden grundsätzlich nur gemischtgeschlechtlich abgegeben. »Ob der Landwirt die Hähne lebend, geschlachtet oder als Currywurst abnimmt, ist uns allerdings egal.« 350 Betriebe zählt die ÖTZ 2023 zu ihren Kundinnen und Kunden und vertreibt 110 000 Küken pro Jahr. »Gemessen an 50 Millionen Legehennen in Deutschland sind wir natürlich ein Tropfen auf dem heißen Stein. Aber ich bin zuversichtlich, denn alle Veränderungen beginnen im Kleinen.«

Da viele Landwirte die Tiere nicht zwingend selbst weiter vermehren möchten, ist der Absatz bei den leistungsstärksten Gebrauchskreuzungen Cream (Bressehühner verpaart mit White-Rock-Hahn) und Coffee (Bressehühner mit New-Hampshire-Hahn) am höchsten. Es gibt zusehends aber auch Betriebe, welche die Tiere selbst nachziehen möchten. »In diesem Fall beraten wir sie und wählen unter den reinen Rassen, die wir führen, die Tiere aus, welche am besten zu ihrem Konzept passen.«

Hinzu kommt, dass auch immer mehr private Hühnerhalterinnen beliefert werden möchten. Die Bestellung von Bruteiern erfolgt dabei über den Onlineshop der ÖTZ.

»Eine der absoluten Besonderheiten unserer Zuchttierhaltung ist, dass wir sie nicht abschotten, sondern zeigen. Wen es interessiert, wie wir züchten, kann vorbeikommen und Einblicke in den Alltag vor Ort erhalten«, erklärt Inga Günther. »Wir sind nicht angetreten, um der nächste grüne Zuchtkonzern zu werden und damit

Hühner sind Waldrandbewohner und finden dort Schutz vor Beutegreifern. Daher sollten Ausläufe immer Unterstände, im besten Falle Hecken und Kleingehölze anbieten. (Maxi Strauch)

möglichst viel Geld zu verdienen, sondern, um Nutztiere für eine zukunftsfähige Landwirtschaft zu züchten. Dazu gehört neben maximaler Transparenz auch die Auseinandersetzung mit sozialen und gesellschaftsrelevanten Fragen im Rahmen der Ernährungswende. Fleisch zu essen ist in Zukunft nur noch vertretbar, wenn dabei Ressourcen verwendet werden, die der Mensch nicht essen kann.«

»Andere Zuchtunternehmen beschäftigen sich natürlich auch mit der Zucht von sogenannten Dual-Tieren, und das vermutlich mit ähnlichen Anpaarungen«, weiß Inga Günther. »Dennoch ist und bleibt das vermutlich noch lange eine Nebenbaustelle bei herkömmlichen Züchtern, welche wir für uns erkannt haben und ausbauen werden.«

Egal, wer sie züchtet, Zweinutzungshühner haben geringere Leistungen als die spezialisierten Lege- und Masthybriden, und das ist auch gewollt und gut so. 230 bis 260 Eier sind bei optimalem Management in der ersten Legeperiode bei ÖTZ-Hennen zu erreichen. Die ÖTZ-Hähne wachsen in 16 bis 17 Wochen auf ein durchschnittliches und stattliches Schlachtgewicht von 1,6 Kilogramm. Damit seien die Legehennen tatsächlich schon an der Grenze des Vertretbaren, bei noch höheren Legeleistungen würden die Tiere dieselben Probleme wie konventionelle Hühner erleiden und zum Beispiel Brustbeinbrüche auf der einen Seite und Beinschäden auf der anderen Seite riskieren.

Darum stehen züchterisch in Zukunft in erster Linie qualitative Verbesserungen wie Schalenstabilität, Tiergesundheit, Fußballengesundheit und Kükenvitalität im Fokus.

Ob es nun das Dual- oder das Zweinutzungshuhn der ÖTZ ist, wenn es nach Inga Günther geht, müsste das Zweinutzungshuhn irgendwann Standard werden. »Die Gesellschaft muss weiter aufgeklärt werden, dass Produkte mit so hohen Tierwohl- und Umweltschutzstandards einen Preis haben, von dem die Landwirte auch leben können. Aber auch politisch sind noch einige Rahmenbedingungen anzupassen, damit das Zweinutzungshuhn irgendwann ganz normal werden kann.« Die hohen Kosten entstehen aktuell vor allem, weil, wie überall und oft auch noch für den ökologischen Landbau, Futtermittel importiert werden muss und regional verfügbare Ressourcen in Form von Resten der Lebensmittelherstellung aufgrund der Gesetzeslage nicht zum Einsatz kommen dürfen. »Hier liegt der eigentliche Schlüssel zur ressourcenschonenden Zweinutzungshaltung. Unsere Hühner und Hähne sind von Natur aus die perfekten Resteverwerter. Würde man es rechtlich legitimieren, könnten Hühner und Hähne im Handumdrehen das meiste aus unserer Biotonne in hochwertiges Eiweiß in Form von Eiern und Fleisch verwandeln.« Das herkömmlich eingesetzte Futter sei notwendig, da die üblicherweise gehaltenen Tiere aufgrund ihrer Leistungen dauerhaft höchste Proteingehalte benötigen. »Unsere ÖTZ-Tiere können hingegen mit weniger immer noch gut zurechtkommen.« Um diese These zu untermauern, arbeitet die ÖTZ mit diversen Forschungseinrichtungen zusammen. Aktuell startet das Projekt SlowFeedChickens, welches sich unter anderem mit Insekten als Nahrungsquelle für Hühner beschäftigt.

Inga Günther wünscht sich zukünftig ein Umdenken bei den Menschen. »Es verlangt nach Menschen, die den Tieren den Wert beimessen, den sie haben. 80 Prozent von dem, was auf den Äckern weltweit wächst, kann der Mensch nicht essen. Unsere Nutztiere haben die wunderbare Fähigkeit, aus diesen Ressourcen Mist, Wolle, Milch, Eier und Fleisch zu produzieren, die der Mensch entweder als Dünger für den Anbau von Ackerfrüchten braucht oder für seine Ernährung nutzen kann.« Als Richtwert für einen nachhaltigen Fleisch- und Ei-Konsum gibt die Landwirtin an: »Jeder Deutsche verbraucht durchschnittlich 230 Eier pro Jahr. Diese kann er guten Gewissens essen, solange er einmal im Jahr auch einen Hahn und ein Suppenhuhn isst.«

Die ÖTZ-Arbeit finanziert sich neben den Küken und Bruteiverkäufen durch Spenden diverser Stiftungen und Unterstützer:innen, Projektmittel aus Bund und Land sowie die breit angelegte Kampagne des Naturkostfachhandels »1 Cent für die Zucht«. Die ÖTZ feiert jedes Jahr am 22. Januar im Rahmen der Internationalen Grünen Woche den Tag des Zweinutzungshuhns und informiert über Fortschritte in der Zucht im jährlich stattfindenden ÖTZ-Online-Fachforum.

Puten: anspruchsvoll und unterschätzt

Stefanie Pöpken

Die Pute oder das Truthuhn ist neben den Rindern ab ihrem sechsten Lebensmonat und den Milchkühen eine landwirtschaftlich genutzte Tierart, deren Haltung nicht genauer gesetzlich geregelt ist.

Somit müssen bei der Haltung »nur« die Vorgaben des Tierschutzgesetzes beachtet werden. Diese besagen, dass tierhaltende Betriebe Sorge zu tragen haben, dass die Tiere keine vermeidbaren Schmerzen, Leiden und Qualen ertragen, dass ihre Haltungsumgebung ihnen das Ausleben ihrer arteigenen Bedürfnisse ermöglicht und dass es keine Eingriffe und Amputationen am Tier gibt, und wenn, dann nur mit vorheriger Genehmigung.[36]

Die Empfehlungen des ständigen Ausschusses des Europäischen Übereinkommens zum Schutz von Tieren in landwirtschaftlichen Tierhaltungen legen einen Grundstein zur Haltung von Puten in Europa. In der Präambel wird bereits festgehalten, dass es Haltungssysteme gibt, die »den biologischen Bedürfnissen« der Puten nicht gerecht werden und das Wohlbefinden entsprechend stark einschränken können.[37] Auch bestehe Kenntnis darüber, dass eine zu hohe Besatzdichte problematisch für das Wohlbefinden der Tiere sei und entsprechend behandelt werden müsse und dass sich die Haltungsumgebung den Bedürfnissen der Tiere anpassen müsse, anstatt die Tiere durch Eingriffe an die Haltungsumgebung anzupassen. Die Empfehlungen merken an, dass die Zuchtprogramme, die auf ein hohes Wachstum zielen, so angelegt werden sollten, dass die Bedürfnisse der Puten berücksichtigt werden. In Artikel 11 werden Empfehlungen zur Gestaltung der Haltungsumgebung aufgeführt. Hier wird darauf hingewiesen, dass die Ausgestaltung so zu erfolgen hat, dass die Tiere ihre »wesentlichen biologischen Erfordernisse einschließlich der Erhaltung einer guten Gesundheit« umsetzen können.

Auch wenn die Empfehlungen keine Angaben zum Flächenangebot je Tier machen, wird angemerkt, dass die Haltung in großen Gruppen zu Konflikten und Aggressionen untereinander führen kann. Daher sollte auf ausreichend Platz geachtet werden.

Die bundeseinheitlichen Eckwerte für eine freiwillige Vereinbarung zur Haltung von Mastputen wurde im März 2013 veröffentlicht. Sie spricht sich bei Teilnahme eines Gesundheitskontrollprogramms der Betriebe für eine Platzvorgabe von 58 Kilogramm Lebendgewicht je Quadratmeter bei Putenhähnen und 52 Kilogramm Lebendgewicht je Quadratmeter bei Putenhennen aus. Das BMEL hat Ende 2022 ein Eckpunktepapier zur Putenhaltung herausgegeben, in dem den Tieren circa 30 Prozent mehr Platz gegeben werden soll.[38] Die deutsche Geflügelwirtschaft wiederum sieht in dem Vorstoß eher die Gefahr, dass die Putenhaltung in Deutschland wirtschaftlich unrentabler wird und Betriebe aufgeben müssen.

Diese jungen Öko-Puten leben in einem neu gebauten Stall mit großzügigem Auslauf. (Stefanie Pöpken)

Das Leben der ursprünglichen Pute: ein Blick in die Vergangenheit, um die Zukunft zu gestalten

Um zu verstehen, welche Bedürfnisse ein Haltungssystem für Puten zu erfüllen hat, ist ein Blick über den Ozean nach Nordamerika und Mexiko, dem ursprünglichen Lebensraum der Pute, notwendig. Steppenartige Landschaften, Waldränder und lichte Wälder gehören zu den Habitaten der Wildpute, in denen sie auch heute noch, dank aufwendiger Erhaltungsprogramme, zu finden ist. Im Unterholz von Wäldern finden die Truthühner den nötigen Schutz vor Raubtieren und für die Brutzeit. Bäume dienen den Tieren als Schlafplätze und die Nahrungssuche erfolgt am Tag auf grasbewachsenen Lichtungen. Junge Puten benötigen in den ersten Lebenswochen viel Protein für das rasche Wachstum, das sie durch den Verzehr von Insekten, zum Beispiel Käfer und Grashüpfer,[39] zu sich nehmen. Als ausgewachsene Tiere verändert sich der Speiseplan hin zu einer überwiegend pflanzenbasierten Ernährung mit geringem tierischen Proteinanteil. Im Gegensatz zu den bis zu 22 Kilogramm schweren Turbo-Mastputen in unseren Ställen wiegt die Wildpute vier bis zehn Kilogramm. Das leichtere Gewicht ermöglicht es den Tieren, kurze Strecken auch fliegend zu überwinden. Die Vögel bevorzugen jedoch eine laufende Fortbewegung.

Das Sandbaden ist eine Tätigkeit, die von vielen Tieren gleichzeitig ausgeübt wird. Bio-Puten haben intakte Schnäbel und ein größeres Platzangebot als ihre konventionell gehaltenen Artgenossen. (Stefanie Pöpken)

Puten haben je nach Jahreszeit unterschiedliche soziale Bedürfnisse. Während der Brutzeit ziehen sich die Tiere zurück und leben in kleinen Gruppen oder auch solitär. Ansonsten bilden Puten nach Geschlechtern getrennte Gruppen von mehreren Hundert Tieren. Damit dieses komplexe Gefüge funktioniert, gibt es eine strikte Rangordnung, die unter anderem mit gegenseitigem Behacken etabliert und erhalten wird.

Die Domestizierung der Vögel fand bereits vor circa 2 000 Jahren durch die Maya statt[40] und auch die indigene Bevölkerung Nordamerikas hat Puten als wichtigen Fleischlieferanten geschätzt. Im 16. Jahrhundert sind die ersten Tiere mit den Seefahrern nach Europa gekommen und haben dort im Lauf der Jahrhunderte Einzug in den Speiseplan der Menschen gehalten. Mittlerweile leben Puten auf der ganzen Welt in Mastställen überwiegend in Bodenhaltung, 11,5 Millionen allein in Deutschland[41].

Irrweg Schnabelkupieren

Der Aufbau intensiver Haltungssysteme mit reduziertem Platzangebot wegen Erhöhung der Besatzdichte und einem Strukturverlust der Haltungsumgebung, fand aufgrund von Preisanstiegen der landwirtschaftlichen Flächen und hoher Arbeitslöhne statt. Dadurch standen die Betriebe vor der großen Herausforderung, die Tiere davon abzuhalten, sich gegenseitig zu verletzen. Das führte bereits schon ab den 1920er-Jahren zur Einführung des Schnabelkürzens in die Geflügelwirtschaft[42]. Noch bis heute kann ein Großteil der Betriebe nur Puten mit gekürztem Schnabel halten.

Der Verzicht auf das Schnabelkupieren beschäftigt neben dem Gesetzgeber auch die Wissenschaft. In einer viel beachteten Literatur-Studie von Professor Dr. Krautwald-Junghans und Dr. Sirovnik Koscica mit dem Titel *Anforderungen an eine zeitgemäße tierschutzkonforme Haltung von Mastputen*[43], kommen die Wissenschaftlerinnen zu dem Resultat, dass es über die Optimierung der Haltungsbedingungen nur begrenzt möglich ist, die nachteiligen Folgen züchterischer Maßnahmen zu kompensieren. Die Forscherinnen betonen, dass Federpicken durch eine Vielzahl von Faktoren ausgelöst oder begünstigt werden kann. Diese Faktoren schließen genetische Aspekte ein, die von züchterischen Maßnahmen beeinflusst werden, sowie ungünstige Bedingungen im Stallklima und bei der Beleuchtung. Eine Rolle spielen auch die Gruppengröße, mangelnde Beschäftigungsmöglichkeiten und eine reizarme Umgebung. Basierend auf diesen Erkenntnissen empfehlen die Autorinnen eine Überarbeitung der Tierschutzgesetzgebung, um tiergerechte Haltungssysteme zu fördern, und setzen sich für einen Wandel weg von der Leistungszucht in der Putenmast ein.

Das Bundesland Niedersachsen hat bereits 2018 im Rahmen des Tierschutzplans eine »Empfehlung zur Vermeidung des Auftretens von Federpicken und Kannibalismus« herausgebracht.[44] Darin heißt es, dass sich der Ausstieg aus dem Schnabelkürzen bei der Pute bisher nicht flächendeckend umsetzen lasse, die Haltung mit schnabelintakten Tieren jedoch grundsätzlich gelingen könne. Dazu müssen allerdings mehrere Faktoren wie eine optimale Haltungsumwelt, intensive Tierbeobachtung und -betreuung stimmen. Das sofortige Eingreifen bei auftretendem Federpicken oder Kannibalismus könne helfen, solche Geschehnisse schnell zu kontrollieren und einzudämmen.

Anders sieht es im Ökolandbau aus. Hier ist das Kürzen des Schnabels grundsätzlich verboten. Des Weiteren muss den Puten ein Außenklimabereich sowie ein Auslauf zur Verfügung gestellt werden. Strukturelemente wie zum Beispiel Strohballen werden zusätzlich eingesetzt. Diese natürlichen Erhöhungen werden gerne von den Tieren angenommen. Zehn Quadratmeter Platz im Freien stehen den Bio-zertifizierten Tieren mindestens zur Verfügung. Auch im Stall geht es weniger beengt zu. Maximal 21 Kilogramm pro Quadratmeter dürfen gehalten werden – zum Vergleich:

In der konventionellen Putenmast sind es bis zu 58 Kilogramm je Quadratmeter, also fast dreimal so viel. Das entspricht, je nach Mastrasse, ein bis zwei männlichen und bis zu vier weiblichen Tieren.

Das Kuratorium für Technik und Bauwesen in der Landwirtschaft (KTBL) attestiert dem ökologischen Haltungssystem keine offensichtlichen Nachteile für die tiergerechte Haltung und das natürliche Tierverhalten. Einzig negativ werden Krankheiten, Parasitenbefall und Atemwegserkrankungen, die durch den Außenklimakontakt entstehen können, bewertet.

Lichtblick in der Zucht

Die Pute hat in der modernen konventionellen Züchtung einen (negativen) Quantensprung gemacht. Das Gewicht der Tiere hat sich verdreifacht von vier auf zwölf Kilogramm, das der Hähne von 6 auf über 20 Kilogramm. Durch die schnelle Gewichtszunahme in der Mast leiden die Puten unter physischen Erkrankungen. Tierschutzorganisationen betiteln diese Entwicklung als Qualzucht. Da ist es gut zu wissen, dass züchterisch beispielsweise Bioland gemeinsam mit der Universität Hannover einen neuen Weg beschreitet, um bäuerlichen Putenbetrieben mit Direktver-

Dieser Bio-Putenhahn hat sich ordentlich in Schale geschmissen, denn er möchte die Putenhennen von sich überzeugen. (Stefanie Pöpken)

marktung eine Alternative zu den konventionellen Leistungshybriden anzubieten, die sehr hohe Anforderungen an Futter und Management stellen.[45] Diese sind beispielsweise die »Robustpute« mit einem Schlachtgewicht von vier bis sechs Kilogramm, ferner die ammengeführte Aufzucht und das Konzept der Bio-Waldland-Pute.

Vegetarisch oder vegan als Lösungsweg?

Eine repräsentative Umfrage der Forsa[46] ergibt, dass etwa zwölf Prozent der Bevölkerung in Deutschland kein Fleisch konsumieren. Der Großteil, neun Prozent, ernährt sich fleischlos vegetarisch, isst also weiterhin tierische Produkte, drei Prozent lebt vegan und verzichtet damit auf jeglichen Konsum tierischer Lebensmittel.

Hauptargumente einer vegetarischen und veganen Lebensweise sind neben den ethischen Aspekten auch Umweltschutz, Ernährungsgerechtigkeit, Antibiotikamissbrauch und gesundheitliche Argumente. Ein reduzierter Konsum von Fleisch oder der vollständige Verzicht ist ein wichtiger und sinnvoller Beitrag, der den Druck von der Massenproduktion tierischer Lebensmittel nimmt und dazu führt, dass weniger Tiere gehalten werden müssen bei gleichzeitig besseren Haltungsbedingungen. Alleine schon aus Nachhaltigkeitsaspekten bedeuten daher eine starke Reduzierung des Fleischkonsums bis hin zu einer vegetarisch/veganen Lebensweise signifikante Lösungsansätze der massiven und so zerstörerischen Überproduktion von Fleisch und sonstigen tierischen Produkten.

Zusammenfassung

Jede landwirtschaftlich genutzte Tierart hat ihre eigenen Bedürfnisse. Der Anspruch in der Haltung sollte daher mindestens sein, diesen Bedürfnissen so gut es geht Rechnung zu tragen. In der Vergangenheit wurde der Fokus vermehrt auf eine Leistungssteigerung gelegt, sei es mehr Milch, mehr Eier, mehr Nachkommen oder mehr Fleisch. Ein egoistischer Ansatz, der die Tiere in der Gleichung ausgeklammert hat. Langsam ist ein Umdenken zu erkennen, sowohl in der Gesellschaft, aber auch in der Landwirtschaft. Und dabei ist es egal, ob ein Betrieb konventionell oder ökologisch wirtschaftet. Vielmehr liegt die Chance darin, dass beide Wirtschaftsweisen voneinander und miteinander lernen und sich unterstützen können. Die Best-Practice-Betriebe können nur einen kleinen Ausschnitt aus der Nutztierhaltung zeigen. Was sie aber übergreifend darstellen, ist die unermüdliche Anstrengung der einzelnen Landwirt:innen, ihre Tiere so gut wie möglich zu halten und gleichzeitig die Einzigartigkeit, die jeder Betrieb bietet, darzustellen.

Tiertransporte: Fehler und Lösungen liegen im System

Angela Dinter

Politische Signale

Neben dem seit 2010 geltenden Exportverbot für lebende Mast- und Schlachttiere in Drittländer hat die Bundesrepublik Tiertransporte in Länder außerhalb der EU durch Zurückziehen deutscher Veterinärgenehmigungen für Exporte lebender Rinder, Schafe und Ziegen zur Zucht in Drittstaaten ab dem 1. Juli 2023 begrenzt. Für ein EU-weites Verbot von Langstreckentiertransporten setzt sich auch Bundeslandwirtschaftsminister Cem Özdemir in Brüssel ein. Zusammen mit Dänemark, Belgien, den Niederlanden und Schweden richtete er ein Positionspapier zur dringenden Anpassung des EU-Tiertransportrechts an die EU-Kommission.

Im Mai 2020 legte die EU-Kommission ihre Strategie »From Farm To Fork« (Vom Hof zur Gabel) vor. Darin verpflichtete sie sich, die Vorschriften für Tiertransporte zu überarbeiten und ein höheres Tierschutzniveau sicherzustellen.

Im Januar 2022 verabschiedete das Europäische Parlament eine Empfehlung, in der die Kommission und die Mitgliedstaaten aufgefordert wurden, den Schutz der Tiere während der Transporte sicherzustellen, EU-Rechtsvorschriften zu überarbeiten, Beschränkungen der Beförderungsdauer und Kontrollen bei der Ausfuhr lebender Tiere in Drittländer zu definieren. Zudem sprach das Parlament sich für den Transport von Fleisch statt lebender Tiere aus.

Transport von Milchkühen

Zum Aufbau von Milchviehbeständen in Ländern außerhalb der Europäischen Union sollte ein internationaler Service, der Forschung, Beratung und Schulungen im Zusammenhang mit der künstlichen Besamung und dem Herdenaufbau von Milchkühen initiiert, etabliert werden. Möglicherweise führt das gezielte Einkreuzen von Leistungsrassen in Zuchtlinien anderer Länder zu Milchviehbeständen, die unter schwierigen klimatischen Bedingungen gute Milchleistung erbringen und viele Jahre im Bestand bleiben können.

Kälbertransporte

Männliche Kälber der Milcherzeugung verlassen den heimischen Betrieb häufig bereits im Alter von vier Wochen, um im benachbarten Ausland gemästet zu werden.

Ein Teil der exportierten Tiere wird bereits als Kalb geschlachtet, ein weiterer Teil wird per Schiff in Drittländer zur Schlachtung transportiert.

Eine schnelle Abhilfe zur Verhinderung von Kälbertransporten bietet das Spermasexing. Hierbei werden durch komplexe technische Verfahren männliche und weibliche Spermien voneinander getrennt. So können bei der künstlichen Besamung von Milchkühen nicht nur Rassemerkmale, sondern auch das Geschlecht des Kalbes ausgewählt werden. Der Landwirt selbst steuert betriebsindividuell, wie viele weibliche Nachkommen zur Milcherzeugung und wie viele männliche Nachkommen aus Fleischrindrassen zur Mast geboren werden. Diesem modernen Konzept fehlen noch regionale Mast -und Schlachtanlagen. Um Kälberexporte zu minimieren, suchen Rinderbetriebe, landwirtschaftliche Institutionen, Hochschulen und Lebensmitteleinzelhandel derzeit gemeinsam nach Wegen, wie Milch- und Fleischprodukte aus Betrieben, die Spermasexing praktizieren, in die regionale Vermarktung einfließen können. So könnte bald einem Teil der jährlich etwa 700 000 aus Deutschland exportierten Kälber der Transport in Nachbarländer und der Export in Drittländer erspart bleiben.

Ein Blick auf alte Zweinutzungsrinderrassen, die sowohl gute Milchleistung als auch eine gute Fleischqualität bieten, lohnt sich. Der Rinderhalter Christian Rohlfing züchtet Gelbvieh aus Überzeugung. In Mecklenburg-Vorpommern hält er 14 Pustertaler Sprinzen, 64 Gelbvieh- und 77 Uckermärker-Mutterkühe. Der Erhalt der Gelbvieh-Reinzucht ist dem Landwirt ganz besonders wichtig, da die Rasse auf der Roten Liste für bedrohte Tierarten steht. »Ich bin ein großer Gelbvieh-Fan«, sagt er. »Diese Rinder unterscheiden sich kaum von anderen Fleischrassen, haben allerdings im Vergleich zu anderen Fleischrindrassen eine deutlich höhere Milchleistung«, sagt der Züchter. Durch den Einsatz von Zweinutzungsrassen und einem reduzierten Konsum von Milchprodukten könnte der Export von Bullenkälbern aus der Milchviehhaltung beendet werden.

Schweinehaltung

Sogenannte geschlossene Systeme, die Sauenhaltung, Ferkelerzeugung und Mast vereinen, vermeiden Tiertransporte. Auch Kooperationen mit Nachbarbetrieben minimieren Tiertransporte vom Ferkelerzeuger zum Mäster. Der häufig weite Weg zum Schlachthof bleibt jedoch vorerst. Mit dem geplanten Projekt »MoHo Schwein – mobile Hofschlachtung«, das im Rahmen der Innovationsförderung des Bundes eingereicht wurde, soll diese Lücke gefüllt werden. Eine vollmobile Schlachteinheit in modularer Bauweise kann bis zu 60 Schweine am Tag auf dem hofeigenen Gelände schlachten.

Schlachtung: angstfrei in den Tod?

Unter dem Begriff »mobile Schlachtung« werden Verfahren zusammengefasst, die das Töten und/oder das Schlachten von Nutztieren auf dem hofeigenen Betrieb ermöglichen. Die Tötung auf der Weide ist in Deutschland seit 2011 gesetzlich verankert, galt anfangs aber nur für Rinder, die ganzjährig im Freien lebten. Seit September 2021 steht mit der Neuregelung für Schlachtung im Herkunftsbetrieb, Kapitel VIa des Anhangs III der Verordnung (EG) Nr. 853/2004 mit spezifischen Hygienevorschriften für Lebensmittel tierischen Ursprungs eine EU-regulierte Grundlage für die Weide- und Hoftötung von Rindern, Schweinen und Pferden durch Nutzung einer mobilen Schlachteinheit zur Verfügung. Die mobile Rinder- und Schweineschlachtung ist immer an eine EU- Schlachthofzulassung gekoppelt. Das Tier wird zwar auf dem Betrieb getötet, muss dann aber in einem EU-zugelassenen Schlachthof weiterverarbeitet werden. Bisher gibt es noch keine zufriedenstellenden Lösungen für vollmobile Rinderschlachtungen, die weitgehend unabhängig von regionalen Schlachthöfen agieren könnten. Dies schränkt die Zahl der Rinder ein, für die eine mobile Schlachtung möglich ist.

Die mobile Geflügelschlachtung wurde in Deutschland erstmals 2011 eingesetzt. Aufgrund der geringeren rechtlichen Hürden und dem vollmobilen Schlachtkonzept etablierte sich bald ein Netzwerk aus Geflügelhaltern, Dienstleistern und Direktvermarktern. Seit Ende 2023 steht in Deutschland das erste EU-zugelassene Geflügelschlachtmobil zur Verfügung. Diese Ablage erfüllt die rechtlichen Voraussetzungen, um mehr als 10 000 Tiere im Jahr mobil zu schlachten und breit gestreuter zu vermarkten.

Mobile Rinderschlachtung: Ein Instrument für Tierschutz und Wertschätzung

In den vielen Jahren als Auditorin in deutschen Schlachthöfen störte mich immer das Massentöten am Fließband. Die Art und Weise, mit der mein menschlicher Geist und meine Empathie ein lebendes, fühlendes Tier zu einem Produkt in der Prozesskette degradierte, entsetzte mich jedes Mal. Daher freute ich mich ganz besonders über die Gelegenheit, mehrere mobile Rinderschlachtungen begleiten zu dürfen. Es fühlte sich richtig an, wie ruhig und vertrauensvoll die Tiere zum Fangstand gingen und dort weiter ihr Kraftfutter fraßen. Beim Zusammensacken nach der Bolzenschuss- Betäubung hatten sie noch ihr Futter im Maul. Andere Rinder wurden auf der Weide mit dem Kugelschuss getötet. Sie sackten in Sekundenschnelle während des Grasens zusammen. Ihre Herdenmitglieder nahmen davon kaum Notiz. Von Angst und Panik keine Spur. Diese Form der Schlachtung, die gänzlich ohne Transport- und Schlachtstress für Tiere auskommt, erfreut sich zu Recht immer größerer Beliebtheit bei Landwirt:innen und Verbraucher:innen. Trotzdem blieb der Tod dieser mobil geschlachteten Tiere viel stärker in meinen Gedanken als die Fließband-Tode in großen Schlachthöfen. Das einzelne Individuum, dass soeben noch auf der Weide oder im Stall stand und nun innerhalb weniger Minuten tot im Hänger liegt, geht mir näher und das ist gut so. Ich spüre eine echte Wertschätzung dem gerade getöteten Tier gegenüber. Das Fleisch dieses Rindes ist keine anonyme Schnäppchenware, die wir nach Ablauf des Verfallsdatums in die Tonne werfen. Dafür sorgen Vermarktungswege, informierte Kundinnen und Kunden und nicht zuletzt die Verkaufspreise. Ich frage das Team rund um die IG Schlachtung mit Achtung, das seit 2019 seine eigens konzipierte EU-zugelassene mobile Schlachteinheit MSE-200A für Rinder und Schweine im Einsatz hat, wieso sie sich für diese Art der Schlachtung entschieden haben. »Wir möchten erreichen, dass bei Landwirten und auch bei Verbrauchern ein Umdenken stattfindet. Das Lebensmittel Fleisch bedarf mehr Wertschätzung und ebenso das Lebewesen, das dahintersteht«, erzählen mir daraufhin Sandra Kopf und Thomas Mayer, die Gründer der IG Schlachtung mit Achtung.

Ein stationäres Schlachthausmodul als Alternative zum Schlachthöfesterben

Wer keine Möglichkeit zur mobilen Schlachtung oder zum Kurzstreckentransport bis zum nahe gelegenen Schlachthof hat, kann seit 2021 auch auf die Möglichkeit des hofeigenen Schlachthausmoduls zurückgreifen.

»Drei Jahre hegen und pflegen wir unsere Tiere, da sind uns Ruhe und Respekt für jedes einzelne Rind bis zum Schluss sehr wichtig. Wir konnten und wollten das Thema Schlachtung nicht ausgrenzen.« Nach dieser Maxime arbeitet Familie Salzer aus dem Landkreis Biberach. Ihre Rinder werden seit 2012 auf der Weide getötet und seit 2021 im betriebseigenen Schlachthausmodul der Firma Sailer geschlachtet. So sei die Organisation wesentlich einfacher geworden. Das Fleisch ihrer Tiere vermarkten sie in ihrem Hofladen und im Onlineshop. Das Schlachthausmodul entspricht mustergültig den Anforderungen der Lebensmittelverarbeitung. Sämtliche Gebäudeinstallationen sind so vorinstalliert, dass die hohen EU-Hygienerichtlinien erfüllt werden. Der modulare Aufbau ermöglicht einen flexiblen Ansatz und auch jederzeit Erweiterungen.

Ein Hühnerleben zu Ende gedacht

Anders als bei der Rinderschlachtung steht bei der mobilen Geflügelschlachtung ein vollständiger Geflügelschlachthof auf Rädern zur Verfügung. Hier können bis zu 600 Hühner pro Tag auf dem eigenen Betrieb geschlachtet werden. Auch Enten, Gänse und mittelschwere Puten sind für die mobile Geflügelschlachtung zugelassen. Die

Schlachteinheiten sind so konzipiert, dass sie – wie im Geflügelschlachthof – einen »Schwarz- und Weißbereich« haben. Das heißt, im Schwarzbereich werden die Tiere getötet, gebrüht, gerupft, im Weißbereich werden sie ausgenommen und gewaschen. Jedes Federvieh wird einzeln an das Schlachtpersonal übergeben und nicht wie in der konventionellen Schlachtung lebend, kopfüber an den Füßen aufgehängt. Innerhalb weniger Sekunden werden die Tiere betäubt und getötet.

Schwein gehabt: Kein Transport und keine CO2-Betäubung für mobil geschlachtete Schweine

Noch steckt die mobile Schweineschlachtung in den Kinderschuhen. Durch die Ergänzung der Verordnung (EG) Nr. 853/2004 dürfen nun sechs Schweine je Schlachttag auf dem eigenen Betrieb getötet und wie Rinder in einen nahegelegenen Schlachthof transportiert werden.

Bei der mobilen Schweineschlachtung wird die Elektrobetäubung angewendet. Durch eine Zange, die hinter den Ohren angesetzt wird, durchströmen 1,3 Ampere bei Mastschweinen und 1,8 bis 2,0 Ampere bei ausgewachsenen Schweinen das Schweinehirn. Eine Betäubung durch Kopf- und Herzdurchströmung ist optimal. Bei korrekter Anwendung erfolgt ein anhaltender Zustand von Empfindungs- und Wahrnehmungslosigkeit. Im Gegensatz zur heute üblichen CO_2-Betäubung sind die Tiere in Sekundenschnelle bewusstlos.

Die Land.Luft der Lindner Group war das erste deutsche Unternehmen mit einer EU-zugelassenen mobilen Schweineschlachteinheit. Ihr Fleisch wird unter anderem in der betriebseigenen Kantine, im Hofladen im Biorestaurant und im Webshop angeboten. Da die Tiere ihr gesamtes Leben im Freiland verbringen, wurden robuste und freilandtaugliche Schweinerassen eingesetzt. Eine bunte Mischung aus regionalen Schwäbisch-Hällischen bis hin zu Duroc oder dem Schweitzer Edelschwein sind hier zu finden. Das Unternehmen verzichtet gänzlich auf Tiertransporte. »Auf einer Familienfeier haben wir uns darüber unterhalten, dass Fleisch immer mehr zum Industrieprodukt wird und das Leben der Tiere alles andere als artgerecht ist. Uns wurde klar, wir wollen hier etwas ändern. Land.Luft ist ein Herzensprojekt!«, erfahre ich von Veronika Lindner, Vorsitzende des Verwaltungsrats der Lindner Group. Mit einem eigens entwickelten Schlachtanhänger werden die Schweine von betriebseigenen Metzger:innen im Beisein der ihnen vertrauten Landwirt:innen direkt auf der eigenen Weide stress- und angstfrei geschlachtet.

Auf den ersten Blick erscheinen diese Ansätze arbeitsintensiv und kostspielig. Tatsächlich zeigen sie uns, dass ein wertschätzender Umgang mit Nutztieren und Lebensmitteln nicht mit Schnäppchenpreisen vereinbar ist.

Bodenlebewesen – Tiere »massenhaft« im Boden

Christopher Schümann

Wenn wir von Tieren in der Landwirtschaft sprechen, vergessen wir oft einen ganzen Lebensraum, der von Tieren bevölkert ist. Es sind Tiere, die wir selten oder nicht sehen, weil sie unter der Erde leben. Und doch sind sie für eine gesunde und nachhaltige Landwirtschaft von enormer Bedeutung. Es sind im verborgenen der Erde fleißige Klimaschützer, weil sie Kohlenstoff über den Humusaufbau im Boden binden, den Pflanzen zuvor aus der Atmosphäre aufgenommen haben. Sie sorgen außerdem für eine gute Durchlüftung des Bodens, steigern seine Wasserhaltekapazität und stellen durch ihre Stoffwechselprozesse die Nährstoffe bereit, die Pflanzen für ihr Wachstum brauchen. Diese Tiere liefern ein Gesamtpaket von Leistungen, welches durch keine Technik und Chemie auch nur annähernd erreicht werden kann. Diese Masse an Tieren braucht keine »Haltung«, aber ganz viel Schutz – namentlich vor Agrarchemie, die ihr Habitat zerstört, sowie eine gute Ernährung.

Zu diesen Bodenlebewesen gehören zum Beispiel Fadenwürmer, Regenwürmer, Asseln und Springschwänze, Gliederfüßer wie Tausendfüßer sowie eine enorme Vielfalt unterschiedlicher Mikroorganismen. In einem Teelöffel gesunder Erde findet man mehr von ihnen, als Menschen auf der Erde leben. Pro Hektar bringen sie vier bis fünf Tonnen auf die Waage, was dem Gewicht von zehn bis zwölf Kühen entspricht. Leider wird der Wert ihrer beachtlichen Ökosystemleistungen oft übersehen, und, was besonders bedauerlich ist: oft auch von politischen Entscheidungsträgern.

Es liegt im Interesse der Bäuerinnen und Bauern sowie der ganzen Gesellschaft, dass es diesen Bodenlebewesen gut geht, dass sie aktiv sein können und sich zahlreich vermehren.

Übel ist es, wenn dieses Bodenleben fast vollständig verschwunden ist.

Als die beiden Demeterbauern Hans Braunwalder und Martin Ott einen über lange Zeit konventionell bewirtschafteten Betrieb in der Nähe von Schaffhausen übernahmen und auf bio-dynamisch umstellten, staunten sie über den katastrophalen Zustand des Bodens: »Ich sah den ganzen Tag keinen einzigen Wurm, nicht einen einzigen. Es kamen beim Pflügen Zuckerrüben aus etwa 25 Zentimeter Tiefe zum Vorschein, die völlig intakt waren, nicht verrottet, frisch wie in einem speziellen Keller aufbewahrt. Zuckerrüben wurden zwei Jahre zuvor angebaut. Dieser Boden hatte also die Fähigkeit völlig verloren, organische Substanzen umzuwandeln (…) Das war grauenhaft, ein Boden wie ein Intensivpatient am Tropf der Chemie, ohne eigene Aktivität und Umsetzungskraft (…) Eine abgründige Ruhe, welche ich Täuschung nennen will.«[47]

Dabei ist hinlänglich bekannt, wie man das Bodenleben fördern kann. Der Biobauer Sepp Braun, der als der »Bauer mit den Regenwürmern« bekannt wurde, erreichte eine enorm hohe Regenwurmdichte. Auf die Frage, wie er das mache, war seine Antwort: »Erst mal, indem man sie nicht vergiftet. Wichtig ist außerdem die Fütterung der Würmer und die pfluglose Bodenbearbeitung. Meine Tochter und ich haben eine spezielle Kleegrasmischung entwickelt. Es ist im Grunde der Versuch, eine Bergwiese nachzuahmen.«[48]

Der Bodenexperte im Bodenfruchtbarkeitsfonds der Bio-Stiftung Schweiz Ulrich Hampl hält die regelmäßige nicht wendende Tiefenlockerung bei gleichzeitiger Aussaat von Gründüngungsgemengen für eine der wirksamsten Methoden. Denn durch den Gebrauch von schweren Maschinen, was sich oft nicht vermeiden lässt, wird der Boden und damit der Lebensraum der Bodenlebewesen verdichtet. Die Tiefenlockerung ermöglicht es den Wurzeln der Gründüngungspflanzen, sich in tiefere Schichten des Bodens auszudehnen. Und weil die Wurzeln Zuckerstoffe ausscheiden, von denen sich Bodenlebewesen ernähren, folgen sie den Wurzeln in tiefere Schichten.

Mit dem Ackergift ist das so eine Sache. Obwohl Biobäuerinnen und -bauern seit Jahrzehnten zeigen, dass man auch ohne synthetische Pestizide gute Ernteergebnisse erzielen kann, geht die Vergiftung des Bodenlebens nach wie vor weiter, auch mit dem umstrittenen Wirkstoff Glyphosat. Professor Zaller von der Bodenkundlichen Universität Wien sagt dazu: »Herbizide mit dem Wirkstoff Glyphosat zählen zu den am häufigsten eingesetzten Pestiziden. Die ausgebrachten Mengen sind allein zwischen 1996 und 2014 weltweit um das Fünfzehnfache angestiegen und belaufen sich auf etwa 826 Millionen Kilogramm pro Jahr, wovon zehn Prozent im nicht-landwirtschaftlichen Bereich eingesetzt werden. Glaubte man lange, dass der Wirkstoff spezifisch nur Pflanzen beeinträchtigt, mehren sich mittlerweile Befunde über vielfältige Auswirkungen auf Nicht-Zielorganismen, von aquatischen Algen und Bodenorganismen über Mikroorganismen im Darm von Honigbienen oder im Pansen von Rindern bis hin zu chronischen Krankheiten beim Menschen.«[49]

Kapitel 3

Vom Dilemma zu regulatorischen Lösungen: Tierwohl in der Politik

Immer weniger Tiere immer besser halten

Renate Künast

Tiere sind Geschöpfe, die Schmerz und Leid empfinden. Zu Recht wird also die Debatte, wie wir die sogenannten Nutztiere halten, immer intensiver geführt. Während in vielen Köpfen noch die Bilder von Kühen auf der Weide, Schweinen, die sich suhlen, und Hühnern, die auf der Wiese scharren, vorherrschen, ist die Realität von über 90 Prozent der gehaltenen Nutztiere eine ganz andere. Sie verbringen ihr Leben in Ställen, in Käfigen, einige auch angebunden. Laut Bundeslandwirtschaftsministerium werden bei uns 11 Millionen Rinder, 26 Millionen Schweine und 173 Millionen Geflügeltiere gehalten.

Im Laufe der Jahrzehnte hat sich in der Tierhaltung ein international vernetztes System der Agrarindustrie etabliert. Soja-Futter wird in Argentinien oder im Süden Brasiliens angebaut und in die EU oder nach China exportiert. In den Anbaugebieten leiden die Menschen unter den auch gesundheitlichen Auswirkungen des damit verbundenen Glyphosateinsatzes. In der EU und Deutschland leiden die Menschen unter den Resistenzen infolge des Antibiotikaeinsatzes in der Tierhaltung, die dies Medikament für die Humanmedizin unwirksam macht. Die Wasserwerke und Verbraucher:innen tragen die Kosten der Wasserbelastung durch zu viel Gülle. Weltweit wird zudem der größte Teil von Ackerland nicht direkt für die menschliche Ernährung, sondern erst mal für Tierfutter genutzt. Aber wir sehen als Kundinnen und Kunden nur die schönen Bilder, Hühner oder Kühe auf Wiesen und Weiden. Vielleicht noch ein schönes Fachwerkhaus. Aber diese Tiere haben nie eine Wiese gesehen.

Grundgesetz und Staatsziel

Seit dem Jahr 2003 aber formuliert das Grundgesetz in Artikel 20a einen Auftrag an uns: »Der Staat schützt auch in Verantwortung für die künftigen Generationen die natürlichen Lebensgrundlagen und die Tiere im Rahmen der verfassungsmäßigen Ordnung durch die Gesetzgebung und nach Maßgabe von Gesetz und Recht durch die vollziehende Gewalt und ihre Rechtsprechung.«

Diese Staatszielbestimmung schrieb den ethischen Tierschutz ins Grundgesetz. Sie schafft aber nicht automatisch Veränderung, denn sie lässt als Zielbestimmung Gestaltungsspielräume, und sie schafft keine subjektiven Rechte oder Abwehransprüche des Einzelnen gegenüber dem Staat. Geschützt werden alle Tiere, die Leid und Schmerz empfinden können, die lebendig sind. Daraus folgt, dass staatliches Handeln und Rechtsprechung Tiere vor vermeidbarem Leid und Schmerzen, vor nicht artgerechter Haltung, vor der Zerstörung ihrer Lebensräume zu bewahren hat. In der derzeit gültigen Fassung des Paragrafen 17 Tierschutzgesetz heißt es: »Mit Freiheitsstrafe bis zu drei Jahren oder mit Geldstrafe wird bestraft, wer 1) ein Wirbeltier ohne vernünftigen Grund Tötung oder 2) einem Wirbeltier (…) erhebliche Schmerzen oder Leiden (…) zufügt.«

Was ist ein »vernünftiger Grund« oder »vermeidbar«?

Regelmäßig hatten in den letzten Jahrzehnten bei der Abwägung zwischen den wirtschaftlichen Interessen und dem Staatsziel des Tierschutzes die Tiere das Nachsehen. Allerdings hat das Bundesverwaltungsgericht im Juni 2016 (BVerwG 3 C 28.16) zur Abwägung Tierschutz und wirtschaftlicher Interessen klar gesagt: »Im Lichte des Staatsziels Tierschutz ist das wirtschaftliche Interesse an speziell auf eine hohe Legeleistung gezüchteten Hennen für sich genommen kein vernünftiger Grund im Sinne Paragraf 1 Satz 2 TierSchG für das Töten der männlichen Küken aus diesen Zuchtlinien (…).«

Diese Definition des Bundesverwaltungsgerichts ist nun für das staatliche Handeln bindend. Meines Erachtens gehört diese Definition zur Klarstellung deshalb ausdrücklich in die anstehende Novelle des Tierschutzgesetzes. Denn die Staatszielbestimmung des Grundgesetzes wird in der Praxis oft ad absurdum geführt. Schon im Jahr 1999 entschied zum Beispiel das Bundesverfassungsgericht, dass die Legehennenverordnung verfassungswidrig und damit nichtig sei. Selbst nach der dann 2003 erfolgten Ergänzung des Grundgesetzes brauchte es in der Folge noch drei Durchläufe durch den Bundesrat, bis es zu einer Regelung kam, die die alten Käfige für Legehennen abschaffte. Bei der Kennzeichnungspflicht von Frischeiern reagierten dann aber prompt große Supermärkte und Discounter, indem sie bei den Frischeiern keine Käfig-Eier mehr listeten.

Lange gerichtliche und politische Prozesse gab und gibt es um Sauen, die in einem sogenannten Kastenstand nicht mal richtig liegen können, vorgeblich so eingepfercht, um ihre Ferkel zu schützen. Millimeter um Millimeter wird um mehr Tierschutz gerungen, im Bundestag und Bundesrat. Damit Tiere nicht mehr passend zu den Stallbedingungen gemacht werden, sondern umgekehrt ihre Lebensbedingungen in der Planung berücksichtigt werden.

Deshalb ist die BVerwG-Entscheidung von so enormer Bedeutung. Und man kann nur hoffen, dass die Normenkontrollklage zur Schweinemast, die das Land Berlin eingelegt hat, dazu führt, dass das Bundesverfassungsgericht Maßstäbe für den Mindeststandard definiert.

Die industrielle Art der Tierhaltung und die Intransparenz am Markt – ob nun national oder international vermarktet – beachtet nicht den Artikel 20a Grundgesetz.

Die Bedingungen am Markt sind so, dass die, die ihre Tiere besser halten, im Nachteil sind. Ich meine, die Verbraucher:innen haben das Recht zu wissen, wie die Tiere gehalten und gefüttert wurden, und die Tierhalter das Recht auf transparente und damit faire Wettbewerbsbedingungen.

Wir brauchen einen Umbau der Tierhaltung, um einerseits den Tieren ein tier- und artgerechtes Leben, aber auch, um andererseits Bäuerinnen und Bauern ein auskömmliches Einkommen zu ermöglichen. Damit das geschieht, braucht es einen ganzen Werkzeugkasten an Maßnahmen.

Bereits 2015 hat der Wissenschaftliche Beirat des Bundeslandwirtschaftsministeriums ein umfassendes Gutachten vorgelegt, wie die Tierhaltung in Deutschland verbessert werden kann. In seinem Bericht beschreibt er, wie die Haltungsbedingungen ein hohes Risiko für das Auftreten von Schmerzen, Leiden und Schäden bei den Tieren begünstigen, und attestiert übrigens der landwirtschaftlichen Tierhaltung in Deutschland einen Mangel an Zukunftsfähigkeit.

Auch der Deutsche Ethikrat kam in einem Gutachten *Tierwohlhaltung – Zum verantwortlichen Umgang mit Nutztieren* zu der Schlussfolgerung, dass eine ethisch vertretbare Nutztierhaltung in erster Linie eine Frage verantwortlicher Regulierung ist. Er hat der Politik klar die Aufgabe zugewiesen, einen angemessen strukturierten Transformationsprozess zu gestalten und dabei eine faire Finanzierung im Blick zu haben.

Was Grüne, Wissenschaft und weite Teile der Gesellschaft bereits seit Langem fordern, hat auch das Kompetenznetzwerk Nutztierhaltung 2021 – wenn auch als rein freiwillige Maßnahme – bestätigt. Der Bericht gibt Empfehlungen dafür, wie man die landwirtschaftliche Tierhaltung verbessern und gleichzeitig die Bäuerinnen und Bauern bei der notwendigen Transformation finanziell unterstützen kann.

Die meisten Nutztiere haben heute viel zu wenig Platz, keinen Auslauf und quasi keine Beschäftigungsmöglichkeiten. Jedes Jahr werden 20 Millionen Ferkel ohne Betäubung kastriert, 45 Millionen männliche Küken getötet und verbringen Sauen ein Drittel ihres Lebens in engen Kastenständen. Puten leiden an zuchtbedingten Erkrankungen und immer noch werden Rinder in ganz- oder halbjähriger Anbindung gehalten oder es werden dem Geflügel die Schnäbel gekürzt. Schritt für Schritt wird dies geändert – mühsam gegen rein wirtschaftliche Interessen großer Lobbyisten. Jedoch geschieht vieles davon noch wegen sehr langer Übergangsfristen oder über Ausnahmetatbestände, die leider regelmäßig von Veterinären erteilt werden. Wir müssen dafür sorgen, dass Tiere tier- und artgerecht gehalten werden und das Ausnahme-Unwesen beendet wird. Dafür gibt es einen breiten Konsens in der Wissenschaft und unter den Bürger:innen.

Der Schutz der Tiere ist nun seit 20 Jahren im Grundgesetz verankert. Bis auf das Verbot der Legebatterien und das Ende des sogenannten Schredderns von männlichen Küken sind seitdem aber nur überschaubare gesetzliche Fortschritte erreicht worden. Die meisten Bestimmungen zur Tierhaltung stammen übrigens noch aus der Zeit vor der Änderung des Grundgesetzes. Alle Tiere müssen als Mindeststandard ein angemessenes Platzangebot, frische Luft, Tageslicht und Stimulation durch Außenreize erhalten. Schweine brauchen Stroh, Auslauf und Beschäftigungsmöglichkeiten.

Zukunftsperspektive für Betriebe

Die Herausforderungen, denen tierhaltende Betriebe sich jetzt stellen müssen, werden immer größer. Zu Recht stellen sich gerade jüngere Tierhalter:innen nun die Frage, ob und wie sie den Betrieb ausrichten oder weiter betreiben sollen. Über Jahrzehnte hat die Agrarindustrie mit leider breiter politischer Unterstützung dafür gesorgt, dass sich die Tierhaltung an erzielbaren Preisen auf dem Weltmarkt ausrichtet, statt sich – zumindest auch – an tier- und artgerechter Tierhaltung und damit an ernsthaften Qualitätskampagnen zu orientieren. Die Betriebe wurden deshalb immer größer, die Gewinnmargen immer kleiner. Das Trimmen auf Wachstum für den Weltmarkt und die ökonomische Abhängigkeit auch bei den Preisen, hat sich als ökonomischer Irrweg herausgestellt. Viele Bäuerinnen und Bauern wissen im Moment nicht, wie ihre Zukunft aussehen wird.

Gleichzeitig zeichnet sich langfristig eine immer geringere Nachfrage nach tierischen Produkten ab. Pflanzliche Alternativen wie Haferdrinks und Bohnen-Burger sind keine Nischenprodukte mehr und Präzisionsfermentation sowie selbst Fleisch aus Zellkulturen keine ferne Zukunftsvision mehr.

Weitere Entwicklungen machen die Herausforderungen für die Tierhaltung noch größer. Die Ausdehnung des Futtermittelanbaus in Südamerika vernichtet Regenwald und heizt damit die Erderwärmung weiter an. Zudem sind inzwischen die Anbaugebiete für Futter großer Trockenheit ausgesetzt. Rund 50 Prozent der weltweiten Landfläche ist für die Produktion von Nahrungsmitteln belegt. Allein in Europa werden auf diesen Ackerflächen zu 70 Prozent Futtermittel für Tiere angebaut. Die Herstellung von tierischen Produkten verursacht rund 17 Prozent aller Treibhausgase der EU. Die Notwendigkeit einer Umkehr ist klar vorgezeichnet: Wenn wir die Tierzahlen nicht reduzieren, werden wir die Ziele des Klimaabkommens nicht erreichen. Und dass diese Ziele eingehalten werden, ist ein herausragendes Interesse der Landwirtschaft.

Die Corona-Pandemie legte zudem die Schwächen langer Lebensmittelketten und Transportwege auch für die Versorgungssicherheit mit Futter und Lebensmitteln offen. Der voranschreitende Verlust von Artenvielfalt und Ökosystemen kommt dazu. Dies und die Klimakrise zwingt uns, Ernährungssicherung neu zu denken.

Deshalb ist eine verpflichtende Tierhaltungskennzeichnung für alle tierischen Erzeugnisse im Handel und in der Gastronomie notwendig. Niemand soll sich verstecken können, niemand soll mit unzutreffenden Werbebildern einen unfairen Wettbewerbsvorteil haben. Die Kundinnen und Kunden – egal ob Endverbraucher:innen oder Gastronomie– sollen erkennen, wofür sie ihr Geld ausgeben. Wer am Markt teilnimmt, soll sich entsprechend dem tatsächlichen Aufwand darstellen können und informiert sein, um durch eigenes Handeln Einfluss nehmen zu können für eine bessere Tierhaltung.

Bei der Einführung des Codes auf Frischeiern hat es damals funktioniert. »Kein Ei mit Drei« (also Käfighaltung) hieß damals die Kampagne von Tierschützern

Die andere Seite der Medaille ist die anstehende Novelle des Tierschutzrechtes: Ausnahmen sind zu streichen, Mindeststandards zu normieren und der Strafrahmen bei gewerblicher Tierhaltung muss erhöht werden. Ein Zeichen, damit Staatsanwält:innen und Gerichte wahrnehmen, dass es sich nicht um Kavaliersdelikte handelt. Die heutige Höchststrafe von drei Jahren ist bei Delikten mit Tausenden toten Tieren nicht angemessen und lässt zu wenig Differenzierung zu. Denn leider muss man heute noch feststellen: Wer in Deutschland in der Nutztierhaltung oder beim Schlachten Tiere quält, kann leider immer noch recht sicher sein, dass er oder sie dafür nicht zur Rechenschaft gezogen wird. Die Kontrollen sind zu dürftig. Handlungen und Unterlassungen gegen Tiere in der Tierhaltung werden oftmals als etwas Hinzunehmendes begriffen, dabei ist es eindeutig eine Form von Wirtschaftskriminalität. Denn es geht ausschließlich um Profite unter Missachtung von Recht. Wenn heute kein ernsthaftes Risiko besteht, entdeckt oder verurteilt zu werden, findet eine Abwärtsspirale durch systematischen Mangel an Normbefolgung statt.

Monatlich hören oder lesen wir von massiven Verstößen gegen den Tierschutz. Ein Beispiel sind Stallbrände. Es gibt jährlich circa 5 000 Brände in landwirtschaftlichen Betrieben, Hunderttausende von Tieren sterben. Im März 2021 sind bei einem Großbrand in der Anlage Alt Tellin in Mecklenburg- Vorpommern etwa 55 000 Schweine elendig erstickt und verbrannt. Eine Evakuierung war unmöglich. Im Verwaltungsgerichtsverfahren gegen diese Anlage hatte ein Brandsachverständiger aus baulichen Gründen genau eine solche Brandentwicklung vorausgesagt. Das Verfahren wurde jahrelang nicht terminiert, aber die Stallanlage gebaut und in Betrieb genommen.

In der 19. Wahlperiode hatte ich einen Gesetzentwurf zur Verschärfung auch der Strafvorschrift in den Bundestag eingebracht. Die parlamentarische Debatte dazu konnte einem Tränen vor Wut in die Augen treiben, weil sich in einigen Redebeiträgen eine massive Missachtung der Durchsetzung des Tierschutzes zeigte.

Hätten wir nicht die Aufnahme des Tierschutzes ins Grundgesetz und darauf basierend die schon erwähnte Entscheidung des Bundesverwaltungsgerichtes zum Verbot des Kükentötens, wäre der Weg noch mühevoller. Der Verfassungsrang der Tiere schafft immerhin die Aufgabe, eine Abwägung zwischen dem Staatsziel Tierschutz und Grundrechten zu treffen. Aber erst mal muss jemand geklagt haben.

Dem Verfassungsgericht liegt zurzeit noch eine Klage des Landes Berlin zur Schweinehaltung vor. Das könnte ein Beben für das Tierschutzrecht auslösen, denn das Bundesverfassungsgericht könnte in Fortsetzung alter Rechtsprechung ehrgeizige Schutzvorschriften vom Gesetzgeber einfordern.

Aber nicht nur die politische Debatte und juristische Entscheidungen, auch der wissenschaftliche Diskurs kann nicht länger ignorieren, dass die Gesellschaft ein deutliches Mehr an Tierschutz erwartet. Es fehlen systematisierte, verlässliche und umfassende Daten zur Situation des Tierschutzes in der Landwirtschaft. Konkrete Missstände müssen aber erkannt werden, um gezielt beendet zu werden. Dafür braucht es die Zusammenfassung aller Daten, ein betriebsgenaues Tierschutz-Monitoring bis zur Erfassung der Daten auf Schlachthöfen und Tierkörperbeseitigungsanlagen. Es ist Aufgabe des Landwirtschaftsministeriums, dieses Monitoring zu installieren. Wer genaue Daten hat, kann klar rechtliche Änderungen begründen. Betriebe, die keine negativen Daten auslösen, sollen endlich auch im Vorteil sein.

Denn werden Tiere monoton und beengt gehalten, führt das zu Verhaltensstörungen. Es kann in der Schweinehaltung zu Schwanzbeißen und in der Hühnerhaltung zu Federpicken kommen. Bessere Haltungsbedingungen und entsprechende Zuchtziele müssen Schnäbelkürzen, Schwanzkupieren und Enthornung überflüssig machen.

Unser Ziel sind gesunde Tiere, nicht einseitige Züchtungsziele für besonders viel Fleisch, Milch oder Eier zu legen. Sauen sollen nicht gezielt mehr Ferkel gebären, als sie Zitzen zum Säugen haben. Qualzuchten wie bei Mastputen mit einer hohen Anfälligkeit von Knochen- und Gelenkproblemen oder Milchkühe mit Mastitisanfälligkeiten müssen der Vergangenheit angehören. Besser fördern wir Robust- und Zweinutzungsrassen.

Mehr Fairness und mehr Tierschutz

Das alles zeigt: Wir müssen die Art und Weise, wie wir mit unserer Umwelt und den Tieren umgehen, grundlegend ändern. Die gesellschaftliche »Betriebserlaubnis« für den Großteil der heutigen Tierhaltung ist faktisch beendet. Wir müssen den Umbau der Tierhaltung nun gemeinsam mit den Bäuerinnen und Bauern, den Verbraucher:innen und der Zivilgesellschaft meistern. Die Kundinnen und Kunden allerdings müssen dabei auch ihren finanziellen Beitrag leisten. Fleisch und andere tierische Produkte müssen wieder zu einem wertgeschätzten Qualitätsprodukt werden, was sich auch in einem angemessenen (Erzeuger-)Preis niederschlägt. Die Anzahl der gehaltenen Tiere muss und wird sich der entstehenden Flächenkonkurrenz anpassen. Wir werden immer weniger Tiere immer besser halten.

Geschlossene Stoffkreisläufe und eine flächengebundene Tierhaltung mit tier- und artgerechten Haltungsbedingungen sind ein weiteres Ziel. Wichtig ist dabei, dass alle Mittel, die in den Umbau der Tierhaltung fließen, das Leben der Tiere nachweislich verbessern. Das sind Voraussetzungen, um die Tierhaltung in Deutschland zukunftsfähig zu machen und das Vertrauen der Gesellschaft in die heimische Tierhaltung wiederherzustellen. Wir müssen den Bäuerinnen und Bauern in dieser schwierigen Phase für Investitionen dringend die notwendige langfristige Planungssicherheit geben. Denn unser Interesse ist der Erhalt funktionierender ländlicher Räume, dazu braucht es Familien, die produzieren und verarbeiten.

Was ist zu tun?

Debatten und Konzepte für einen Umbau der Tierhaltung gibt es zuhauf. Als Wege bieten sich an: reine Ordnungspolitik, diverse freiwillige Maßnahmen, Finanzierungsanreize, Transparenz und Kennzeichnungen. Ich denke, wir brauchen ein ganzes Maßnahmenbündel, beginnend mit der Pflicht der Kennzeichnung aller tierischen Erzeugnisse. Kundinnen und Kunden sowie Gastronomie haben ein Recht zu wissen, wie produziert wurde, und Produzent:innen haben das Recht, dass wir faire Wettbewerbsbedingungen herstellen.

Die verpflichtende Haltungskennzeichnung für tierische Erzeugnisse ist mit der ersten Stufe für Mastschweine und Frischfleisch auf den Weg gebracht. Ab 2024 dürfen und in zwei Jahren müssen sich Betriebe eingruppieren in: Stall, Stall plus mit mehr Platz, Frischluft, Auslauf/Weide oder Bio. Der gesamte Lebenszyklus der Nutztiere, also zum Beispiel vom Ferkel zum verarbeiteten Schweinefleisch, und die Ausdehnung vom Lebensmittelhandel hin zur Gastronomie sind der nächste Schritt. Dann geht es weiter mit Rindern und Geflügel. Unser Ziel ist es, zum Ende der Legislaturperiode dieses neue System rechtlich komplett umgesetzt zu haben.

Das ist der Kern von Verlässlichkeit für die Betriebe. Wir können nicht vorhersagen, wie sich der Fleischkonsum entwickelt, wissen aber, dass er zurückgeht. Wir wissen, dass die Klimakrise Flächenkonkurrenzen verschärfen wird. Ob und wie die Betroffenen ihre Betriebe weiterführen oder weiterentwickeln wollen, entscheiden sie selbst. Unsere Aufgabe ist es aber, für verlässliche Bedingungen insbesondere für bäuerliche Betriebe zu sorgen. Das ist auch ein Teil einer Politik für das Leben in ländlichen Räumen, ganz zu schweigen von der notwendigen Ernährungssicherung.

Manche kritisieren die bisherigen Schritte als nicht ausreichend, weil nicht alle ihre Erwartungen im ersten Gesetzesschritt erfüllt werden. Das hat meines Erachtens unterschiedliche Gründe. Die einen hätten lieber weniger Transparenz im Markt und stattdessen ein nur freiwilliges System, mit ausreichender Finanzierung und ohne Änderung der Tierschutzstandards, um bis 2040 möglichst die Beihilfefähigkeit auch für nicht besonders anspruchsvolle Tierhaltung beibehalten zu können. Das ist für mich ein nicht ausreichender Weg.

Andere kritisieren tatsächlich nur, dass nicht das gesamte Paket auf einmal umgesetzt wurde. Das ist aber eher ein Trick, einfach um kritisieren zu können. Es hat sich in den letzten Jahren gezeigt, dass ein Gesetzespaket, mit dem sämtliche Fragen gelöst werden sollen, nie das Stadium der Umsetzung erreicht. Der Gegendruck und die Detailinteressen der verschiedenen Interessengruppen ist so massiv, dass faktisch keine Veränderung erfolgt. Das war jetzt schon leidvoll zu erfahren. Für mich ist deshalb ein systematisches Vorgehen, Schritt für Schritt, der erfolgversprechende Weg.

Die Transparenz durch eine verpflichtende Kennzeichnung ist der erste entscheidende Schritt der Veränderung. Die eine Milliarde Euro aus dem Bundeshaushalt soll zum Beginn investive Mittel für den Stallumbau und konsumtive Mittel für den Mehraufwand bei Platz und Betreuung bereitstellen. Sie soll fördern ab dem Standard Frischluftstall und sich auf die kleineren Betriebe konzentrieren. Noch in Verhandlungen ist die Einführung einer langfristigen Abgabe auf tierische Erzeugnisse. Diese wird es brauchen, denn eine angemessene Finanzierung muss verlässlich bei den Produzenten ankommen. Die Marktstrukturen leisten das ja offensichtlich nicht.

Zum Gesamtpaket gehört die Novelle des Tierschutzgesetzes und die weitere Ausdehnung der Herkunftskennzeichen. Was längst schon rechtlich geht, ist getan. Die Idee muss aber sein, eine verpflichtende Herkunftskennzeichnung in Deutschland einzuführen und damit auch die Initiative für eine europäische Kennzeichnung und verpflichtende Haltungskennzeichnung zu ergreifen.

Die EU spricht von einem Europa der Regionen, aber schafft den Konsumenten noch nicht die Chance, im Alltag diese regionalen Produkte durch Kennzeichnung zu erkennen und quasi durch Kauf zu unterstützen. Wer bei der Tierhaltungskennzeichnung und mit einer echten Herkunftskennzeichnung sieht, wie Tiere gehalten werden und wo produziert wurde, ist damit informierter Marktteilnehmer.

Natürlich geht es nicht nur um Maßnahmen für den Lebensmittelhandel, sondern auch in der Gastronomie. Dabei kommt im Gesamtpaket der Gemeinschaftsverpflegung eine zentrale Rolle zu. Hier werden die großen Aufträge und damit Verlässlichkeit und Umstellungsanreize für Produzenten in der Tierhaltung geschaffen. Bei der Umstellung von Kantinen und Mensen, von Kindergärten, Schulen und Student:innenwerken passiert schon viel. Aber das kann erst der Anfang sein. Gemeinschaftsverpflegung wird deshalb finanziell unterstützt, wenn eine Kantine umstellt und sich dabei beraten lassen will.

Der Umbau der Tierhaltung zu mehr Tierschutz ist eine Aufgabe, die wir nicht allein den Tierhaltern zuweisen können und werden. Es ist eine Gemeinschaftsaufgabe. Wir schaffen – wenn auch mühevoll – den rechtlichen Rahmen und versuchen, den Umbau hinreichend zu finanzieren. Wenn ich die vielen Ernährungsräte sehe, die in Deutschland entstanden sind und für eine bessere Ernährung eintreten, und wenn Regionen und Kommunen sich für ein besseres Ernährungsumfeld einsetzen, dann bin ich sicher: Eine bessere Tierhaltung wird gelingen.

(BMEL)

Noch nicht fit für das 21. Jahrhundert: Aktueller Stand und Aktivitäten zum Tierwohl bei landwirtschaftlichen Nutztieren auf EU-Ebene

Martin Häusling

Tierschutz in der EU – schon früh ein Thema, aber wenig Wirkung …

Die ersten EU-Vorschriften zum Schutz landwirtschaftlicher Nutztiere stammen aus den Siebzigerjahren des letzten Jahrhunderts. Mit der Richtlinie über den Schutz landwirtschaftlicher Nutztiere aus dem Jahr 1998[1] wurden allgemeine Schutznormen für Tiere (einschließlich Fische, Reptilien und Amphibien) festgelegt, die zur Erzeugung von Nahrungsmitteln, Wolle, Häuten oder Fellen oder zu anderen landwirtschaftlichen Zwecken gezüchtet oder gehalten werden. Die Richtlinie beruht auf dem Europäischen Übereinkommen zum Schutz von Tieren in landwirtschaftlichen Tierhaltungen aus dem Jahr 1978. Die Europäische Union gilt einerseits als Vorreiter in Sachen Tierschutz und verfügt über einige der höchsten globalen Tierschutzstandards. Mit ihrer Vorbildwirkung haben die Tierschutzregeln der EU auch Gesetzgebungen in Drittländern positiv beeinflusst. Die Vorschriften der EU betreffen hauptsächlich Nutztiere, also im landwirtschaftlichen Betrieb, während des Transports und bei der Schlachtung, aber auch wildlebende Tiere, Labortiere und Haustiere. Andererseits liegt europaweit auch beim Tierschutz noch vieles im Argen. In einer Eurobarometer-Umfrage, in der im Mai 2021 Europäerinnen und Europäer zu ihrer Einstellung zum Tierschutz befragt wurden, waren 82 Prozent der Befragten der Meinung, dass das Wohlergehen von Nutztieren besser geschützt werden sollte, als dies momentan der Fall ist.

Zu der 2004 verabschiedeten EU-Verordnung über den Schutz von Tieren beim Transport[2] forderte das Parlament in einer Entschließung vom 14. Februar 2019 jedoch eine bessere Durchsetzung der Vorschriften sowie Sanktionen und kürzere Transportzeiten.[3]

Vor dem Hintergrund der neuen »Vom Hof auf den Tisch«-Strategie zur Schaffung eines nachhaltigen Lebensmittelsystems führt die Europäische Kommission derzeit eine Bewertung aller EU-Rechtsvorschriften zum Schutz von Nutztieren durch und hat neue Gesetzesvorhaben dazu angekündigt.

In Bezug auf landwirtschaftliche Nutztiere zeigt sich bei allen relevanten Vorstößen aber auch, dass jede Verbesserung nur mit grundlegend anderen Basisvoraussetzungen in Sachen Tierhaltung und einer Transformation des ganzen Ernährungssystems erreichbar ist.

Auf das Tierarzneimittelgesetz und die Aktivitäten des Europäischen Parlaments (EP) zu Tiertransporten und zur Käfighaltung möchte ich in diesem Zusammenhang genauer eingehen.

Tierarzneimittelgesetz – nur der erste Schritt

Im Oktober 2018 wurde nach intensiven Verhandlungen die neue Verordnung über Tierarzneimittel verabschiedet. Mit dieser sollte die Verwendung von Medikamenten zum Ausgleich schlechter Haltebedingungen oder zur Beschleunigung des Wachstums von Tieren eingeschränkt werden. Umfassendes Datenmaterial zum Verkauf und zur Verwendung von Antibiotika sind ein wichtiges Instrument im Kampf gegen den übermäßigen Antibiotika-Einsatz. Wir Grüne konnten durchsetzen, dass die neue Verordnung die Datenerhebung zur Verwendung antimikrobieller Arzneimittel auf jedem Bauernhof in der Europäischen Union vorschreibt. Reserveantibiotika sollten künftig den Menschen vorbehalten bleiben. Essenzielle Frage war, wie die Definition von Reserveantibiotika erfolgen würde. Der Prozess zur Definition wurde dann allerdings ein bedauernswertes Beispiel von populistischer Lobbyarbeit auf EU-Ebene.

One-Health-Ansatz nicht ernst genommen

»Wenn Sie glauben, Covid-19 ist schlimm, wollen Sie mit antimikrobieller Resistenz nichts zu tun haben«, so Dr. Paul De Barro, Forschungsleiter für Biosicherheit der staatlichen australischen Forschungsorganisation CSIRO, gegenüber der britischen Tageszeitung *The Guardian.*

Im letzten Jahrzehnt wurde eine interdisziplinäre, holistische Herangehensweise entwickelt, die auf lokaler, regionaler, nationaler und globaler Ebene arbeitet, um die menschliche Gesundheit ganzheitlich unter Einbeziehung der Tiergesundheit und einer gesunden Umwelt zu schützen: der One-Health-Ansatz. Er basiert auf dem Verständnis, dass die Gesundheit von Mensch, Tier und Umwelt eng miteinander zusammenhängt, und dient der Vorbeugung.

Antibiotika-Resistenzen sind jedoch weltweit weiter auf dem Vormarsch. Allein in der EU sterben jedes Jahr 33 000 Menschen, weil Antibiotika bei ihnen nicht mehr wirken. Die globalen Folgen für die öffentliche Gesundheit durch multiresistente Keime sind immens, wenn man sich anschaut, welche Rolle Antibiotika heute spielen. Wirken die Antibiotika nicht mehr, könnten bereits einfache Kratzer oder Infektionen zum Tod führen. Die Resistenzen entstehen, weil trotz Tierarzneimittelgesetz viel zu viele Antibiotika eingesetzt werden. Beim Menschen, aber auch – und insbesondere! – in der industriellen Tiermast. Um der weiteren Ausbreitung von antibiotikaresistenten Krankheitserregern Einhalt zu gebieten, ist es von fundamentaler Bedeutung, die

Verwendung von Antibiotika streng zu reglementieren. Dafür hatte die WHO gewisse Antibiotika als Reserveantibiotika deklariert. Genauer gesagt spricht die WHO von Antibiotika von besonderer Wichtigkeit für den Menschen (critically important) und untergliedert diese dann noch in die höchste oder hohe Priorität. Die von höchster Priorität sind diejenigen, die als letztes Mittel bei der Behandlung einer weitverbreiteten und schweren bakteriellen Infektion noch wirken können. Nach Empfehlung der WHO sollten diese keinesfalls in der Tiermast (also zur Behandlung von Nahrungsmittel produzierenden Tieren) eingesetzt werden. Das als Reserveantibiotikum eingestufte Colistin ist allerdings beispielsweise mit 80 Tonnen im Jahr eines der meistgenutzten Antibiotika in der industriellen Tierhaltung.

Die Kommission kam dann zur Definition der Reserveantibiotika auf EU-Ebene mit einem Vorschlag heraus, der nicht der Empfehlungsliste der WHO entsprach und den Einsatz von einigen der meist verwendeten Reserveantibiotika in der Tiermast – unter anderem auch Colistin – nicht ausreichend unterbunden hätte. Ich hatte erreicht, dass der Umweltausschuss einem Veto gegen diesen Vorschlag zustimmte. Vor der Abstimmung im Plenum folgte eine gnadenlose und extrem populistische Kampagne der Agrar- und Pharmalobby. Mit der falschen Behauptung, Hunde, Katzen und andere Haustiere würden zukünftig nicht mehr behandelt werden können, wenn die Liste strenger konzipiert würde, hat sie Emotionen entfacht und Lobbydruck der übelsten Sorte ausgeübt und schreckte auch vor Falschaussagen und persönlichen Diffamierungen nicht zurück. Ergebnis war, dass das Europäische Parlament sich im Juni 2022 knapp mehrheitlich für den schwachen Vorschlag der EU-Kommission aussprach. Eine Entscheidung gegen eine konsequente Umsetzung des One-Health-Ansatzes nach einer verantwortungslosen Lobbyschlacht.

Tiertransporte

Am 19. Juni 2020 setzten die Abgeordneten des Europaparlaments nach wiederholten eindringlichen Berichten in der Presse einen Untersuchungsausschuss ein, der mutmaßliche Verstöße gegen EU-Tierschutzvorschriften beim Transport innerhalb und außerhalb der EU untersuchen sollte. Während einer Debatte am 2. Dezember 2020 forderten die Abgeordneten den Agrarkommissar auf, dafür zu sorgen, dass die EU-Agrarpolitik das Wohlergehen von Tieren beim Transport verbessert. Außerdem riefen sie die Kommission auf, sich für die Verkürzung von Lieferketten einzusetzen, den Transport von Fleisch anstelle von lebenden Tieren zu fördern und zu garantieren, dass Importe den EU-Tierschutzstandards entsprechen. Im April 2021 konstatierte der Untersuchungsausschuss im Zusammenhang mit dem Schutz von Tieren beim Transport (ANIT), dass das Versagen bei der Durchsetzung der aktuellen Regeln für das Wohlergehen von Tieren beim Transport inakzeptabel sei. Er forderte konkrete Maßnahmen gegen dieses Problem, einschließlich Vertragsverletzungsverfahren gegen Mitgliedstaaten, welche die bestehenden EU-Regeln nicht durchsetzen. Der Ausschuss stellte in seinem Abschlussbericht systemische Mängel bei der Umsetzung der Tiertransportvorschriften in der EU fest.[4] Nach wie vor ist dieses Problem ungelöst.

End-of-Cage-Age – Ende der Käfighaltung

Als Reaktion auf die Europäische Bürgerinitiative »End the Cage Age«, die von 1,4 Millionen Menschen aus der ganzen EU unterzeichnet wurde und zu Recht forderte, endlich das Zeitalter der grausamen Käfighaltung für Geflügel, Sauen, Kaninchen und Pelztiere zu beenden, forderten die Abgeordneten des Europäischen Parlaments die Kommission am 10. Juni 2021 dazu auf, bis 2027 einen Vorschlag für ein Käfighaltungs-Verbot in der EU vorzulegen. Bisher hatte die Agrarlobby sich massiv und immer wieder erfolgreich gegen Verbesserungsvorschläge gewehrt. Die Europäische Kommission hat daraufhin einen Legislativvorschlag bis 2023 angekündigt, um das Käfigzeitalter zu beenden. Bisher liegt ein solcher aber noch nicht vor.

Fazit

Eine Verbesserung des Tierschutzes ist in Europa nur mit grundlegend anderen Basisvoraussetzungen in Sachen Tierhaltung und einer Transformation des ganzen Ernährungssystems erreichbar. Industrielle Tierproduktion ist weder mit dem nachhaltigen Management von Ökosystemen vereinbar noch wird sich ein respektvoller Umgang mit den Grundbedürfnissen von Tieren je mit einer solchen »Fließbandproduktion« vereinbaren lassen. Letztendlich gefährdet diese Art, mit Lebewesen umzugehen, auch massiv unsere eigene Gesundheit.

Kapitel 4

Tierwohl – jawohl, so geht es …

Die Herrmannsdorfer Landwerkstätten – Pionier der artgerechten und ökologischen Tierhaltung

Franz-Theo Gottwald

Gelebte AgrarKULTUR

Die Herrmannsdorfer Landwerkstätten für Lebens-Mittel KG sind ein von Grund auf ökologisch geplantes und realisiertes Unternehmen, das bei Glonn in Oberbayern, rund 30 Kilometer östlich von München, seit 1986 immer wieder weiterentwickelt wird. Die Unternehmerfamilie Schweisfurth verwirklicht dort auf einem 100 Jahre alten, denkmalgeschützten Hofgut ihre Vorstellung von ökologischer Regionalentwicklung in einem ganzheitlichen Sinn. Das unternehmerische Konzept fußt auf der Idee, die Hochspezialisierung und Zentralisierung und einen Teil der Rationalisierung industrieller Lebensmittelherstellung zu überwinden. Dazu dient eine durch und durch regional integrierte Produktion und Distribution in handwerklichem Maßstab und mit handwerklichem Qualitätsanspruch.

Der leider verstorbene Pionier und Innovator für artgerechte Tierhaltung Karl Ludwig Schweisfurth. (Herrmannsdorfer Landwerkstätten)

In Herrmannsdorf sind auf komplex vernetzte Weise ökologischer Acker- und Gemüsebau, artgerechte Tierhaltung, Schutz vorhandener Biotope, naturehrliche – also weitestgehend naturbelassene – und handwerkliche Lebensmittelherstellung sowie regionaler Vertrieb, Arbeiten und Wohnen sowie Gastronomie, Aus- und Weiterbildung, Spielen und Kunsterfahrung verwoben. Wirtschaftlichkeit ist mit kunstvoller Gestaltung verbunden, unabhängig davon, ob es sich um die Metzgerwerkstatt, eine Kläranlage oder einen Schweinestall handelt. Die Landschaft wird, auch in Zusammenarbeit mit kooperierenden Landwirt:innen aus dem Umland, als eine reich gegliederte Kulturlandschaft mit Hecken, Feldgehölzen, Teichen und Wegen sowie beeindruckenden Kunstwerken gestaltet.

»Hinter Herrmannsdorf steht ein neues, umfassendes Leitbild des sorgsamen Umgangs mit allem Leben und Lebensnotwendigen: mit dem Boden, dem Wasser, der Luft sowie den Pflanzen, den Tieren und den Menschen. Das unternehmerische Tun ist mit einem Kulturimpuls verbunden, dessen Konturen besonders in der Tierhaltung sichtbar werden«, so der Gründer Karl Ludwig Schweisfurth.

Tierwohlimpuls Zweinutzungshuhn: das Landhuhn-Projekt

Im Mittelpunkt der Tierhaltung steht eine vorbildliche ökologische Schweinehaltung nach den Richtlinien des Biokreis-Verbands. Unter Tierwohlgesichtspunkten besonders herauszuheben ist aber, dass seit 2009 in den Herrmannsdorfer Landwerkstätten Zweinutzungshühner gehalten werden. Mit den auf Zweinutzung gezüchteten und entsprechend genutzten Tieren wird sowohl die Eiererzeugung als auch die Fleischerzeugung ermöglicht. Angefangen hat alles mit Sulmtaler Hühnern aus der Steiermark; etwas später kamen die Les Bleues aus Frankreich hinzu. Heute werden in Herrmannsdorf Elterntiere beider Rassen gehalten sowie Gebrauchskreuzungen aus diesen vermehrt. Die Tiere leben überwiegend in mobilen Ställen. Das Projekt wurde 2012 vom Bundesministerium für Ernährung, Landwirtschaft und Verbraucherschutz (BMELV) mit dem Förderpreis Ökologischer Landbau ausgezeichnet.

Dieser Tierwohlimpuls des Landhuhn-Projekts dient dazu, zwei problematische Tierwohlthemen praktisch zu transformieren. Zum einen wird der Tatsache des Kükentötens eine praktische und nicht mit aufwendigen Untersuchungen verbundene Lösung entgegengestellt. Zum anderen sind die Landwerkstätten durch die eigene Entwicklung einer standortangepassten Zucht unabhängig von großen Zuchtkonzernen. Die eigenen Rassehühner lassen sich problemlos nachziehen.

Anders als in der konventionellen Hühnerhaltung übernimmt in Herrmannsdorf jedes geschlüpfte Tier, ob männlich oder weiblich, einen aus landwirtschaftlicher Sicht sinnvollen Part. Die Weibchen werden als Legehennen aufgezogen; jede Henne liefert circa 200 Eier pro Jahr. Die Männchen werden mindestens 120 Tage gemästet und dann mit rund zwei Kilogramm Gewicht als Brathähnchen verkauft. Eine weitere Besonderheit in der Haltung der Hühner sind die kleinen Gruppen von bis zu 300 Tieren, die fast ausschließlich in mobilen Ställen leben. Das macht die Gruppen überschaubar und vermindert den sozialen Stress der Hühner untereinander.

Glückliche Hühner der Zweinutzungsrasse des Landhuhn-Projektes. (Herrmannsdorfer Landwerkstätten)

Eier und Fleisch der Hühner finden einen sehr guten Absatz in den Filialen der Herrmannsdorfer Landwerkstätten sowie im regionalen Biofachhandel. Gerade die hochwertige Qualität der Produkte wird von den Kundinnen und Kunden immer wieder bestätigt. Die Eier besitzen einen festen, tiefgelben Dotter, das Fleisch der Hühner ist fester und dunkler als das von herkömmlichen Masttieren und sehr aromatisch.

Hinter dieser Qualität steckt ein hoher Arbeitsaufwand, der mit Mehrkosten verbunden ist. Die Legehennen der Zweinutzungsrassen fressen mehr Futter als ein Hybridhuhn und legen weniger Eier als die im Rahmen der industriellen Landwirtschaft mit der Methode der Hybridzucht auf das Legen hin optimierten Tiere. Da auch die Masttiere langsamer wachsen und länger leben, ist auch hier der Futtereinsatz höher. Deshalb kosten die Produkte auch mehr als die von anderen Biohühnern.

Entsprechend dem Konzept der Herrmannsdorfer Landwerkstätten ist auch das Landhuhn-Projekt so dimensioniert, dass die Nachfrage nach Eiern und Fleisch von Zweinutzungshühnern nur mittels Kooperation mit Biobetrieben aus der Nachbarschaft gedeckt werden kann. Besonders großen Wert wird deshalb auf die Auswahl der Partnerbauern und -bäuerinnen gelegt. Sie halten die gleichen Zweinutzungsrassen, ihre Ställe sind genauso klein und mobil wie am Standort Herrmannsdorf und die Tiere bekommen dasselbe Futter.

Finanziert wurde das Projekt von Beginn an über das Landhuhn-Darlehen., ein Projekt der HLW, das Kundinnen und Kunden auf Darlehensbasis gegen Eiergutscheine finanzieren.

Mit diesem Geld wurde in den Aufbau der Infrastruktur für die mobile Haltung und Vermehrung von Zweinutzungshühnern investiert. So wurde zum Beispiel ein Brutapparat angeschafft, ein Schau-Aufzuchtstall im Innenhof der Herrmannsdorfer Landwerkstätten gebaut, ein Legehennenmobil gekauft und eines gebaut, ein mobiler Maststall umgebaut und zwei mobile Mastställe selbst entwickelt, eine Eierpackstelle eingerichtet• und eine eigene Geflügelschlachtung aufgebaut.

Auf diese Weise wird von der Brut über die Aufzucht bis zur Schlachtung und Vermarktung der Produkte eine Wertschöpfungskette betrieben, die das Tierwohl im Mittelpunkt hat.

Tierwohlimpuls Symbiotische Landwirtschaft

Neben dem Landhuhn-Projekt ist ein weiterer Entwicklungsimpuls der Herrmannsdorfer herauszustellen: die symbiotische Landwirtschaft. Sie ist eine radikal andere Form der Landnutzung bei der Aufzucht und Haltung von Tieren in der Landwirtschaft. Was die konventionelle Hochleistungslandwirtschaft immer mehr spezialisiert und getrennt hat, wird hier wieder zusammengeführt. Verschiedenste Nutztiere wie Fleischrinder, Schafe, Schweine, Masthähnchen, Gänse und Enten können in einem mobilen Koppelsystem miteinander gehalten werden – das zeigen verschiedenste langfristige Versuche aus den letzten Jahren. Den Tieren wird auf den Ackerflächen der »Tisch gedeckt« mit dem Anbau vieler verschiedener Pflanzen, die die Tiere mögen und die gleichzeitig der Anreicherung des Bodenlebens dienen.

Die Tiere ernten ihr Futter überwiegend selbst. Schweine und Hühner suchen dazu die für sie notwendige Nahrung im Boden: Wurzeln und Lebendiges. Mit dieser Grundnahrung bekommt jede Tierart das an Stoffen, Kräften und Wirkungen, was sie von Natur aus für sich braucht. Was die Tiere im Boden, auf der Weide und in den Hecken finden, muss ihnen später nicht in Form von wertvollem (Brot-)Getreide zugefüttert werden. Weideschweine sind auf diese Weise weniger »Fresskonkurrenten« des Menschen als Stallschweine. Reines Kraftfutter ergänzt die natürliche Grundnahrung im Sommer weniger, im Winter mehr.

»Zurzeit werden Schweine und Hühner zusammen gehalten. Bis zu 40 Schweine und bis zu 600 Masthähne leben auf drei bis fünf Hektar. Die mobilen Einrichtungen wechseln innerhalb der Weide circa alle vier Monate den Standort. Alle zwei Jahre wird die Fläche gewechselt und dann auch der Zaun umgebaut. Zusätzlich werden auf weiteren Flächen Legehennen, Enten und Gänse zusammen mit Schafen gehalten«, so Karl Schweisfurth, der derzeit die Landwirtschaft verantwortet.

Die Schweine übernehmen durch ihre Wühlarbeit einen wesentlichen Teil der Bodenbearbeitung, sodass die Vorbereitung des Bodens für die Neueinsaat mit leichten Maschinen möglich ist. Mobilität, häufiger Wechsel der Standflächen für die Einrichtungen ist wichtig, um hygienische Probleme und Bodenverdichtung durch Übernutzung zu vermeiden. Deshalb sind alle Einrichtungen wie Hütte, Futtertrog, Schweinebad und Wartebox mit Kufen versehen, die zusammen mit den Tieren in einer Art »Wanderzirkus« von Koppel zu Koppel gezogen werden können.

Das System besteht aus der geschickten Kombination zwischen Wald, in Form von fruchttragenden Hecken, Wiese, als Dauergrünland mit oder ohne Streuobst, und Weide in Form von Ackerflächen. Kurzum – eine neue Dimension von Agroforstwirtschaft. Durch das Gelände führt ein Wirtschaftsweg, von dem aus die Versorgung mit Zusatzfutter und Wasser stattfindet.

»Symbiosen entstehen. Das Zusammenleben der Tiere gestaltet sich friedlich und zum gegenseitigen Nutzen (Symbiose). Was das eine nicht frisst, mag das andere gern. Die Schweine bieten den Hühnern Schutz vor Räubern wie Marder und Fuchs. Die Hühner übernehmen dafür die Körperpflege bei den Schweinen, indem sie ihnen Parasiten, Fliegen und Ungeziefer aus dem Fell picken und für die allgemeine Hygiene sorgen.

Die richtigen Pflanzen in der geeigneten Mischung fördern und unterstützen sich. Der Mist verschiedener Tiere fördert Bodenleben und Fruchtbarkeit – Symbiosen, die in Monokulturen nicht möglich sind«, so der Begründer und Entwickler der symbiotischen Landwirtschaft, Karl Ludwig Schweisfurth.

Harmonie der Symbiose von Huhn und Schwein.
(Herrmannsdorfer Landwerkstätten)

Hauptbetreuer:innen, die mit Tieren umgehen können, arbeiten ein bis zwei Stunden täglich mit Füttern, Tränken, Beobachten der Tiere und Überprüfen der Elektrozäune. Hilfskräfte setzen zusammen mit dem oder der Hauptbetreuer:in alle zwei bis vier Wochen (vegetationsabhängig) die mobilen Einrichtungen und die E-Zäune um und gehen bei der Bodenbearbeitung und Neueinsaat der abgeernteten Flächen zur Hand.

In den Herrmannsdorfer Landwerkstätten gibt es eine Warmfleischmetzgerei, in der kleine Teams von Handwerkern arbeiten. Es wird alles dafür getan, die bäuerlich erzeugten Tiere ohne Stress und Angst in Fleisch, Schinken und Wurst zu verarbeiten. Alle Abläufe befinden sich unter einem Dach: vom achtsamen Töten über das Schlachten und Zerlegen, die Wurst- und Schinkenherstellung, die Reiferäume bis hin zum Verkauf. Durch die kurzen Wege entsteht kein Transportstress und die Ganztierverwertung würdigt, dass Tiere Mitgeschöpfe sind, die, jedes für sich, kostbar sind und denen deshalb in jeder Phase ihres Lebens mit höchster Achtsamkeit zu begegnen ist. Die schlachtwarme Zerlegung und gleich anschließende Verarbeitung der Rohware in der Wurstküche zu unterschiedlichen Würsten erlaubt eine Wurstherstellung ohne Phosphat, Citrat, Askorbate, Emulgatoren,und Geschmacksverstärker.

Die Herrmannsdorfer Landwerkstätten verstehen sich als ein Modellprojekt, das in der speziellen Situation vor den Toren Münchens und unter den besonderen Rahmenbedingungen eines Einzelunternehmens zeigt, wie enkeltaugliches Wirtschaften im ländlichen Raum möglich ist. Sie stehen wissenschaftlichen Institutionen zur Erforschung von Teilgebieten ökologischer Wirtschaftsweise, beispielsweise der Tierhaltung, offen gegenüber und fördern die Verbreitung ökologischen Wissens durch gezielte Informationen der Verbraucher:innen und in den Raum politischer Entscheidungsträger:innen. So ist zum Beispiel die symbiotische Landwirtschaft mehrfach untersucht worden. Jüngst hat eine Studie des Instituts für Lebensmittelsicherheit der Ludwig-Maximilians-Universität München gezeigt, dass es keine negativen Übertragungen von Krankheitserregern zwischen Hühnern und Schweinen gibt. In Teilbereichen waren die Schweine, die zusammen mit Hühnern gelebt haben, sogar weniger mit Keimen belastet als die Schweine, die ohne Hühner gelebt haben.[1]

Symbiose auf Augenhöhe. (Herrmannsdorfer Landwerkstätten)

Die symbiotische Landwirtschaft bietet ein praxisbewährtes Beispiel für den modernen und umfassenden Gesundheitsansatz in der Nutztierhaltung, das zum Nachahmen einlädt.

Viel Tierwohl und glückliche Gänse auf dem Bauerngut Schiefelbusch

Bernward Geier

Ein Bauerngut, wo so ziemlich alles gut und vieles sehr gut ist.

Wenn man sehen und lernen möchte, wie konventionelle Landwirtschaft innovativ, wirtschaftlich erfolgreich und zukunftsfähig praktiziert wird, empfiehlt es sich, das Bauerngut Schiefelbusch in Lohmar zu besuchen. Das Hofgut nutzt unter anderem die kundennahe Lage im Speckgürtel von Köln und Bonn, um eine beeindruckende Erfolgsstory zu schaffen, und dies besonders im Bereich der Tierhaltung mit einer beispielhaften Umsetzung von Tierwohl.

Bei der Anfahrt zum Betriebsbesuch auf dem Bauerngut fällt auf, dass Aussiedlerhöfe – wie es meist der Fall ist – nicht hässlich sein müssen. Die Häuser und vielen Betriebsgebäude sind mit Bäumen, Büschen und Blumen umringt, die von fleißigen

(Georg Boddenberg)

Händen sorgfältig gepflegt werden. Das Gut wird von zwei Generationen – nämlich und namentlich von Albert und Helga Trimborn sowie deren Sohn Andreas – bewirtschaftet.

Für alle ist die Tierhaltung offensichtlich eine Herzensangelegenheit. Aber auch die anderen drei Kinder Alexandra, Caroline und Simon engagieren sich mit ihren diversen Talenten und Interessen auf dem Hof.

Wo Ackerbau und Viehzucht im Einklang sind

Vielfalt ist Trumpf sowohl auf den 140 Hektar großen Flächen als auch bei den landwirtschaftlichen Nutztieren. Angesichts des Betriebsschwerpunktes in der Tierhaltung ist es naheliegend, dass die Flächen weitgehend dem Futteranbau dienen. Dies ermöglicht, dass der Betrieb das Futter quasi komplett für alle Tiere auf dem Hof erzeugt und somit nicht abhängig ist von Futtermittelzukäufen beziehungsweise -importen wie etwa Sojabohnen aus Übersee. Ein wichtiges Standbein sind Sonderkulturen, namentlich sechs Hektar Spargel, vier Hektar Blumen zum Selbstpflücken und ein halber Hektar Erdbeeren.

Die Tierhaltung ist so vielfältig und auch idyllisch, wie man sie aus den nach wie vor beliebten Bauernhof-Kinderbüchern kennt, die ja in der Regel nicht mehr die Realität auf den sehr spezialisierten Betrieben mit Monokulturen und industrialisierter Massentierhaltung spiegeln. Die Milchkühe und die Mutterkuhherde kommen mit Nachzucht zusammen auf circa 100 Tiere. Bemerkens- und begrüßenswert ist, dass die Tiere der Mutterkuhherde von der vom Aussterben bedrohten Rasse Glan-Donnersberger-Rind sind. 50 Mastschweine gehören zu der ursprünglich auch bedrohten, aber inzwischen dank der Nachfrage wieder in der Existenz gesicherten Rasse der Schwäbisch-Hällischen Schweine. Die alte, robuste und langsam wachsende Rasse mit viel Fettansatz hat in der industriellen Tierproduktion keinen Platz mehr, denn da zählen Turbomast und fettarmes Fleisch. Einen ganz wichtigen Platz nimmt das Geflügel mit knapp 1 000 Legehennen, 1 800 Gänse und 200 Puten ein. Für die vielen Hofbesucher:innen werden auch Enten, Kaninchen und Pferde gehalten.

Der betriebswirtschaftliche Erfolg kommt nicht von ungefähr. »Wir haben wohl im Bereich von einer Million Euro in Tierwohl investiert. Produkte von glücklichen Tieren kommen aber bei unseren Kunden gut an. Damit können wir auch gut verdienen und weiter in Verbesserungen investieren«, bringt das Albert auf den Punkt.

Die konsequente Umsetzung der Philosophie und der Ziele ist das Fundament des Erfolges

Bei der Aufzucht von Rindern, Schweinen und Geflügel ist das Primat, bei der Fütterung nur hofeigenes Futter (Getreide, Gras, Mais, Heu und Erbsen) zu verwenden, und dies ohne Zugabe von irgendwelchen Wachstumsbeschleunigern und Zuschlagsstoffen.

Dieser Qualitätsanspruch wird auch gesichert, indem die Futterveredlung auf dem Hof, mit einer mobilen Mühle zum Mahlen und Mischen auf dem Hof stattfindet. Alle Tiere werden mit Außenklima, das heißt Freilauf und Frischluft, gehalten. So können sie aktiv das Wetter und die Jahreszeiten erleben und sich freien bewegen und austoben. Sowohl Milchkühe als auch Fleischrinder kommen aus der eigenen Nachzucht. Die Schlachtung geschieht für das Geflügel mit Fachkunde und stressfrei in der hofeigenen Metzgerei. Die anderen Tiere werden in einem nahe gelegenen regionalen Schlachtbetrieb geschlachtet. Auch beim Ackerbau wird bestmögliche Nachhaltigkeit angestrebt. Mit den vielen Tieren gibt es reichlich und ausreichend natürlichen Dünger aus dem Hofkreislauf. Bei der Unkrautbekämpfung setzt man auf pflugloses Ackern, Einsaat von Zwischenfrüchten, Dammkultur und Folien, was alles auch dem Bodenerosionsschutz dienlich ist.

Diversität in der Vermarktungsstrategie zahlt sich aus

Die Produkte, die appetitanregend präsentiert in zwei wunderschönen Hofläden auf dem Hof beziehungsweise günstig an einer Hauptverkehrsader in der Nähe sowie an drei saisonalen Verkaufsständen in der Region am Ackerrand angeboten werden, gewährleisten den Dreiklang gut, nachhaltig und regional. Den Trimborns ist auch Saisonalität wichtig. Aber nicht nur die eigene Produktion und Vermarktung ist konsequent regional. Dazu meint Helga: »Wir sind als Familie und als Unternehmen fest in der Region verwurzelt. Deshalb kooperieren wir zum Beispiel mit vielen regionalen Handwerksbetrieben. Wir laden auch gerne Feriengäste ein, unsere Region zu entdecken.«

Die Nachhaltigkeit und ökologische Ausrichtung des Betriebes könnte man »fast bio« nennen. Für die Trimborns war es eine bewusste Entscheidung, nicht auf das Biosiegel zu setzen, sondern den Verbraucher:innen Herkunft und Story der erzeugten Lebensmittel sozusagen in einer gläsernen Produktion im wahrsten Sinne des Wortes anschaulich zu vermitteln und auch zu zeigen, wie nachhaltig und tiergerecht konventionelle Landwirtschaft sein kann. Mit ihrem Konzept können sie viel nachvollziehbarer kommunizieren, was für eine Qualität die Kundinnen und Kunden in ihren Einkaufskorb legen, als dies mit einem Logo der Fall wäre.

Massentierhaltung? Auch ganz vielen Gänsen kann es gut gehen

Albert ist nicht nur auf dem Bauernhof, sondern »gans« besonders mit Gänsen, Ganter und Gösseln aufgewachsen. Schon als achtjähriger Junge hat er seine ersten Gänse gehalten und damit gutes Taschengeld verdient. Es ist naheliegend, dass er seine frühe Passion für diese Tiere auch in die Entwicklung des Guts eingebracht hat. Wenn man mit ihm über »seine« Gänse spricht, spürt man, was ihn an diesem Federvieh so fasziniert. Er selbst beschreibt es so: »Diese intelligenten Tiere zeichnen sich durch Charakterstärke aus und ihre starke Prägung auf Menschen bringt sie nahe an Haustiere wie Katze oder Hund.« Auf Schiefelbusch kommt die Prägung auf den »Ober-Ganter« Albert nicht von ungefähr. Die Gössel kommen nach dem Schlüpfen noch am gleichen Tag auf den Hof, wo Albert in den ersten Tagen viel Zeit mit ihnen verbringt. Er spricht sie geduldig an und prägt sie somit auf ihn und vor allem auch auf seine Stimme. Wenn er sie beim Besuch auf der Weide ruft, kommen die große Gänseschar aus allen Himmelsrichtungen schnatternd anmarschiert.

(Bernward Geier)

Anfang der 90er-Jahre begannen die Trimborns mit der Aufzucht von 20 bis 30 Gänsen. Die Nachfrage stieg schnell. Der Schritt zu einer wirklich großen Gänseherde wurde 2015 mit einem Stallbau für die Gänse gemacht. Heute sind 1800 Gänse auf dem Bauerngut zu Hause. Die Rasse ist eine Kombination aus der Dithmarschen Gans und einer dänischen Rasse.

Im Stall stehen den Gänsen 900 Quadratmeter zur Verfügung, was mehr als zweimal so viel Platz ist, als das Gesetz vorschreibt. Statt der gestatteten fünf Gänse pro Quadratmeter Stallfläche in der Aufwuchsphase sind es nämlich bei den Trimborns nur zwei Tiere.

Sicher und frei

Wenn die Küken Anfang Mai Einzug halten, leben sie zunächst im Schutz des mit Stroh eingestreuten Stalls, wo auch Wärmestrahler für Gesundheit und Wohlbefinden sorgen. Nach drei Wochen geht's dann schrittweise raus ins Freie und nach circa fünf Wochen sind die Federn so weit ausgebildet, dass die Tiere auch Regen standhalten können. Ab dann sind die Gänse den ganzen Tag auf ihrer Weide, was auch der Weide guttut. Auch aus ökologischer Perspektive passen sich Gänse gut in den Hoforganismus ein, wozu vor allem ihre Lauf- und Wanderfreude und die damit verbundene gute Kotverteilung beiträgt. So ergeben sich für Wasserschutz und Düngeverordnung keine Probleme auf der Weide.

(Bernward Geier)

Grasland hat im Frühjahr besonders viel Eiweiß, was perfekt zum Wachstumszyklus der Gänse passt. Während Gras der Hauptgang in der Ernährung ist, kommen auch gequetschter Hafer und Ackerbohnenschrot aus eigenem Anbau als Vor- und Nachspeise dazu. Besonders der Hafer trägt zu bester Qualität der Federn und Daunen bei. Mit den Maiskolben bereichert Carotin den Speiseplan, was zu einer ansprechenden gelben Färbung des beliebten Gänseschmalzes führt.

Bei Albert erfreuen sich die Tiere nicht nur an frischer Luft und Freilauf, sondern sie haben auch Wetterschutz, viel Spaß und eine leckere Futterquelle in der ein Hektar großen Maisfläche inmitten der großen Hauptweide. In diesem Maislabyrinth finden sie Futter und an heißen Sommertagen Schatten. Passend zur Endmastphase wachsen im Herbst dann die leckeren Maiskolben.

Das leider noch immer praktizierte qualvolle und mit einer Stopfmaschine forcierte Zwangsfüttern mit Mais für degenerierte und überfette Stopflebern ist bei den Trimborns natürlich undenkbar. Hier stopfen sich die Gänse selbstbestimmt und nach Gusto den Magen, aber nicht die Leber.

Für das Wohlbefinden haben die Gänse tiefe Wasserbeckentränken, denn die Gänseaugen müssen öfters benetzt werden.

Wie gut es den Gänsen geht, zeigt auch die Tatsache, dass die Verluste über die gesamte Mastzeit lediglich ein bis zwei Prozent betragen. Dies auch, weil die Gänse in der Nacht im Stall ganz sicher sind, weshalb man auf dem Bauerngut nicht »Fuchs, du hast die Gans gestohlen« singen muss.

Schlachten ohne Transportstress und mit Respekt

Nach einem glücklichen Gänseleben werden die Gänse ab Oktober geschlachtet. Dann haben sie auch das Endgewicht von 4 bis 5,5 Kilo erreicht. Respekt und Achtsamkeit gilt für die Gänse auch beim Schlachten. Wie schon erwähnt gibt es keine Transportproblematik und das Schlachten wird von fachkundigen Mitarbeitern im Geflügelschlachtraum auf dem Hof ausgeführt. Da das Schlachten über einen längeren Zeitraum geht, kommen die Tiere nicht in Massen, was auch gewährleistet, dass ohne Stress und Zeitdruck die Strombetäubung sofort wirkt und der Schlachtvorgang nicht nur hygienisch, sondern ohne große Tierqualen vonstattengeht. Es dürfte wenigen bekannt sein, dass die Gans im Gegensatz zu anderem Geflügel auch ein paar Tage abhängen sollte, was natürlich auf dem Gut auch gemacht wird.

Vor allem treue Kundinnen und Kunden nehmen die Gänseherde ganz ab

In der Direktvermarktung der Gänse gehen zwei Drittel an einen großen und treuen Stamm von Kundinnen und Kunden und etwa ein Drittel in die Gastronomie der

Region. Am Ende all der Pflege und Arbeit muss auch die Kasse stimmen. Hierbei sind die Trimborns auf die Absicherung der meist langfristigen Kontakte zu Kundinnen und Kunden bedacht. Mit anderen Worten wollen sie nicht überziehen, was gegebenenfalls beim Preis nach oben möglich wäre. So haben »Ab Hof«-Gänsevermarkter 2022 gar bis zu 30 Euro pro Kilo Gans verlangt. Auf dem Hofgut kommt man mit 16 bis 18 Euro gut zurecht.

Sehr gut in die Philosophie des Betriebes passt auch, dass Gänse in der Vermarktung saisonal sind, denn etwa zwei Drittel der Gänse werden für das traditionelle Weihnachtsdinner gekauft. Ein zweiter Peak ist der auch als Gänsetag bekannte Sankt-Martinstag am 11. November, an dem traditionell in der Landwirtschaft Pacht bezahlt wird. Früher war das übrigens oft auch in Form von Gänsen.

Der Einkauf der Weihnachtsgans ist für viele Verbraucher:innen und namentlich Familien ein ganz besonderes Erlebnis und ein Kult, der vor den Feiertagen zu tumultartigen Zuständen auf dem Hof und den Zufahrtswegen führen kann. Dann kommen nämlich Hunderte Kundinnen und Kunden, um »ihre« Gans abzuholen. Viele haben das freie und glückliche Leben der Gänse im Jahresverlauf mitverfolgen können und nutzendiesen Einkauf, um sich mit den vielen anderen leckeren Produkten im Hofladen einzudecken, das Angebot des Hofcafés zu genießen, und für die Kinder ist der Besuch auf diesem wunderschönen Bauernhof mit einem großen Angebot für Kinderspaß immer ein besonderes Erlebnis.

Wirtschaftlich interessant ist die Tatsache, dass neben dem Gänsefleisch auch Federn und Daunen eine Einnahmequelle bieten. Selbstverständlich werden die Daunen nicht lebend gerupft, sondern erst nach der Schlachtung. So können mit gutem Gewissen noch etliche Euro mehr pro Tier erlöst werden. Erwähnenswert ist in diesem Zusammenhang, dass selbst die Federn und Daunen regional vermarktet werden. Ein Betrieb im heimischen Bergischen Land vermarktet diese sogar mit der regionalen Herkunftsbezeichnung »Bergische Federn«.

Abschlussbemerkt …

Auf dem Bauerngut Schiefelbusch hat die Familie Trimborn konsequent und mustergültig ihre Vision in die Praxis umgesetzt, einen Bauernhof zu schaffen, auf dem bewährte Traditionen mit Innovationen vereint werden. Mein Resümee nach mehreren Besuchen und spannenden Gesprächen ist, dass auch ein sogenannter konventioneller Betrieb einen hohen Grad an Nachhaltigkeit erreichen und im Bereich der Tierhaltung und im Hinblick auf das Wohlergehen der Tiere höchste Erwartungen erfüllen kann. Ein solch ausgezeichnet geführter Betrieb verdient es und wird auch ausgezeichnet. So wurde Albert mit dem Ceres-Preis, der bedeutendsten Auszeichnung für Landwirte in Deutschland, geehrt, und Helga Trimborn wurde beim deutschen Landfrauentag als Unternehmerin des Jahres gewählt. Bedeutend und vielsagend ist auch die Auszeichnung, die das Bauerngut von der Stiftung Warentest bekam. Im Testfokus waren bundesweit direktvermarktende Eierbetriebe. Die Trimborns schnitten nicht nur bei allen Prüfaspekten mit »sehr gut« ab, sondern wurden mit diesen Bestnoten auch Gesamttestsieger.

Die Familie Trimborn zeigt, wie artgerechte und nachhaltige Tierhaltung in einem fast geschlossenen Kreislauf sein soll und auch sein kann. Die Leser:innen, die mehr über die Trimborns und ihren Hof erfahren wollen, sind herzlich eingeladen zu einem Besuch auf der spannenden und sehr informativen Website www.bauerngut-schiefelbusch.de oder besser noch:

Kommen Sie mal vorbei!

Die »Bio-Waldlandputen« von Mecklenburg-Vorpommern

Stefanie Pöpken

Einzigartige Haltungsbedingungen für anspruchsvolles Federvieh

Naturnahe Haltungsbedingungen an den Bedürfnissen der Tiere ausgerichtet – das wird den Bio-Waldlandputen in Mecklenburg-Vorpommern geboten. Der alte Baumbestand der ein Hektar großen Waldfläche besteht aus Eichen, Buchen und Kiefern und ist für die Tiere für eine Zeit von 12 bis 14 Wochen ein sicheres Zuhause. Auf der angrenzenden 1,8 Hektar großen Wiese finden die Tiere Futter, Wasser, Unterstände und die Möglichkeit des Sandbadens.

Herr der Waldlandputen. Daniel Willnat, Geschäftsführer der Biohof Zieslübbe GmbH & Co. KG, genießt die Zeit im Wald bei den Tieren. Für ihn seien die natürlichen Verhaltensweisen, die die Tiere an den Tag legen, besonders schön anzusehen. (Freiländer Bio Geflügel GmbH)

Wie die Idee entstand

»Wir dürfen die Puten auf dem Biohof Zieslübbe nur im Wald halten, weil das Bundesland Mecklenburg-Vorpommern dieses Projekt explizit fördern wollte«, sagt Daniel Willnat, Geschäftsführer der Biohof Zieslübbe GmbH & Co. KG. Seit 2013 wird die Bio-Waldlandpute dort gehalten.

Die Historie begründet sich auf Erfahrungen des Schwiegervaters von Daniel Willnat, der in Bayern vor über zwei Jahrzehnten anfing, Puten auf einer buschigen Wiese mit einer Strohburg zu halten. Durch den Kontakt zum Züchter Paul Kelly aus England, der seine Kelly-Bronze-Puten im Wald hält, kam der Anstoß, die Tiere ebenfalls wieder in ihrer möglichst ursprünglichen Umgebung – dem Wald – halten zu wollen. So entstand auf dem Biohof Zieslübbe die erste Waldlandputenfläche in Deutschland. »Alles war also gut, bis kurze Zeit später das Forstamt vor der Tür stand und sagte, dass Nutztierhaltung im Wald verboten sei«, erinnert sich Daniel Willnat. Da das Projekt damals für viel positives Aufsehen gesorgt hatte, wollte auch das Land Mecklenburg-Vorpommern eine Lösung finden und startete ein Pilotprojekt, um Kenntnisse über die Auswirkungen einer Haltung von Puten im Wald auf diesen zu erlangen.

Im Unterholz fühlen sich die Puten sicher. Gleichzeitig pflegen die Puten das Unterholz und fressen fast jedes grüne Blatt, das in Reichweite hängt. (Freiländer Bio Geflügel GmbH)

Der Wald als Haltungssystem

»Damit wir den einen Hektar Wald für die Puten nutzen durften, mussten wir an einer anderen Stelle einen Hektar Wald neu aufforsten – ein riesiger auch finanzieller Aufwand. Die Auflagen sind hoch und wir werden alle fünf Jahre kontrolliert, um zu prüfen, ob es dem Wald immer noch gut geht. Darum ist die Bio-Waldlandpute ein einzigartiges Projekt, das es nur auf dem Hof Zieslübbe gibt. Wir haben Anrufe von Schweinebauern bekommen, die seit Jahren eine Haltung im Wald genehmigt haben wollen, aber nicht dürfen. Dazu bräuchte es eine Gesetzesänderung.« Die Waldflächen auf dem Hof Zieslübbe werden ein- bis zweimal pro Jahr für die Haltung von Puten genutzt. Mehr funktioniert aufgrund der Wetterbedingungen und der Waldfläche nicht. Daniel Willnat ist sich sicher: »Wenn eine strikte Begrenzung der Tierzahlen für die Waldbewirtschaftung umgesetzt würde, könnten noch viel mehr Betriebe ihre Tiere so naturnah halten.« Mittlerweile gibt es mehrere Betriebe, die die Waldlandpute auf Flächen mit waldartigen Strukturen, wie kleine Gehölze unter 0,5 Hektar oder Sträucher, umsetzen. Auch Heckenlandschaften werden gut von den Puten angenommen.

Puten leben ursprünglich in lichten Wäldern Nord- und Mittelamerikas. Die Haltungsumgebung der Mecklenburger Waldlandpute kommt der Landschaft entsprechend nah. (Freiländer Bio Geflügel GmbH)

Die Haltung der Waldlandputen im Einzelnen

Auf 2,8 Hektar leben 2300 Puten, die ab einem Mindestalter von sechs Wochen auf die Fläche kommen. Davon macht der Wald einen guten Hektar aus. »Wir bieten jedem unserer Tiere über zwölf Quadratmeter Platz, das sind zwei Quadratmeter mehr, als die EU-Ökoverordnung im Putenauslauf vorgibt«, berichtet Willnat. Auf der angrenzenden Wiese befinden sich Büsche und Unterstände sowie die Futterboxen und Wassertränken. »Die Tiere können sich permanent frei bewegen. Nachts oder wenn es sehr heiß ist, sind sie im Wald oder am Waldrand. Sehr früh morgens und abends sind sie auf der Fläche. Das Verhalten sehen wir auch bei unseren Puten, die im Stall mit Auslauf leben. Nachts gehen sie in den Stall und tagsüber sind sie auf dem Auslauf anzutreffen«, erläutert Willnat. Interessant sei das zu beobachtende Verhalten bei Erscheinen von Greifvögeln: Dann rotten sich die Waldputen in großen Gruppen zusammen und machen ordentlich Lärm, um den potenziellen Angreifer zu vertreiben. Die Puten mit Stallgebäude würden die Flucht ins Gebäude antreten. »Bei den Waldlandputen wird so aufgestallt, wie die Tiere schlüpfen«, sagt Daniel Willnat. Das be-

Die beiden Hütehunde Jerry und Laika begleiten die Puten von Beginn an. Wahrscheinlich würden sie sich selbst als Puten bezeichnen, da sie mit ihnen aufgewachsen sind. (Freiländer Bio Geflügel GmbH)

deutet auch, dass die Tiere nicht nach Geschlecht getrennt werden, wie das normalerweise in der Putenmast praktiziert wird. »Da die Tiere so leicht sind, besteht nicht die Gefahr, dass die männlichen Tiere nach Erreichen der Geschlechtsreife die weiblichen Hennen beim Besteigen verletzen.«

Ein weiterer Unterschied zwischen den Wald- und Stallputen ist die Beschaffenheit des Gefieders. Es sei bei den Waldlandputen viel robuster und durch das vermehrte Einfetten viel glänzender als das der Stallputen.

Daniel Willnat zeigt auf eine große Strohhalle direkt neben der Fläche. Diese kann im Falle einer auftretenden Aufstallpflicht, wie zum Beispiel bei der Vogelgrippe, für die Puten genutzt werden.

Die Waldlandputen werden ständig von den beiden Hütehunden Jerry und Laika begleitet. Diese schützen die Puten vor Raubwild. Der Einsatz von Hütehunden erfolgte, einige Jahre nachdem die ersten Waldlandputen eingestallt wurden. »Seitdem die Hunde da sind, brauchen wird den Strom in den Elektrozäunen nicht mehr anzumachen«, lacht Daniel Willnat.

Der intakte Schnabel bei der Pute

Für Daniel Willnat persönlich steht fest: Puten mit intakten Schnäbeln brauchen Platz und Beschäftigung. »Ich kann nur das schildern, was ich bei unseren Tieren wahrnehme. Wichtig ist, dass die Tiere beschäftigt sind, manipulierbares Material in den Ställen oder im Haltungssystem vorfinden sollten und die Möglichkeit haben, ihr arttypisches Verhalten auszuleben. Je mehr Platz wir den Tieren geben, desto mehr können sie sich wiederum individuell beschäftigen.«

Vermarktung der Bio-Waldlandputen

Zum Einsatz im Waldland kommt die Rasse RollyPolly von der Firma KellyBronze Turkeys, die für das Waldlandsystem direkt aus England importiert wurde. »Wir haben in all unseren Stallanlagen größtenteils Bronzeputen im Einsatz, die wir über heimische Brütereien bekommen. Die Bio-Waldlandputen werden jedoch hauptsächlich für das Weihnachtsgeschäft gehalten und entstammen der ursprünglichen Kelly-Bronze-Genetik. Da sie leichter sind, finden sie einen guten Absatz«, erzählt Daniel Willnat. Kein Kunde wolle eine 18 Kilogramm schwere Pute als Festtagsbraten auf dem Tisch haben. Die Puten werden durch die Familienunternehmen Freiländer Bio Geflügel und die Mecklenburger Landpute vermarktet und sind über den Onlineshop oder in ausgewählten Märkten zu kaufen. »Der Handel hat am Anfang gesagt: ›Super, wenn die Tiere keinen Stall brauchen, sind sie ja billiger!‹ Das stimmt natürlich nicht. Der Gesamtaufwand ist nicht weniger aufwendig als eine Stallhaltung. Von der Abschreibung mag das geringer sein, aber der Personalaufwand, die Fütterung und Tränkung der Tiere, das Herdenmanagement sind viel komplizierter.« Zweimal am Tag müssen die 2,8 Hektar abgelaufen und nach kranken Tieren abgesucht werden.

Die Puten sind auch im Winter draußen. Das Gefieder ist dichter und stärker eingefettet als bei Puten in Stallhaltung. (Freiländer Bio Geflügel GmbH)

Die Waldland-Weihnachtsputen werden 18 bis 20 Wochen lang gemästet und haben einen Mehrpreis von drei bis vier Euro je Kilogramm zu der gewöhnlichen Bio-Weihnachtspute.

Daniel Willnat ist von seinem Haltungssystem überzeugt: »Wenn man mal jetzt zu der Jahreszeit, wo das Wetter noch schön ist, morgens um sechs Uhr auf so eine Fläche rausgeht und die Tiere im Wald langsam von den Ästen herunterkommen und sich auf der freien Fläche bewegen oder sich gegen Mittag wieder in den Wald bewegen, in den Bäumen oder auf den umgefallenen Bäumen sitzen und einfach ein sehr natürliches Verhalten entwickeln und ausüben, ist das unglaublich schön. Das erlebe ich nur bei den Bio-Waldlandputen.«

Weitere Informationen zu den Bio-Waldlandputen und dem Onlineshop gibt es unter folgenden Links:
http://www.waldlandputen.com/de/ und https://shop.freilaender.de

Hof Heidegeflügel – einzigartige ammengebundene Putenaufzucht und bunte Hühner

Stefanie Pöpken

Kollernde Puten, gackernde Hühner, Hunde, Menschen, kleine Landmaschinen und sehr viel Grün – auf dem Hof von Christine Bremer ist immer etwas los. Er liegt in Suhlendorf, unweit von Uelzen, Niedersachsen, und sehr weit von der nächsten Auto-

Christine Bremer und ihre bunten Hühner vom Hof Heidegeflügel genießen die letzten Spätsommertage. (Stefanie Pöpken)

bahn entfernt. Dafür lohnt die Anreise über die kleinen Landstraßen umso mehr, denn der Betrieb bietet etwas Besonderes: Hier dürfen frisch geschlüpfte Putenküken im Familienverband mit ausgewachsenen Putenhennen aufwachsen. Christine Bremer ist eine fröhliche Frau mit sehr viel Idealismus. Ihr Ziel ist es, allen Tieren auf dem Hof die besten und an die Tiere angepassten Lebensbedingungen zu schaffen.

Der Bioland- und Demeter-Hof, ein ehemaliger Schweinemastbetrieb, ist seit gut vier Jahren in Familienbesitz. Auf rund zwei Hektar leben 350 Legehennen, 2500 Junghühner und eben auch 100 Puten. Zusätzlich hat Familie Bremer noch knapp 50 Hektar dazu gepachtet, auf denen Christines Mann nebenberuflich Kartoffeln anbaut.

»Ich möchte anderen Landwirten mit meinem Hof eine Idee und Mut geben, in welche Richtung sich Landwirtschaft entwickeln kann. Das Höfesterben tut mir in der Seele weh, bedeutet es doch einen großen Kulturverlust«, sagt Christine. »Vor 100 Jahren waren fast 98 Prozent der Bevölkerung mit der Landwirtschaft verbunden, heute sind es nur noch 2 Prozent. Landwirtschaft darf nicht zum Einheitsbrei verkommen. Mit meinem Betriebskonzept und meinen Produkten möchte ich die Einzigartigkeit meines Hofes darstellen.«

Ammengebundene Putenaufzucht – einmalig in Europa

Vor über vier Jahren begann Christine, Putenküken durch Ammen aufziehen zu lassen. »Ich hätte das garantiert nicht gemacht, wenn es das Europäische-Innovationspartnerschaft-Projekt (EIP-agri) »Robustpute« und die Begleitung durch das Kompetenzzentrum Ökolandbau Niedersachsen und die Tiermedizinische Hochschule Hannover nicht gegeben hätte. Denn man muss wissen: Es ist sehr schwierig, Puten von Hand aufzuziehen. Das Biofutter muss stimmen und ich bin als Biobetrieb eingeschränkt, wenn es um den Einsatz von Antibiotika geht«, sagt Christine. Dem Vorschlag der Wissenschaftler:innen, die Aufzucht der Küken durch Ammenputen übernehmen zu lassen, stand sie anfänglich skeptisch gegenüber. Andererseits war es in ihren Augen eine große Chance.

»Wann immer ich jetzt Puten- oder Hühnerküken mit einer Amme aufziehen kann, mache ich das. Es ist die genialste Lösung. Und die Küken sind in allerbesten ›Flügeln‹.« Wichtig sei allerdings, die zukünftigen Ammen auf Krankheiten per Blutbild zu untersuchen, um mögliche Infektionen bei den Küken auszuschließen.

Die Eltern der Robustpute sind eine Wirral-White-Fleischputenmutter des britischen Familienunternehmens Hockenhull Turkeys, das mittlerweile vom Geflügelzuchtunternehmen Aviagen aufgekauft wurde. Die Wirral White ist eine Nummer kleiner als die B.U.T. 6 und entsprechend nicht ganz so schwer. Der Vater ist eine seltene Cröllwitzer Rassepute. Aufgrund der Robustheit und der guten mütterlichen

Eine Cröllwitzer Ammenpute mit ihren Küken. Hier war etwas Geduld gefragt, bis sich Henne und Küken aus dem Stall getraut haben. Die ammengebundene Putenaufzucht ist ein einmaliges Projekt in Europa. (Stefanie Pöpken)

Eigenschaften werden ebenfalls die Cröllwitzer Putenhennen auf Christines Betrieb eingesetzt. »Die Cröllwitzer Putenhennen brauchen ja auch eine Aufgabe, denn als Fleischlieferant eignen sie sich nicht so sehr. Wenn ich diese Hennen schlachte, bekomme ich gerade einmal ein gigantisches Suppenhuhn heraus, aber keinen Festtagsbraten oder Putenbrust. Das Schöne an der Henne ist jedoch, dass sie unglaublich mütterlich ist und sich daher perfekt als Amme eignet.« Durch den geringen Anteil an Brustfleisch bestehe auch nicht die Gefahr, dass Küken erdrückt würden, erklärt Christine weiter. Versuche, Hybridputen als Ammen zu nutzen, seien daran gescheitert, dass der hohe Brustfleischanteil zum Erdrücken der Küken führte. »Die Brust der Cröllwitzer Putenhenne sieht ein bisschen wie ein spitz zulaufender Kiel aus. Setzt sie sich auf ihr Brustbein, haben die Küken rechts und links reichlich Platz, um sich an die Amme zu kuscheln. Die besonders gluckigen Hennen rupfen sich die Federn an der Brust heraus, um den Küken möglichst viel Körperwärme zu spenden.«

Die Elterntierhaltung von Puten im Freilauf ist für Christine Bremer Normalität. Hier plustern sich die Hähne vor einer Henne auf und versuchen ihr zu imponieren. Die befruchteten Eier werden eingesammelt und im Brutschrank ausgebrütet, bevor die Küken zu den Ammen kommen. (Stefanie Pöpken)

Vom Ei zur Amme

Christine sammelt täglich das Gehege, in dem sich Puter und Hennen tummeln, nach befruchteten Eiern ab. Diese werden 28 Tage im Brutschrank bebrütet. Einige Tage vor dem Schlupf wählt sie einige geeignete, das heißt gluckige/brütige Ammenhennen aus. Diesen gibt sie ein paar unbefruchtete Eier ins Nest. »Die Hennen sind so voller Hormone, wenn ich denen dann die geschlüpften Küken untersetze, sind die ruckzuck adoptiert«, meint Christine. Gut 20 Küken kann so eine Henne aufnehmen. Sie habe aber auch schon ein Tier besessen, dass die Küken einer verstorbenen Amme übernommen habe und dann mit 40 Putenküken herumgelaufen sei. Die Aufzucht der Küken dauert rund acht Wochen, dann gehen sie in die Mast oder werden an Mastbetriebe weiterverkauft, natürlich nur in Freilandhaltung.

Das EIP-Forschungsprojekt ist bereits beendet, die Arbeit von Christine fängt jedoch erst richtig an. »Ich wünsche mir, dass es einen stabilen Robustputenbestand von 2 000 Tieren in Deutschland gibt«, formuliert sie ihre Vision. Betrieben, die Bruteier von Christine kaufen, gibt sie daher auch schon einmal eine ausgewachsene

Eine Cröllwitzer Putenhenne bei der Arbeit. Wenn sie gerade nicht als Amme eingesetzt werden, passen sie bei den Hühnern auf, dass der Habicht nicht kommt. Puten und Hühner kennen sich von klein auf. (Stefanie Pöpken)

Cröllwitzer Pute als Amme mit. »Die Cröllwitzer Amme ist eine Fachkompetenz in der Putenaufzucht, die man auf keinem Hof missen möchte.«

Hühnerschutz durch Putenpatrouille

Die Cröllwitzer Puten haben aber noch eine weitere Aufgabe: »Ich setze sie als Habichtabwehr bei den Hühnern ein. Dann haben Raubvögel kaum eine Chance.« Puten und Hühner laufen bereits als Küken zusammen in einer Gruppe und sind aneinander gewöhnt. Traut sich doch einmal ein Habicht in die Nähe der Hühner, stößt die Putenhenne einen Warnruf aus, senkt den Kopf, versteift den Hals wie eine Speerspitze und beginnt, wie ein Strauß mit riesigen Schritten zu beschleunigen, und rennt zielgerichtet auf den Habicht los. »Der Hahn ist eigentlich nur am Kollern, sich aufpusten und rumprollen.«

Bunte Eier von bunten Hühnern

Zimt- & Zuckerschnecken, Coffee und Bresse gauloise von der Ökotierzucht, Marans, Silverrudds und Triesdorfer Landhühner – was zum Teil wie die Namen von Spezialitäten einer Bäckerei klingt, sind die verschiedenen Hühnerrassen, die auf dem Hof Heidegeflügel leben. Und die Hennen haben es in sich.

»Bei uns gibt es nur bunte Eier«, lacht Christine und geht in den Lagerraum, in dem sich die Paletten mit Eiern stapeln.

Tatsächlich gibt es viele verschiedene Farbschläge, von dunkelbraun über karamellfarben hin zu oliv, grün und weiß. Die Farbe werde durch die jeweilige Hühnerrasse bestimmt, klärt die Züchterin auf. Angefangen habe sie damals mit Hühnern der Ökotierzucht. Heute ist sie stolze Besitzerin einer Marans-Elterntierherde. Die Marans-Hennen sind für die dunkelbraunen Eier berühmt, die Silverrudds sind sogenannte Grünleger.

Christine möchte langfristig eine Erzeugergemeinschaft aufbauen, denn: »Alleine ist man einfach zu schwach, gemeinsam kann man sich auf dem Markt noch besser behaupten.« Ein Geflügelschlachtmobil sorgt dafür, dass die Tiere nicht mehr weit transportiert, sondern auf dem Hof geschlachtet werden. In diesem Jahr sollen so auch die ersten Puten geschlachtet werden.

Bruteier, Konsumeier, Küken, Jungtiere ab der fünften Woche und verschiedene Fleischprodukte wie Gyros, Putenmortadella, halbe und ganze zum Teil vorgegarte Hähnchen können von Christine Bremer gekauft werden. Ein Onlineshop ist im Entstehen und dann an die Website angegliedert, sodass die Kundinnen und Kunden nicht nur in Lüneburg und Hamburg, sondern auch in ganz Deutschland auf dem Hof einkaufen können.

Das Ergebnis der bunten Hühnerschar von Christine wird noch einmal kritisch von einem Hahn begutachtet. Christine Bremer plant einen Onlineshop, in dem die Erzeugnisse des Hofs Heidegeflügel gekauft werden können. (Stefanie Pöpken)

Mit zwei Schachteln bunter Eier endet der Betriebsbesuch. Einen Tipp gibt Christine noch mit: »Frisch gelegte Eier am besten vier Tage ruhen lassen, dann pult man nicht das Eiweiß mit ab.« Vorfreude ist ja bekanntermaßen die schönste Freude.

Weitere Informationen zum Hof Heidegeflügel und ihrer Bewohner:innen gibt es unter: www.heide-gefluegel.de

»Weniger ist mehr.« Betriebsbesuch bei Hans Möller von De Öko Melkburen

Stefanie Pöpken

Wie nicht nur Arbeitsplätze gesichert und faire Verkaufspreise für Milch erzielt werden, sondern auch eine angemessene Tierhaltung gesichert wird, das sieht man in dem Familienbetrieb von Hans und Annette Möller. Sie führen den Hof, der mitten in Schleswig-Holstein liegt, in vierter Generation, seit 2000 als Biolandbetrieb. Insgesamt 120 Hektar werden bewirtschaftet, davon sind 30 Hektar ackerfähig und 50 Hektar Hofeigentum. Seit 2018 gibt es eine solidarische Landwirtschaft (SOLAWI) mit derzeit 40 vergebenen Ernteanteilen. Möllers Betrieb gehört zu den 2011 gegründeten De Öko Melkburen, ein Zusammenschluss von drei Milchviehbetrieben. De Öko Melkburen wurden aufgrund einer Fusion im Meiereiwesen ins Leben gerufen. Die Milch der De Öko Melkburen ist in großen Teilen Schleswig-Holsteins und in Hamburg als »Jahreszeitenmilch« in gut sortieren Lebensmittelläden zu finden. Auf der Website der Öko Melkburen findet sich eine Karte mit den Verkaufsstellen.

Hans Möller betreibt einen kleinen Milchviehbetrieb in Schleswig-Holstein. Bei ihm übernehmen die Kühe die Kälberaufzucht. Hans macht keine Kompromisse: Bei ihm darf jedes Kalb für drei Monate bei der eigenen Mutter bleiben. (Stefanie Pöpken)

Kuhgebundene Kälberaufzucht – so fing es an

Kuh und Kalb trennen? Diese Praxis gehört auf dem Bioland-Milchviehbetrieb von Hans und Anette Möller und den anderen Betrieben, die zu den Öko Melkburen gehören, schon seit 2015 der Vergangenheit an. Hier wird nur eine Form der kuhgebundenen Kälberaufzucht gelebt: die muttergebundene Kälberaufzucht. Damit waren der Hof von Familie Möller und die Partnerbetriebe die ersten in Schleswig-Holstein, die diese Eins-zu-eins-Betreuung durch die Mutterkuh umsetzten. Möller ist sich sicher, dass das Konzept der Öko Melkburen auch europaweit einzigartig ist. 2022 gewannen die Öko Melkburen den Bundeswettbewerb Ökologischer Landbau und wurden im Rahmen der Ökofeldtage durch Bundeslandwirtschaftsminister Cem Özdemir ausgezeichnet.

»Wir haben einfach ein paar Kälber mit den Müttern in die Herde gelassen und geguckt, was passiert«, erinnert sich Hans an den Beginn der muttergebundenen Kälberaufzucht. Das Besondere daran ist, dass Mutter und Kalb, egal ob männlich oder weiblich, drei Monate uneingeschränkt zusammenbleiben. Die tägliche Trennung erfolgt nur dann, wenn die Mutter in den Melkstand geht. So lange machen es sich die Kälber im Stroh gemütlich, bevor die Mütter sie nach dem Melken von dort wieder abholen. Da sich in der Herde unterschiedlich alte Kälber im sogenannten »Kindergarten« zusammenfinden, schauen sich die jüngeren viel bei den älteren Tieren ab. »Mir war das, was ich damals in einem Ratgeber zur kuhgebundenen Kälberaufzucht gelesen habe, zu kompliziert. Die ganze mögliche Systemvielfalt beispielsweise: wann und wie oft die Tiere zusammen sein sollen, vor oder nach dem Melken. So einen Tüddelkram wollte ich nicht. Die Kühe können das doch eh besser als wir.« Was anfänglich mit ein paar Kälbern begann, führte nach einem Jahr bei allen Öko Melkburen zur Entscheidung, alle Kälber so aufwachsen sehen zu wollen. Auch für Möllers fühlt sich die Entscheidung immer noch gut an. Diejenigen, die täglich mit den Tieren umgehen, seien glücklicher und würden mehr lächeln, beobachtet Hans. Somit beeinflusse die muttergebundene Kälberaufzucht nicht nur die Tiere positiv, sondern auch die Menschen.

Probleme, dass eine Kuh ihr Kalb nicht annimmt oder das Säugen am Euter nicht richtig funktioniert, hat Hans bisher nicht beobachten können.

»Die muttergebundene Kälberaufzucht ist für uns und – unserer Ansicht nach – auch für die Tiere das beste System. Die Mütter kümmern sich um ihr eigenes Kalb und die Herde gibt den Tieren einen Platz und Sicherheit. Ein Zurück zur konventionellen Aufzucht ist für uns nicht vorstellbar.« Möllers 30 Milchkühe und deren Nachzucht gehören zur Rasse Deutsches Schwarzbuntes Niederungsrind, eine gefährdete Doppelnutzungsrasse, die seit circa 1830 züchterisch bearbeitet wird. In Deutschland

Die Kälber dürfen im Herdenverbund bei den Müttern aufwachsen. Im »Kindergarten« spielen die Kälber miteinander, sorgfältig beobachtet von einer erwachsenen Kuh. (Stefanie Pöpken)

gab es 2021 noch rund 2 500 Tiere von einst 2 000 000. Der Schwerpunkt der Zucht liegt einerseits in der guten Nutzung der Kühe als Milchkühe und andererseits auf der Möglichkeit, die Bullenkälber auf dem eigenen Betrieb als zweites Standbein zu mästen.

Weniger Milch für die Vermarktung

»Natürlich bedeutet das uneingeschränkte Saufen des Kalbes an der Kuh, dass unterm Strich weniger Milch in die Vermarktung geht. Das müssen wir mit entsprechender Preisgestaltung unserer Milchprodukte auffangen.« Hans melkt seine Kühe nur einmal am Tag. Die Milchleistung liegt pro Tier und Jahr bei ungefähr 4 000 bis 5 000 Litern. Davon braucht ein Kalb 2 000 Liter während der muttergebundenen Aufzucht. Seine Kühe könnten sicherlich auch 6 500 Liter mit entsprechend proteinreicherer Fütterung und zweimaligem Melken pro Tag schaffen. Da die Ernährung der Tiere jedoch gras- beziehungsweise grundfutterbasiert ist, wird sich mit der Milchmenge zufriedengegeben.

»Unsere Maxime ist: Weniger ist mehr«, lacht Hans Möller. Die männlichen Kälber gehen nach drei Monaten zu einem Bioland-Mastbetrieb in Niedersachsen. Dort leben sie drei Jahre als Weideochsen auf Salzwiesen in Nordseenähe, bevor ihr Fleisch durch die Tierwohl-Marke Earl of Lowlands vermarktet wird. »Uns ist es wichtig, dass gerade die männlichen Kälber vernünftig aufgezogen werden und nicht als Exporttiere ins Ausland gehen.« 2022 war auch für die Öko Melkburen ein herausforderndes Jahr. Der Beginn des Ukrainekriegs, steigende Energiekosten, eine anziehende Inflation und das gleichzeitige »Engerschnallen des Gürtels« bei der Kundschaft führte zeitweilig zu einem Ertragseinbruch von fast 25 Prozent.

Das schwarzbunte Niederungsrind ist eine bedrohte Haustierrasse. Sie ist genügsam, robust, langlebig und eignet sich gut für die Weidehaltung. (Stefanie Pöpken)

Die Zukunft des Betriebs

Möllers Kinder haben Lust, den Betrieb später einmal zu übernehmen. Da jedoch beide einen veganen Lebensstil pflegen, wird sich auch die Tierhaltung stark verändern. »Wir sind die letzte Generation, die hier auf dem Hof noch Kühe hält. Wenn der Betrieb vollständig übergeben ist, wird die Herde hoffentlich zu einem unserer Partner weitergezogen sein. Die Öko Melkburen stehen auch in Zukunft für eine muttergebundene Kälberaufzucht.«

Hans wünscht sich, dass EU-Öko der europaweite Standard in der Landwirtschaft wird und zu 100 Prozent gefördert wird. Diejenigen, die weiterhin konventionell wirtschaften möchten, bekommen zukünftig nur noch 50 Prozent der Prämie. Das führe nach Hans' Meinung zu einer durch die Gesellschaft akzeptierten Landwirtschaft, die zugleich große Beiträge zur Erhaltung der Artenvielfalt und des Umweltschutzes leistet.

Weitere Informationen zu den Öko Melkburen und Verkaufsstellen der Jahreszeitenmilch finden sich auf der Internetseite www.deoekomelkburen.de.

Pro-Weideland-Betrieb Wemken – seit 98 Jahren Weidehaltung

Stefanie Pöpken

»Mein Sohn Theis kennt wirklich jeden Namen unserer 145 Milchkühe«, lacht Holger. Eine kleine Berühmtheit ist auch dabei. »Elsa« schmückt den Milchkarton der Ammerländer Molkerei, an die der Betrieb liefert, und ist auch sonst eine zuverlässige Spitzenkuh, die 60 Liter Milch pro Tag gibt.

1926 fing alles an mit der Landwirtschaft, als die Urgroßeltern den Betrieb mit elf Hektar Eigenland kauften. Heute bewirtschaftet die Familie 108 Hektar und konnte den hofeigenen Anteil auf 35 Hektar ausbauen. 45 Hektar ist Ackerland, der Rest Dauergrünland. Große Teile der Flächen liegen im Wasserschutzgebiet, was eine Bewirtschaftung als Ackerland schwieriger machen würde. Theis Wemken ist die vierte Generation und wird den Hof weiterführen. »Wir haben drei Kinder. Zwei sind nicht an der Landwirtschaft interessiert, aber bei Theis war das schon sehr früh zu erkennen, den hat man gar nicht aus dem Stall oder vom Trecker bekommen«, erinnert sich Vater Holger. Insgesamt fünf Personen arbeiten in dem Betrieb, davon vier Familienmitglieder und ein Auszubildender.

Familie Wemken führt ihren Betrieb seit 98 Jahren und lässt ihre Kühe genauso lange schon auf den hofeigenen Weiden grasen. (Lars-Josef Klemmer_diebildwerft)

Die Ställe – aufs Tierwohl ausgerichet

1990 wurde der erste Milchviehstall für 59 Kühe erbaut, 2012 kam ein neuer Melkstand mit 20 Melkplätzen und ein zweiter Laufstall mit 68 Liegeplätzen hinzu. Die Kühe stehen auf Spaltenböden und ruhen in Tiefliegeboxen. Seit 2022 schiebt ein Spaltenroboter Tag und Nacht unermüdlich die Kuhfladen aus den Laufgängen weg. »Vorher haben wir morgens und abends die Spaltenböden immer per Hand abgeschoben, der Roboter ist für uns daher eine echte Entlastung«, sagt Theis. Die Tiere seien weniger verschmutzt und die Klauengesundheit profitiere ebenfalls davon. Die Milchkühe laufen in einer großen Gruppe und können über einen überdachten 70 Quadratmeter großen Laufhof vom alten in den neuen Stall wechseln.

»Es ist schon interessant: Die Kühe stehen gerne im überdachten Laufhof und dösen oder wiederkäuen vor sich hin«, beobachtet Holger. Eine große elektrische Rundbürste wird von den Kühen zur Fellpflege genutzt. Die Ställe wirken geräumig, die Tiere ruhig und Theis bestätigt: »Jede Kuh hat circa sieben Quadratmeter Platz im Stall.« Vergleicht man das mit den Anforderungen der Haltungsform, bieten die Ställe den Tieren mehr Platz, als in der Premium-Stufe vorgegeben wird. Einzig ein ganzjährig nutzbarer und nicht überdachter Laufhof, der jeder Kuh mindestens drei Quadratmeter Platz bietet, fehlt.

Wie ein Großteil der Milchviehbetriebe setzen Wemkens auf die künstliche Besamung. »Wir haben aber auch einen Bullen im Stall, der dann zum Einsatz kommt, wenn es mit der künstlichen Besamung nicht klappt«, erklärt Theis. Es falle ihnen von Grund auf schwer, Tiere abzugeben. »Bei uns bekommen die Milchkühe immer mehr als nur eine Chance. Wir kämpfen hier um jedes Tier. Wenn eine Kuh mal ein weniger leistungsstarkes Jahr hatte, muss sie den Betrieb nicht sofort verlassen, dann geben wir ihr noch ein weiteres Jahr und schauen, ob sie sich wieder fängt.«

Kälber – nur ein Teil verlässt den Hof

Zehn Kuhkälber und 15 Bullenkälber werden pro Jahr verkauft, da nicht alle auf dem Hof bleiben können. Die Bullen werden als Zuchtbullen an andere Milchviehbetriebe vermarktet Die übrigen Bullen werden gemästet. Die weibliche Nachzucht, die nicht zur Remontierung benötigt wird, wird abgekalbt ab Hof verkauft.

Weidehaltung von Anfang an und auch in Zukunft

Als Pro-Weideland-Betrieb sind Wemkens verpflichtet, ihre Tiere auf die Weide zu lassen. »Seit dem Kauf des Betriebes vor fast 100 Jahren gehört die Weidehaltung unserer Kühe zum Haltungskonzept. Zu Pro Weideland sind wir gekommen, weil uns unsere Molkerei Ammerland angesprochen hat. Momentan erhalten wir 1,5 Cent pro

Liter als Weidelandbonus. Und wenn man Pro-Weideland-Schlachttiere abgibt, bekommt man pro Tier 30 Euro zusätzlich ausgezahlt. Das nehmen wir gerne mit«, sagt Theis. Das Management sei mit Weide schon aufwendiger als reine Stallhaltung. Da sei eine zusätzliche Vergütung angemessen, finden Vater und Sohn.

Da wollen zwei Kühe am selben Ort fressen. Oder messen sie doch nur ihre Kräfte? (Lars-Josef Klemmer_diebildwerft)

Direkt ab Hof sind 20 Hektar Dauergrünland vorhanden und bequem für die Kühe zu erreichen. »Wir durften noch nie unsere Tiere auf die Weide lassen, wenn unser Sohn nicht zu Hause war. Das war und ist ein absolutes No-Go. Da mussten die Kühe auch schon mal einen Tag länger warten«, verweist Holger auf seinen Sohn. Theis nickt. Für ihn sei der Weideaustrieb ein ganz besonderer Moment. »Die Freude, mit der unsere Kühe auf die Weide laufen, ist einfach schön. Da freu ich mich immer den ganzen Winter drauf. Und die Bevölkerung findet das Bild von grasenden Kühen auch gut. Das bewegt einfach etwas in uns allen.«

Im Frühjahr haben Wemkens als Pro-Weideland-Betrieb einen offenen Hoftag mit Weideauftrieb veranstaltet. Gut 2000 Menschen aus der Umgebung sind der Einladung gefolgt und konnten erleben, wie 145 Kühe galoppierend und buckelnd auf die Weideflächen des Hofes entlassen wurden. »Der Weideaustrieb war ein voller Erfolg, ich hätte mir allerdings ein bisschen mehr Interesse für unsere Landwirtschaft von den Besucher:innen gewünscht«, fasst Theis den Tag rückblickend zusammen.

Der Weideauftrieb hat fast 2000 Menschen auf den Betrieb der Familie Wemken geführt. Die konnten den Kühen beim Springen über die Weide zusehen. (Lars-Josef Klemmer_diebildwerft)

»Wir müssen den jungen Leuten, die zukünftig in der Landwirtschaft arbeiten wollen, mehr Vertrauen und Verantwortung übertragen. Das heißt auch, dass Theis die Entscheidungen trifft und wir Älteren ihm den Raum dafür geben. Aber wir brauchen auch eine Gesellschaft, die durch Wertschätzung und angemessene Bezahlung die Zukunft der Landwirtschaft erhält. Landwirtschaft wird es immer geben, sie muss sich jedoch für uns lohnen«, findet Holger.

Die Anforderungen des Lebensmittelhandels werden in den kommenden Jahren steigen. Bereits jetzt gibt es Zielsetzungen, dass Trinkmilch nur noch mindestens aus den Haltungsform-Stufen drei und vier stammen soll. Für Theis bedeutet das, offen zu sein und möglicherweise auch bauliche Veränderungen, wie zum Beispiel den Stall um einen Laufhof zu erweitern, vorzunehmen. Er könne sich aber gut vorstellen, den Betrieb weiterzuentwickeln. »Ich bin gerne Landwirt. Das ist mein Traumberuf.«

Informationen zu Pro Weideland gibt es auf der Internetseite www.proweideland.eu.

Bunde Wischen: Naturnahe Rinder- und Pferdehaltung – und ein Rothirsch ist auch dabei

Stefanie Pöpken

Bunde Wischen ist plattdeutsch und bedeutet »Bunte Wiesen«. Davon hat der an den Ufern des Ostseefjords Schlei in Schleswig beheimatete Betrieb viel zu bieten. Die außergewöhnliche Ausrichtung des Betriebs hat ihren Ursprung, als Gerd Kämmer

Gerd Kämmer, Begründer und Vorstand der Bunde Wischen e. V. (Stefanie Pöpken)

und Jan Erik Petersen, damals Biologiestudenten im zweiten Semester, 1986 eine Orchideenwiese pachteten und sie damit vor der Aufforstung schützten. »Plötzlich hatten wir eine Wiese und mussten dafür Pacht bezahlen. Um das zu stemmen, haben wir Rinder gekauft und auf die Fläche gestellt. Die Tiere halfen bei der Pflege der Fläche und der Erlös durch den Fleischverkauf half dann, die Pacht zu bezahlen«, erinnert sich Gerd Kämmer, Vorstand der Bunde Wischen e. V.

Dieses Vorhaben markierte den Anfangspunkt für die kontinuierliche Entwicklung des heutigen Konzepts des Biolandhofs, welches auf drei Grundpfeilern ruht: Landwirtschaft, Natur und Mensch. Mittlerweile arbeiten 22 Arbeitskräfte auf dem Betrieb.

Heute werden die rund 1750 Hektar Naturschutzflächen, davon befinden sich 200 Hektar im Eigentum, im Norden Schleswig-Holsteins ganzjährig von einer Herde von etwa 900 Galloway-Rindern, 100 Highland Cattle, 7 White Park Cattle und 75 Koniks, einer Rückzüchtung des Wildpferds, beweidet. Dank des charakteristischen Beweidungsverhaltens dieser vielfältigen Nutztiere entsteht die unverkennbare Kulisse

Der Rothirsch Sven kehrt seit vielen Jahren im Spätsommer zu seinen Rindern zurück und lockt Medien von nah und fern an. (Gerd Kämmer)

einer halb offenen Weidelandschaft. Diese zeichnet sich durch vielfältiges Grasland, reichhaltige Kräuter und Buschwerk aus, abhängig von den jeweiligen Bodenverhältnissen, die von Feuchtwiesen bis hin zu Trockenrasen reichen. Eine Berühmtheit über Bundeslandgrenzen hinaus beherbergt der Betrieb auch: Sven, einen stattlichen Rothirsch, der bereits seit neun Jahren mit der Galloway-Herde durch die Landschaft streift und schon ab und an die Kälberbetreuung übernimmt.

Seit nunmehr 35 Jahren hat sich die engagierte Verknüpfung von naturschutzorientierter Beweidung und direkter Vermarktung bewährt. Sie gewährleistet die finanzielle Unabhängigkeit. Jährlich finden etwa 200 Tiere ihre Abnehmer:innen über den hofeigenen Laden, Naturkostgeschäfte und ausgewählte Einzelhandelsgeschäfte. Zudem werden Gastronominnen und Gastronomen, die dem regionalen Küchenverbund »FEINheimisch« angehören, beliefert. »Wir verzichten bewusst auf einen Onlineshop, weil wir eine Tonne Fleisch pro Woche, die wir vermarkten, nicht per Post durch die ganze Republik schicken wollen. Der Fußabdruck ist uns viel zu hoch«.

Die Rinder (in diesem Bild Galloways) sorgen durch die Beweidung für die halboffene Weidelandschaft. (Gerd Kämmer)

Halb offene Weidelandschaften: Agroforstwirtschaft der Zukunft

»Halb offene Weidelandschaften bedeuten natürliche Gehölzbildung. Im Schutz der Weißdörner kommen zum Beispiel die Eichen hoch. Aus meiner Sicht steht auf unseren bewirtschafteten Flächen der Zukunftswald beziehungsweise die Hutewaldlandschaft von morgen. Jeder Baum wächst dort am besten, wo er auf natürliche Weise ausgekeimt hat«, erklärt Gerd Kämmer. Nicht der Mensch hat die ursprüngliche Landschaft geprägt, sondern die großen Weidetiere wie Auerochse, Wisente und Wildpferde (Tarpane).

Die Gehölze bieten den Tieren Schatten im Sommer und Schutz in den Wintermonaten.

Kugelschuss auf der Weide: Anfang und Ende auf dem Betrieb

Bunde Wischen eG war in Schleswig-Holstein einer der ersten Betriebe, der den Kugelschuss auf der Weide durchführen durfte. Seit 2010 ist der Kugelschuss fester Bestandteil des Haltungskonzepts. Begleitet wurden die Anfänge fünf Jahre lang durch ein Forschungsprojekt der Universität Kassel, Standort Witzenhausen, Fakultät Agrartechnik. Bei jedem Kugelschuss waren Forscher:innen dabei. Jeder Parameter in Bezug auf das Tierwohl wurde wissenschaftlich erfasst. Auch der Einsatz der Geschosse musste genaustens überprüft werden. Anfänglich wurden jeweils zwei Tiere, die nach Einsatz des Bolzenschussapparats geschlachtet wurden, und zwei, die per Kugelschuss getötet und dann geschlachtet wurden, verglichen. Das Ergebnis sprach für sich: Tiere, die durch den Kugelschuss auf der Weide starben, hatten weniger Stresshormone im Blut als solche, die zum Schlachthof transportiert und dort geschlachtet wurden.

»Wir sind, was die Tötung und Schlachtung der Tiere auf der Weide betrifft, vollkommen transparent.« Wie also läuft so ein Kugelschuss im Betrieb tatsächlich ab? Bunde Wischen verfügt über einen Schießstand in einem umzäunten Abschussgatter mit angrenzendem Unterstand. Die Tiere können sich einige Tage vorher den Bereich ansehen und bekommen dort Futter angeboten. Am Schlachttag werden bis zu acht Tiere in den Paddock gelassen. Der Schießstand ist so konzipiert, dass der Hofeigner oder sein Kollege aus circa zehn Metern Entfernung auf die Tiere zielen. Schaut ein Rind nun genau in die Richtung der Menschen, wird der Schuss getätigt. Das Rind sackt sofort in sich zusammen, eine Panik oder Unwohlsein bei den anderen Tieren bricht nicht aus. Mit einem Traktor wird das getötete Rind aus dem Areal herausgeholt und dann entblutet. »Man muss wissen, dass der Kugelschuss eine Methode ist, die Tiere sofort zu töten. Es wird also im Gegensatz zum Bolzenschuss nicht nur betäubt – unsere Tiere sind auf der Stelle tot, wenn sie geschossen werden.« Die getöteten Rinder werden dann zu einem kleinen Schlachtbetrieb in der Region gefahren und dort in Rinderhälften zerlegt. Diese gehen für die Feinzerlegung an einen weiteren regionalen Schlachtbetrieb.

Obwohl die Schlachtung von Tieren bei Mitmenschen gerne ausgeblendet wird, ist die Methode von Bunde Wischen ein Teil des Vermarktungskonzeptes. »Wir machen jedem unserer Tiere zwei Versprechen auf ihrem Lebensweg. Du wirst den Betrieb nicht lebend verlassen und du wirst niemals einen Schlachthof lebend von innen sehen.«

Aufzucht männlicher Kälber von Milchviehbetrieben

Das neuste Projekt von Bunde Wischen ist die Aufzucht der männlichen Nachkommen von einem Bio-Milchviehbetrieb mit muttergebundener Kälberaufzucht. Die Kälber kommen auf den Hof, wenn sie drei Monate alt sind. »Wir sprechen immer gerne von der Problematik des konventionellen männlichen Milchkalbes. Dabei wird vergessen, dass die Öko-Milchviehbetriebe vor genau dem gleichen Dilemma stehen. Das Tragische daran ist, dass die meisten männlichen Kälber von Biobetrieben in die konventionelle Vermarktung gehen oder direkt ins Ausland verbracht werden. Diese Transporte sind mit großem Stress für die Tiere verbunden. Das wollten wir mit unserem Ansatz vermeiden«, sagt Gerd Kämmerer und streichelt dabei ein Kalb, das sich neugierig an den Zaun gestellt hat.

Diese Angler-Bullenkälber werden noch kastriert und laufen dann als Weideochsen auf den Flächen von Bunde Wischen mit. (Stefanie Pöpken)

Auf Bunde Wischen werden seit 2021 Bullenkälber der Rasse Angler kastriert und für ungefähr 36 Monate als Weideochsen auf den Naturschutzflächen gemästet. Die ersten Tiere sind bereits geschlachtet worden und der Landwirt ist überrascht: »Ich habe damit nicht gerechnet, aber die Schlachtgewichte sind gut und viel höher, als wir gedacht hätten.« Die Vermarktung der Ochsen erfolgt ebenfalls über den eigenen Hofladen. Die Bunde Wischener wünschen sich, dass es Nachahmer gibt und zukünftig noch mehr männliche Biokälber auf diese Art aufwachsen dürfen.

Eine Reise wert sind die beweideten Naturschutzflächen von Bunde Wischen eG allemal. Weitere Informationen gibt es unter www.bundewischen.de. Wer sich für den Kugelschuss auf der Weide interessiert, findet unter folgendem Link ein Erklär-Video, das auf Bunde Wischen gedreht wurde:
https://youtu.be/TJ6TqgcGXdo?si=v-d9jcL0JpzDzKi1

Effektive Mikroorganismen und Milchkühe – ein Besuch bei Mathis Block

Stefanie Pöpken

Sein Uropa habe den ursprünglichen Stall gebaut, erzählt Mathis Block bei der Begrüßung. »Mit Platz für 100 Tiere (Pferde, Rinder, Schweine und Hühner) war das für damalige Verhältnisse schon ein großer Stall. Mein Vater hat dann den Laufstall angebaut. Damals der erste im Dorf und zum Schluss kam 2013 der neuste Stall hinzu, der über Laufhöfe verfügt und viel Licht und Luft für die Tiere ermöglicht.« Familie

Mathis Block hat den Betrieb seiner Eltern 2016 übernommen. Seine Kühe dürfen mindestens 150 Tage im Jahr auf die angrenzenden Weiden. (Stefanie Pöpken)

Block lebt in der Nähe von Rendsburg im Landkreis Dithmarschen. Mit vier Angestellten und »einer Handvoll Jungs aus dem Dorf, die gerne hier sind«, bewirtschaften sie 100 Hektar Ackerland, 100 Hektar Grünland, 5 Hektar Wald und betreiben eine Anlage zur Herstellung von Pflanzenkohle.

Wie der Hof zum Label des Deutschen Tierschutzbundes kam

35 Hektar arrondiertes Grünland liegen direkt am neuen Stall. »Durch die Teilnahme an der Premiumstufe des ›Labels für mehr Tierwohl‹ vom Deutschen Tierschutzbund haben wir uns vermehrt mit der Weidehaltung beschäftigt und schicken nun an mindestens 150 Tagen im Jahr unsere 240 Melk-Kühe, die Trockensteher – das sind Kühe, die ab sechs Wochen vor der Geburt des Kalbs nicht mehr gemolken werden – und die Jungtiere auf die Weide.« Am herausforderndsten sei es, die Weiden so zu managen,

Die elektrische Scheuerbürste wird von den Kühen zur Fellpflege genutzt. (Stefanie Pöpken)

Der orangefarbene Transponder an den Ohren der Kühe sendet verschiedene tierbezogene Daten an die Betriebs-EDV. Dadurch können Erkrankungen rechtzeitig erkannt und behandelt werden. (Stefanie Pöpken)

dass die Tiere nicht völlig im Matsch stehen. Bei den Wiesen mit hochstehendem Grundwasser sei das nicht ganz so leicht.

Die Teilnahme am Label begann vor über vier Jahren. Angesprochen habe ihn die Meierei Nordseemilch, die seine Milch alle zwei Tage abholt. »Wirklich etwas an der Haltung meiner Tiere verändern musste ich aber eigentlich nicht.« So berichtet er, dass seine Kälber schon von jeher nur mit Sedierung und Betäubung durch den Veterinär so schonend wie möglich enthornt würden.

Die Laufhöfe bieten jedem Tier drei Quadratmeter Platz, im Stall stehen jeder Kuh sechs Quadratmeter zu. Rotierende Kuhbürsten helfen bei der Fellpflege und werden gerne und ausgiebig angenommen. Die Liegeboxen sind mit Stroh eingestreut. Sprenkler über dem Laufgang kühlen die Luft und somit die Tiere im Sommer ab.

Der Betriebsbesuch findet an einem kühlen Oktobernachmittag statt. Zu dieser Zeit steht ein Großteil der Tiere im Laufhof, einige fressen, andere sind an uns interessiert und nehmen mit ihren langen Kuhzungen Kontakt auf. »Das Tierschutzbund-Label war damals für mich die erste richtige Lösung für die Milchviehhaltung. Staatliche Programme und Gesetze reden da meiner Meinung nach viel zu sehr um den heißen Brei herum und brauchen dann noch 16 Jahre Umstellungsfrist mit quasi wenig Verbesserung für die Tiere.« Auch ohne das Label würde Mathis Block seine

Tiere weiterhin auf die Weide schicken, weil es »einfach Spaß macht« und die Infrastruktur dafür geschaffen wurde.

Den größten Tierschutzfaktor habe allerdings der orangene Transponder an den Ohren seiner Kühe gebracht, der seit drei Jahren auf dem Betrieb eingesetzt wird. Er misst das Wiederkäuen, die Temperatur und das Fressverhalten und sendet die Daten an ein EDV-System. So können Auffälligkeiten direkt gehändelt und die Tiere entsprechend separiert werden, wenn sie beispielsweise erkrankt sind.

Von der Krise zur Chance

So friedlich wie heute war es jedoch nicht immer auf dem Betrieb der Blocks. 2015/2016 hatte der Rinderhalter riesigen Ärger mit Clostridien[2] in seinem Bestand. Clostridien sind in der Natur vorkommende Bakterien, die auch im Darm von Rindern siedeln. Sie können Pflanzenteile zersetzen, aber auch Toxine (Gift) bilden. Durch ein Ungleichgewicht im Darmmilieu können sie sich im Rind vermehren. Im schlimmsten Falle kann dies für die Rinder tödlich enden. Da eine Clostridieninfektion hoch ansteckend ist, kann der ganze Bestand erkranken. »Das war damals so schlimm, dass ich kurz davor war hinzuschmeißen. Ich konnte das Leiden der Tiere kaum ertragen.« Die Mortalitätsrate lag bei zehn Prozent, für jeden Betrieb eine Katastrophe. Mit viel Geduld, Recherche und einem Umdenken in der Ernährung der

(Stefanie Pöpken)

Tiere hat Mathis Block die Situation in den Griff bekommen. »Ich bin froh, dass wir diese Geschichte hinter uns gebracht haben, und freue mich jeden Tag über meine gesunden Kühe. Mein langfristiges Ziel ist, dass die Kühe mindestens sieben bis acht Jahre Milch auf diesem Hof leben. Momentan schaffen wir bereits vier. Unsere Remontierungsrate[3] liegt bei unter 20 Prozent.« Er gebe jeder Kuh eine Chance und übe sich in Geduld. Noch seien die Zellzahlen[4] der Tiere nicht im optimalen Bereich. Aber das sei kein Grund für ihn, eine Kuh zum Schlachter zu schicken.

Geholfen habe ihm die Beschäftigung mit Effektiven Mikroorganismen (EM), die er nun im Futter, im Stroh, im Wasser und im Stall einsetzt. Das Prinzip der EM lässt sich wie folgt erklären: Sie fördern ein positives Bakterienmilieu im Boden, im Futter und im Tier, indem sie unerwünschte schädliche Bakterien unterdrücken und positiv wirkende Bakterien unterstützen. EM bestehen aus vier Bakteriengruppen, wie Hefen, fermentaktiven Pilzen, Photosynthesebakterien und Milchsäurebakterien. Entdeckt hat das Ganze der japanische Agrarwissenschaftler Professor Teruo Higa. Genauere Informationen gibt die Internetseite www.emiko.de.

Auch der Einsatz von Gesteinsmehlen hilft, den Milchkühen eine gesunde Darmflora zu erhalten. Das mache sich an den fallenden Tierarztkosten bemerkbar. »Wenn

Kälber werden bereits in der ersten Lebenswoche in Gruppen gehalten. (Stefanie Pöpken)

die Darmflora der Tiere nicht gut ist, dann kann die Milch dieser Tiere es auch nicht sein. Der Darm ist das zweite Gehirn des Körpers. Ist er gesund, sind es auch die Tiere«, bemerkt Mathis Block.

Laufend neue Ideen und kein Ende in Sicht

Der Landwirt probiert gerne und vielfältig aus. So legt er freiwillig Grünstreifen ohne staatliche Förderung an. »Ich habe einfach manchmal keine Lust, noch 30 Seiten Anträge für etwas auszufüllen. Das kostet mich zu viel Zeit, die ich auf dem Betrieb verbringen muss.«

Er zeigt auf ein angrenzendes Feld, auf dem die Stoppeln des kurz zuvor geernteten Mais noch zu sehen sind. Zwischen den Pflanzreihen stehen grüne Gräser, Leguminosen und Wicke. »Hier haben wir die eine Deutsche Saatveredelungs-Mischung als Untersaat eingesetzt. Wir gehen noch einmal mit der Walze über die Fläche und dann schicken wir unsere Kühe darauf. Die können den restlichen Pflanzenbestand fressen und gleichzeitig den Boden auf die neue Bearbeitung vorbereiten.« Er setzt auch Untersaaten auf seinen Rübenfeldern ein und probiert verschiedene Ansätze zum Bodenschutz aus.

Die Idee mit der Pflanzenkohle habe sein Bruder gehabt. Es gehe nicht darum, damit reich zu werden, sondern Bausteine mitzuentwickeln, um »den ganzen Laden hier am Leben zu erhalten«. Damit meint er nicht den Betrieb, sondern den Planeten – er zielt auf die globalen Herausforderungen ab. Die Kohle, wenn sie in den Boden eingebracht wird, kann dort über 1 000 Jahre stabil in ihrer Form verbleiben und somit über lange Zeit CO_2 lagern. Der strukturelle Aufbau der Kohle hat außerdem eine positive Auswirkung auf die Bodenstabilität und kann Nährstoffe an ihrer Oberfläche binden.

»Ich halte meine Tiere und bewirtschafte meinen Hof mit absolut gutem Gewissen und meine Tiere zeigen mir das jeden Tag«, fasst Mathis Block zusammen.

Da Mathis Block viel Zeit bei seinen Tieren verbringt, hat er bisher noch nicht die Zeit gefunden eine Internetseite aufzubauen. Daher wird an dieser Stelle auf die Seite der Nordseemilch verwiesen: www.nordseemilch.de.

Syntropische Landwirtschaft als Revolution

Renate Künast

Von Berlin aus fahre ich mit dem Regionalexpress Richtung Frankfurt/Oder. Am Bahnhof Briesen holt mich Landwirt Benedikt Bösel ab und wir fahren zu seinem Hof in Alt Madlitz, bekannt als »Gut & Bösel«. Es gibt erst mal einen Becher Kaffee. Draußen auf einer Bierbank sitzend, erzählt er seine Geschichte, die weit mehr ist als die Übernahme des Betriebes seiner Eltern. Benedikt Bösel sprüht vor Begeisterung, in seinen Gedanken bleibt nichts, wie es gerade ist. Er versucht zu verstehen, was aktuell in der Natur passiert. Die Frage, die er beantworten will, ist nicht geringer als die danach, wie in Zukunft auf den Brandenburger Böden, die die trockensten der Republik sind, gewirtschaftet werden kann. Ernährungssicherung ist also sein Thema und da ist er ein Pionier.

Im Jahr 2018 – wie jetzt eigentlich immer ein Trockenheitsjahr in Brandenburg – war er noch voller Ideen für mehr Technik und Digitalisierung. Aber nach acht Wochen Trockenheit wollte das Saatgut nicht aufgehen und er begann, über Boden, Humus und Ökologisierung auf dem Hof nachzudenken. Quasi Humus statt eines digitalen Hofs.

Er kam aus der Finanzwelt und ist heute durch die Art und Weise seiner Übernahme und Führung des ehemals elterlichen Betriebes eine in der Agrarwelt berühmte Persönlichkeit. Den Hof gibt es seit über 200 Jahren und er gehörte unter Friedrich dem Großen dem Grafen Fink von Finckenstein. Eine berühmte Familie und über Generationen im Dienste Preußens. In der DDR wurde der Betrieb eine Landwirtschaftliche Produktionsgenossenschaft und dann, nach dem Rückkauf durch die Eltern, konventionell betrieben. Was aber offensichtlich nicht zu schwarzen Zahlen führte. Angesichts der sehr trockenen Region Brandenburg war die Frage: Was, wenn das alles so weitergeht? Wofür alles spricht. Benedikt Bösel hat den Blick nach unten gerichtet, auf den Boden und seine Bedeutung für verlässliche Erträge in Zukunft.

Er erzählt mir schon beim Kaffeekochen von seinen Mühen, neue Wege zu gehen, von der Suche nach inspirierenden Fachleuten – auch international. Nun experimentiert er auf eigentlich längst bekanntem Terrain. Alte Methoden, wie zum Beispiel Agroforst, entwickelt er in Kooperation mit Universitäten und Forschungsbehörden des Bundes weiter. Mit Agroforst, also Baumreihen zwischen Ackerflächen, kann man Wasser speichern, die Kooperation im Wurzelwerk der Pflanzen nutzen, den Boden beschatten und natürlich die Früchte der Bäume ernten. Am Anfang kaufte er die Pflanzen. Heute weiß er, dass selbst gesammelte Samen aus der Region, von Pflanzen, die also an die Umgebung angepasst sind, die besten Ergebnisse zeitigen. Im ersten Jahr wird der Boden in den vorbereiteten Gräben verbessert, im zweiten Jahr die selbst gesammelten Samen ausgebracht. Es gibt Reihen von silbrigen Pappeln, aber auch Versuche mit Pflaumen und Birnen. Hier wird auf dem Acker und ebenso unter der Erdoberfläche verbunden, was zusammengehört. Das ist das Gegenteil von industrieller Denkweise, die Prozesse und Produktionen vor Ort und international aufspaltet. Da stehen Tiere im Stall statt auf natürliche Art draußen. Das Futter kommt vom anderen Ende der Welt. Nährstoffe und Dünger werden energieintensiv hergestellt.

Benedikt Bösel vernetzt sich nicht mit Chemiekonzernen. Er erschafft mit seinem Team eine syntropische Landwirtschaft. Er macht sich Naturprozesse zunutze und verbindet sie. Ich staune: Ein Griff von ihm in den Boden und wir blicken prompt auf zwei Regenwürmer.

Regenwurm im Agroforst. (Renate Künast)

Seine Ideen machen vor keinem Getreideacker halt. Dafür analysiert er mit Wissenschaftler:innen zusammen den Einfluss von Blühstreifen auf die Artenvielfalt. Heißt, auf großen Flächen wird nicht nur längs, sondern auch in Abständen quer ein breiter

Blühstreifen angelegt. Damit sich Artenvielfalt und Schutz für die Hauptfrüchte überall ausbreiten.

Wie andere über den Tellerrand hinaus, so denkt und handelt Benedikt Bösel über den Ackerrand hinaus. Die inzwischen gegründete Finck Stiftung bietet jetzt die Struktur, um mit den Partner:innen – zum Beispiel der Humboldt-Universität zu Berlin und der bekannten Hochschule für nachhaltige Entwicklung Eberswalde – die Modelle einer zukünftigen widerstandsfähigen Landnutzung wissenschaftlich evaluiert zu erarbeiten.

Auf diesem ganzheitlichen Weg einer Kreislaufwirtschaft folgte logischerweise vor fünf Jahren der Aufbau einer Rinderherde. Erst französische Salers, dann kamen noch die schottischen Black Angus dazu. Zwei Bullen leben zusammen mit der Herde.

Salers im Grünen. (Renate Künast)

Auf dem Weideacker angekommen, schauen uns die Tiere in aller Gelassenheit an. Man kennt sich. Und Benedikt Bösel fragt erst mal seinen Mitarbeiter, wie es denn den einzelnen Tieren heute geht. Redet über die Bullen und wie lange die Tiere auf dieser Fläche bleiben. Und erklärt mir dann überzeugend, dass diese Tiere leben, wie sie natürlicherweise leben. Das ganze Jahr über sind sie draußen, haben Windschutz und ein wenig Schatten. Ihre ganze Herde steht arttypisch in der freien Landschaft dicht beieinander. Ihr Job als Herde ist es, den Nährstoffkreislauf des Betriebes zu schließen und den Ackerboden zu düngen. Da geht es nicht nur um Kuhfladen. Die Kühe stehen jeweils für Stunden auf einer kleineren Fläche, bis der mobile Elektrozaun geöffnet wird und sie zur nächsten kleinen Fläche wandern. So fressen sie auf der sogenannten Kurzumtriebsweide dicht gedrängt als Gruppe, was ihnen unters Maul kommt, trampeln die restlichen Pflanzenteile ein wenig fest, hinterlassen ein paar Kuhfladen, die Insekten und Vögel anziehen. Wurzeln und Pflanzenreste wachsen so bestens weiter, die Bodenorganismen machen ihre Arbeit, Kohlenstoff wird gespeichert. Der Ackerboden ist damit bestens vorbereitet. Von den 3 000 Hektar des Betriebes werden so ungefähr 500 Hektar als Rotationsacker genutzt. Zugekauft werden auf dem Betrieb inzwischen keine Tiere mehr, die eigene Nachzucht hat begonnen. Es ist beeindruckend, wenn Benedikt Bösel erzählt, wie er mit seinem Herdenmanager stundenlang oder gar die ganze Nacht bei den Kühen auf dem Weideacker verbringt, bei ihnen bleibt, wenn sie kalben.

Black Angus und Salers auf der Weide. (Renate Künast)

Während wir in aller Ruhe bei den Kühen stehen, genießen sie das Ackerfutter, lassen sich nicht ablenken, bauen selbst den Humus auf, der ihnen nach der Ernte der Hauptfrucht später wieder gute Zwischenfrüchte als Futter bieten wird.

Diese Tierhaltung ist eine Art von Revolution.

Vom ersten bis zum letzten Tag – ein gutes Kuhleben in Rengoldshausen

Ophelia Nick

Es gibt einen Hof am Bodensee, der viele Hunderte Menschen in ihrem landwirtschaftlichen Tun beeinflusst hat. Und mich auch. Lange dachte ich, es liegt daran, dass ich dort viele Sommerferien verbracht habe, dass meine Tante und meine geliebten Cousins auf dem Hof lebten. Bis ich herausfand, dass viele Menschen, die Praktika oder ihre Lehre auf dem Hof gemacht hatten, ähnlich inspiriert waren und noch immer sind. Dass viele, nachdem sie diesen Hof kennengelernt hatten, den Weg in die Landwirtschaft gefunden haben und ihr Wissen und ihre Impulse auf anderen Höfen umsetzen konnten.

(Silke Magino)

Die Geschichte von Rengoldshausen geht weit zurück. Bereits im Jahr 1222 wurde das Hofgut gegründet, im Jahr 1932 wurde der Hof von (meinen Großeltern) Hanns und Lore Voith gekauft und auf biologisch-dynamische Landwirtschaft umgestellt. Damit zählt der Hof zu einem der ältesten Demeter-Höfe der Welt. Mein Großvater beschreibt den Grund, zwei Höfe auf Bio und insbesondere Demeter umzustellen, in seinen Memoiren: »(...) es gehört auch ein Gleichgewicht zwischen Viehbestand, Futteranbau, Getreide und so weiter dazu, so daß (sic!) ein sich selbst tragender, lebendiger Organismus entsteht. Es gehört dazu, daß (sic!) Leguminosenanbau, Heckenpflanzen, Vögel und Bienen gepflegt werden, auf alles, was zu einem natürlichen Organismus gehört, einschließlich Regenwürmer, Ringelnattern und Kröten, geachtet wird.« Als Unternehmer war es ihm wichtig, dass der firmeneigene Betriebshof und der Ferienhof des Unternehmens agrarökologisch bewirtschaftet werden. Mittlerweile hat der Hof unterschiedliche Betriebszweige: eine Gärtnerei mit reichhaltigem Obst und Gemüse, die Landwirtschaft mit Ackerbau, Milchviehhaltung und Zweinutzungshühnern und als Drittes die Vermarktung mit Hofladen und Biokiste.

Tiere auf diesem Hof haben von Beginn an als Mitgeschöpfe mit ihren spezifischen Bedürfnissen einen hohen Stellenwert. Darüber hinaus ist aufgrund der Verbandszugehörigkeit zu Demeter ein hoher Standard für die Tierhaltung vorgeschrieben.

Bis in die 60er-Jahre wurden die Kühe noch von Hand gemolken und waren den Winter über angebunden, dann kam ein Laufstall, der aber nicht mit heutigen Maßstäben mithalten konnte. Der Kuhstall war das Zentrum des Hofes. Mittlerweile ist der Kuhstall dem Hofladen gewichen und ein großzügiger Laufstall wurde 1999 am Hofrand gebaut. Mit der Übernahme durch die Familie Knösel 2006 respektive der Milchbäuerin Mechthild Knösel bekam die Milchviehhaltung in Rengoldshausen noch einmal eine ganz neue Qualität. Geburt, erste Lebenswochen, der Umgang mit den Kühen und Mastbullen sowie die Schlachtung – über alle Lebensphasen wurde sich intensiv Gedanken gemacht. Es wurde viel ausprobiert und entwickelt. Und das schmecken auch die Kundinnen und Kunden, welche die Vorzugsmilch von Rengoldshausen kaufen oder das besondere Fleisch dieser Herde essen.

Starten wir am Anfang des Rinderlebens und mit dem Konzept der muttergebunden Kälberaufzucht: In einem »normalen« Kuhstall wird das Kalb nach der Geburt trocken gerubbelt, verbringt noch einige Stunden bei der Mutter oder wird direkt von der Mutterkuh getrennt und in einer Kälberbox untergebracht.

Bei vielen Biobetrieben bleiben Kuh und Kalb etwa zehn Tage zusammen und werden erst dann getrennt, was den Trennungsschmerz der beiden meistens sogar verstärkt. Und dann gibt es die muttergebundene Kälberaufzucht.

In Rengoldshausen wurde lange an einem guten Konzept der muttergebundenen Kälberaufzucht gebastelt. 2006 wurde sie dann durch die für Milchproduktion und Rinderhaltung zuständige Betriebsleiterin Mechthild Knösel eingeführt. Zu diesem Zeitpunkt war die muttergebundene Haltung noch eine besonders innovative Me-

(Annette Spengler)

thode. In Rengoldshausen verbringen Kuh und Kalb die ersten 24 Stunden in einer Abkalbebox, damit eine Bindung von Muttertier und Kalb entstehen kann. Anschließend kommen die beiden in die Mutter-Kälber-Herde, in der auch die Bullen mitlaufen dürfen. Zweimal am Tag werden die Mütterkühe zum Melken aus der Gruppe geholt. Nach zwei bis drei Monaten kommt eine zweiwöchige Absetzphase, in der die Muttertiere nur noch zweimal am Tag zum Kalb gelassen werden. Hier holen sich die Kälber bei den anderen Kühen der Mutter-Kälber-Herde zusätzlich Milch. Die dann inzwischen drei Monate alten Kälber kommen schließlich in eine extra Gruppe und dürfen noch zwei Wochen für jeweils eine Stunde morgens und abends zusammen mit ihren Müttern in die Mutter-Kälber-Herde. In dieser Phase hat sich das Zufüttern von Möhren bewährt, welches das Interesse an der Milch mindert.

Durch viele Besuche, Praxistage und Vorträge zum Umgang mit Milchkühen konnte Mechtild Knösel deutschlandweit zur muttergebundenen Kälberhaltung inspirieren. Die Methode bringt viele Vorteile, wie Gesundheit und Wohlbefinden der Tiere. Gleichzeitig geht sie mit einem hohen Arbeitsaufwand und weniger Milcherträgen der Kühe einher. Kosten und Zeit, die am Markt nur selten entlohnt werden.

(Sonja Pöhlmann)

Die ersten Lebenswochen, die Gesundheit der Tiere, die Qualität der Produkte – hier werden in Rengoldshausen besondere Maßstäbe gesetzt. Es geht aber auch in der Arbeit mit Tieren auf Rengoldshausen um etwas Grundsätzliches: den Wert, die Bedürfnisse und Wesensart der Kühe zu respektieren, auch wenn sie Nutztiere sind. Das wiederum geht nur, wenn man Kühe auch versteht. Nur woher können wir wissen, was eine Kuh will? Wie drücken sich Kühe aus? Auch da hat Mechthild Knösel viel experimentiert und ihr Wissen weitergegeben.

Es ist etwas gänzlich Neues, dass wir Tieren nicht nur Gefühle, sondern auch jeder Tierart eine sehr spezifische Art der Kommunikation zugestehen. Aus meiner damaligen Promotion im Bereich Tierverhalten wurde mir schmerzlich bewusst, wie unbedacht wir uns über die Kommunikation der Tiere hinwegsetzen. Wir Menschen gehen oft von unserer menschlichen Kommunikation aus und deuten Botschaften der Tiere durch Unwissenheit und Nichtbeachten falsch. Das führt oft zu Missverständnissen und Schwierigkeiten in der Tier-Mensch-Beziehung.

Bei vielen Tierarten hat man in den letzten Jahrzehnten die Kommunikation untersucht. In den 1960er-Jahren entwickelte der US-Amerikaner Bud Williams die Low-

Stress-Stockmanship-Methode – eine stressfreie Kommunikation zwischen Mensch und Rind. Die Sprachlosigkeit, die zwischen Mensch und Tier herrscht, muss nicht sein. Die Übertragung unserer menschlichen Kommunikation und menschlicher Bedürfnisse auf die Tiere ist oft der falsche Weg. Es gilt vielmehr herauszufinden, welches tierspezifische Kommunikationsverhalten existiert. Dachte man beispielsweise oft, die Kuh ist tumb und man muss ihr mit Stöcken und Klopfen zu verstehen geben, was man will, gibt es mit der Low-Stress-Stockmanship-Methode eine Alternative. Dabei zeigt man durch Nähe und Distanz, was man von der Kuh will. Nähe ist für die Kühe meist unangenehm. Entfernung von der Kuh ist wiederum eine Belohnung, die gezielt eingesetzt werden kann – mit einem immensen Effekt. Geht die Kuh in die gewünschte Richtung, nachdem man ihr durch »Näherkommen« signalisiert hat, sich in diese Richtung zu bewegen, kann die Kuh belohnt werden, indem man einen Schritt zurückgeht. Es ist beeindruckend, zu sehen, wie diese Kommunikation funktioniert. Auch wildere Tiere auf der Weide können damit in einen Hänger bugsiert werden. Kühe sind außerordentlich liebe, geduldige Tiere, die sich vieles gefallen lassen. Es ist eine Erleichterung für Tierhalterinnen und Tierhalter, wie einfach und gleichzeitig sanft man diese Tiere so ziemlich überall hintreiben kann. In Rengoldshausen, wo alle Kühe Hörner haben, ist es besonders wichtig, dass ein stressfreier Umgang mit den behornten Kühen erfolgt. Nach den Demeter-Statuten werden die Hörner als notwendiges Organ angesehen – die Tiere nutzen sie, um sich zu orientieren oder Rangordnungen zu klären.

Aufgrund der neuen Sensibilität für Kuhkommunikation wurde auch versucht, die Wege der Kühe im Stall freier zu gestalten. Hilfreich war sicherlich, dass der Kuhstall durch seine luftige Bauweise Veränderungen recht einfach ermöglichte. In Rengoldshausen haben die Tiere viel Auslauf und stehen fast das gesamte Jahr über auf der Weide. Die Fütterung beruht nahezu ausschließlich auf Gras und Heu. Auf Zufütterung von Getreide, Soja und Mais wird verzichtet, um einen geschlossenen Kreislauf zu garantieren und damit so wenig wie möglich von außen dazukaufen zu müssen.

Legen wir in Rengoldshausen sehr viel Wert auf die erste Zeit im Leben eines Tieres, so ist uns auch die Schlachtung ein Anliegen. Diese soll so stressfrei wie möglich sein: ohne Transport und in gewohnter Umgebung. Auch hier hat Mechtild Knösel Erstaunliches geschafft. Die Kühe werden im Stall, während sie wie gewohnt fressen, betäubt und dann in ein Schlachtgerät gezogen. Sie kennen es, ihren Kopf im Fressgitter zu haben, denn nur so bekommen sie das Futter vom Futtertisch. Ein Fressgitter kann man fixieren, wenn man zum Beispiel will, dass Kühe ohne Rangeleien in Ruhe fressen, oder wenn sie vom Tierarzt oder der Tierärztin untersucht werden. Fast mehr als sieben Jahre hat es bis zur Genehmigung eines der schonendsten Schlachtgeräte gebraucht. Hygiene und spezielle Vorschriften in den Gesetzestexten schienen es erst einmal unmöglich zu machen. Nun kann die Kuh, während sie im Fressgitter fixiert ist, betäubt werden und dann innerhalb von einer Minute in eine spezielle Schlachtbox gezogen und dort geschlachtet werden.

Und lohnt sich das alles? Bezahlt bekommt man vieles mit einer besseren Gesundheit von Mutterkuh und Kalb. Dazu wird die Milch als Vorzugsmilch zu einem erhöhten Preis verkauft. Auch das qualitativ sehr hochwertige Fleisch kann besser vermarktet werden. Zudem hat der Hof einen guten Ruf, den er nutzen kann. Trotzdem sind die Menschen im Kaufverhalten gerade in Zeiten von großen Verunsicherungen zurückhaltend. Dazu sehen wir auch, dass die Milchmenge von den Kälbern definitiv geschmälert wird. Es bleibt also dabei, den Hof weiterzuentwickeln und herauszufinden, wie sowohl Wirtschaftlichkeit als auch höchste Standards für Kuh und Kalb durchgesetzt werden können.

Der Schweinebuzzer als Ausdruck der Wahlfreiheit – zu Besuch bei Christoph Becker

Stefanie Pöpken

In Reddingen nahe der Stadt Soltau, Niedersachsen, liegt der Familienbetrieb von Christoph Becker. Er ist konventioneller Schweinemäster, dessen Vorfahren den Hof im 16. Jahrhundert gründeten, und hat 2010 den Betrieb von seinen Eltern übernommen. In insgesamt drei Backsteingebäuden mit angeschlossenen Strohausläufen werden circa 1 000 Schweine gemästet. Der Betrieb verfügt über 100 Hektar eigene und

Christoph Becker ist Schweinemäster. Er kann mit dem Strohauslauf eine transparente Haltung gewährleisten und bietet seinen Tieren das Ausleben natürlicher Verhaltensweisen.
(Stefanie Pöpken)

30 Hektar zugepachtete Flächen. Außerdem gehört zum Hof noch eine Biogasanlage, die die Reststoffe wie Gülle und Mist sowie Silomais, Ganzpflanzensilage und Grassilage in Wärme und Strom umwandelt und damit Häuser in der Nachbarschaft versorgt.

Ringelschwanz bei allen Tieren

Bei Christoph Becker dürfen alle Schweine ihren Ringelschwanz behalten. Es brauchte jedoch einige Versuche und Stallumbauten, damit das Unterfangen funktionieren konnte. »Die Gesellschaft trägt in großen Teilen die konventionelle Schweinehaltung nicht mehr mit und wünscht sich Veränderungen. Ich wollte deshalb etwas Neues anschieben, denn: Das Schwein ist das intelligenteste Nutztier, das wir haben, und wir behandeln es nicht so.« Von 2012 bis 2020 wurden die Schweine über das Deutsche Tierschutzbund-Label vermarktet. Zurzeit verkauft Christoph Becker die Schweine über den Offenstallverein und den Schlachthof Brandt. Seit 2016 beschäftigt er sich intensiv mit dem intakten Ringelschwanz und wie er seine Haltungsumgebung anpassen muss, um diesen zu ermöglichen. Anstoßgeber waren unter anderem die Modell- und Demonstrationsvorhaben (MuD) Tierschutz, die vom Bundesministerium für Ernährung und Landwirtschaft (BMEL) gefördert werden, Projektnehmer die Bundesanstalt für Ernährung und Landwirtschaft (BLE). Ziel der MuD Tierschutz ist die Einführung neuer wissenschaftlicher Erkenntnisse bezüglich der Nutztierhaltung in die bestehende Praxis landwirtschaftlicher Betriebe.

Einflüsse auf den intakten Ringelschwanz

Bei jedem Stallsystem gebe es, so Becker, einen Knackpunkt, der sich negativ auf den intakten Ringelschwanz auswirken könne, sei es beispielsweise die Fütterung oder die Genetik. »Es ist wichtig, nicht sofort alle Tiere des Betriebs umzustellen, sondern erst einmal mit einer kleinen Gruppe zu beginnen, damit Erfahrungen gesammelt werden können, die man später auf den gesamten Bestand überträgt.« Entscheidend sei vor allem auch die vorhergehende Ferkelaufzucht, in der schon vieles für den Ringelschwanz getan werden kann. Dazu sei jedoch eine gute Kommunikation mit dem Sauenbetrieb wichtig, um Probleme transparent zu besprechen und gemeinsam Lösungen zu finden. Die soziale Komponente bei den Schweinen dürfe man nicht vergessen. Eine ungünstige Fütterung kann unter anderem die Entstehung von Nekrosen an Schwänzen und Ohren fördern. Eine mangelnde Buchtenstruktur mit wenig Bewegungsfreiheit für die Tiere und ungünstige Zugluft-Entwicklung kann eine große Rolle für den intakten Ringelschwanz spielen. Auch adäquates Beschäftigungsmaterial sei nach Meinung des Landwirts notwendig.

»Der Strohauslauf hilft nicht so viel beim Ringelschwanz, wie einige denken mögen, aber wir haben dadurch ein ganz anderes Standing in der Gesellschaft bekommen. Man ist sofort eine Stufe höher angesiedelt, auch wenn ich kein Biobetrieb bin«, fasst Christoph Becker zusammen.

Schweine sind neugierig und erkunden ihre Umgebung. Im Auslauf mit Stroheinstreu können die Tiere wühlen, spielen und ruhen. Dieses Exemplar war von der Kamera beeindruckt. (Stefanie Pöpken)

Mastbuchtstruktur erklärt

Der Schweinehalter hat den alten Außenklima-Maststall mit Strohauslauf strukturell so verändert, dass den Tieren einer Gruppe eine große Bucht zur Verfügung steht. Somit hat jedes Schwein ein Platzangebot von über 1,5 Quadratmetern. Die Buchten in sich sind stark umgebaut, es wurden Wände so eingesetzt, dass sich jede Bucht in verschiedene Aktivitätsbereiche unterteilt. Im vorderen Buchtenbereich befindet sich ein langer Gang, der bis zum Auslauf führt. Hier strömt auch die Zugluft hinein, ein Ort, den die Schweine zum Koten und Urinieren nutzen, weniger zum Hinlegen. Stichwände sorgen für zugluftfreie Bereiche, die gerne als Ruhebereiche genommen werden. Ein Brett vor den Leuchtstoffröhren sorgt für verschiedene Lichtsituationen. Dunklere Bereiche laden zum Liegen ein. Der Futterbereich ist ebenfalls im dunklen

Aus dem Ruhe- und Fressbereich hat Christoph die Spalten entfernt. Trennwände sorgen für unterschiedliche Aktivitätsbereiche, die von den Tieren bewusst aufgesucht werden können. (Stefanie Pöpken)

Liegebereich installiert. »Die Tiere halten den Futter- und Liegebereich sehr schön sauber.« Das Beschäftigungsmaterial, bestehend aus Ketten und Holzgegenständen, ist gesetzlich vorgegeben. Christoph Becker meint jedoch, dass Schweine sich freiwillig nie damit beschäftigen würden. »Die Beschäftigung schaffe ich durch die Stroheinstreu im Auslauf oder mit Strohautomaten in den Buchten.«

Der Schweine-Buzzer

Besonders stolz ist der Landwirt auf seine eigene Erfindung, den Schweine-Buzzer, der über einen Umlenkmechanismus ein elektrisches Signal auslöst und mit verschiedenen Funktionen gekoppelt werden kann. So ist beispielsweise ein Buzzer mit einer Dusche verbunden, die gerade in den heißen Sommermonaten häufig zur Abkühlung genutzt wird. »Wenn ein Schwein angefangen hat, den Buzzer zu nutzen, schauen es sich die anderen ab, und bald hat die gesamte Gruppe das Prinzip verstanden. Was die Schweine besonders gern nutzen, ist die bodennahe Tränke, die ebenfalls über den Buzzer aktiviert werden kann.« Wird der Auslöser betätigt, fließt frisches Wasser in eine längliche flache, auf dem Boden befindliche Schale, aus der die Schweine bevor-

Mithilfe des Buzzers können die Schweine eine Dusche aktivieren. Gerade in den Sommermonaten wird die Anlage gerne genutzt, um sich abzukühlen. (Stefanie Pöpken)

zugt trinken. Überschüssiges Wasser wird in den Spaltenboden abgeführt. Im Buzzer ist ein vorinstalliertes Zählwerk, das fleißig die Aktivität mitzählt: Etwa sechsmal pro Schwein und Tag wird der Tränke-Buzzer durchschnittlich gedrückt. »Wir haben einen Buzzer, der bisher über 200 000-mal betätigt wurde. Das zeigt uns, dass die Tiere ihn gerne nutzen.«

Der Schweine-Buzzer sei somit ein Werkzeug für die Schweine, ihre Haltungsumgebung aktiv mitzugestalten und aus verschiedenen Angeboten zu wählen. Mit seiner Erfindung hat Christoph Becker national viel Aufmerksamkeit erlangt und wurde mit einige Preisen ausgezeichnet. »Wir können mit dem Buzzer noch viele weitere Stallelemente steuern und den Tieren dadurch neue Reize schaffen. Das ist meine Aufgabe als Landwirt: den Tieren die bestmögliche Haltungsumgebung im bestehenden System zu geben.«

Weitere Informationen zu dem Betrieb und dem Schweine-Buzzer unter:
www.hofbecker-reddingen.de

Der »Aktivstall für Schweine«

Stefanie Pöpken

Das Haltungskonzept, das schon bei der »Omasau« beginnt

Wohnzimmerlabyrinth, Badezimmer, Bällebad und Außenklimabereiche in jeder Himmelsrichtung. Was sich beinahe wie eine Wohnungsanzeige liest, beschreibt die Haltungsumgebung für die Aktivstallschweine von Familie Mörixmann. Stefan und Gabriele Mörixmann bewirtschaften mit ihren Söhnen Kristen und Maxim einen Hof mit Ackerbau, regenerativen Energien, Junghennenaufzucht, Freilandlegehennen, Masthähnchenhaltung und Schweinehaltung. Gabriele ist auf dem Hof für die Schweinehaltung und die Weiterentwicklung und Bündelung der acht Partnerbetriebe im Aktivstallkonzept zuständig.

Für Gabriele Mörixmann gibt es keinen schöneren Beruf, als Landwirtin zu sein. (Timo Jaworr)

Die Erfinderin des zertifizierten und kontrollierten Konzeptes »Aktivstall für Schweine« steckt ihre ganze Energie in die fortlaufende Weiterentwicklung des Aktivstallkonzeptes, die Transparenz, die enge Zusammenarbeit mit Vermarktungspartnern, die Öffentlichkeitsarbeit, Mitarbeit in Arbeitskreisen, in ihre Arbeit als selbstständige Beraterin und ihre Familie.

Als wichtiges Standbein für Transparenz und Vermarktung gibt es in dem Betrieb die Möglichkeit, jeden Samstag um zehn Uhr ohne Terminanmeldung an einer Stallführung teilzunehmen.

Der »Aktivstall für Schweine«

Erst einmal zurück zum Anfang. Wie kam es zum »Aktivstall für Schweine«? »Wir haben in der Vergangenheit schon einige Haltungssysteme im Schweinebereich ausprobiert. Sei es konventionell im strohlosen System, im Freiland oder der absolute Gegensatz: komplett auf Stroh. Dabei konnten wir feststellen, dass jedes Stallkonzept seine Vor- und Nachteile hat und einen ein Schwarz-Weiß-Denken kaum weiterbringt«, fasst Gabriele Mörixmann zusammen. »Ich bin bis heute offen für jedes Haltungssystem und versuche, die Rosinen herauszupicken. Dadurch konnte ich einen Stall für jede Jahreszeit konzipieren. Im Sommer ist ein reiner Strohstall nachteilig, weil Schweine nicht schwitzen können und hier nicht ihre Körpertemperatur regulieren können. Das wiederum ist im Betonbodenbereich mit Duschen und Badestellen möglich. Die Strohbereiche dienen zum Toben und Wühlen. Nester und Rückzugsbereiche ermöglichen ein entspanntes Ausruhen. Die verschiedenen überdachten und unüberdachten Terrassen runden das Aktivstallkonzept ab. Ein Mix aus verschiedenen Böden ist daher für unsere Schweine die perfekte Kombination und führte in fast 30 Jahren zur Entwicklung des heutigen Aktivstalls, der 2012 den Namen Aktivstall für Schweine erhielt.« Neben der Abwechslung in Bewegung setzt Gabriele Mörixmann auch auf Abwechslung in der Fütterung der Schweine. Neben Getreide können die Schweine selektiv Heu, Luzerne, Silage, Wühlerden und Leckereien der Saison fressen. Das System wächst auf dem Hof Mörixmann mit den 700 eingestallten Ferkeln bis zum Mastende mit doppelt so viel Platz mit. Auslauf ist von Anfang an gegeben und alle Tiere haben einen Ringelschwanz.

Das Wohnzimmer der Schweine ist die frühere Lagerhalle. Sie ist vollständig mit Stroh eingestreut, und Strohbuden aus Quaderballen mit Durchgängen, wie sie auch Kinder bauen würden, sorgen für Abwechslung im Schweineleben. Hier wird gelaufen, gespielt, geschlafen und auch die ein oder andere Strohbude freudig zerstört. Dazwischen verteilt befinden sich Silageballen, die gerne von den Tieren gefressen werden. Der Aufwand für den Spaß ist nicht zu unterschätzen. Mit rund

350 bis 400 Quaderballen Stroh, 150 Ballen Silage, 350 kleinen Ballen Heu und 450 kleinen Ballen Stroh muss die Schweinehalterin je Mastdurchgang rechnen. »Wir misten hier alle zehn Tage aus und erneuern die Quaderballen. Ich streue täglich frisch ein.« Für sie steht fest: Wenn es gut aussieht im Stall, dann sei das ebenfalls gut für die Tiere.

Das »Wohnzimmerlabyrinth« lädt die Schweine zum Toben, Spielen, Fressen und Ruhen ein. (Gabriele Mörixmann)

Es gibt verschiedene Strukturelemente im Aktivstall. »Ich muss einen Stall nach den Kot-Ecken planen. Schweine koten dahin, wo es hell, feucht und zugig ist. Die Schweine haben ein doppeltes Platzangebot und können sich den gesamten Tag über aussuchen, welchen Bereich sie gerade nutzen möchten.«

Auffallend ist die Sauberkeit der Tiere. »Unsere Schweine sind darum so schön sauber, weil sie gerne den ›Duschbereich‹ nutzen und danach direkt ins Stroh laufen«, erklärt Gabriele Mörximann. Und tatsächlich ist während des Besuchs ein ständiges Kommen und Gehen von Tieren zu beobachten. Jeder Stallbereich wird ausgiebig genutzt. Und es fällt auf: Schweine haben ein unbändiges Interesse an ihrer

Tägliches Einstreuen gehört für Gabriele dazu, denn wenn es gut aussieht, würde es nach ihrer Meinung auch den Tieren gut gehen. (Timo Jaworr)

Umgebung. Und deshalb sorgt die Landwirtin anhaltend dafür, dass es etwas Neues zu erkunden gibt. Seien es frisch geschnittene Äste, die in die Absperrgitter gesteckt werden oder von der Decke hängen, das Bällebad, der Duschbereich mit Badewanne, in dem die Tiere per Knopfdruck eine Erfrischung bekommen. Selbstbestimmtheit ist Teil des gesamten Konzepts. »Der Stall wird nie fertig sein«, lacht Gabriele Mörixmann, »dazu probiere ich einfach zu gerne neue Dinge aus. Wenn den Schweinen etwas richtig gut gefällt und sich viele Tiere darum tummeln, besorge ich sofort mehr davon.«

Das Konzept ist der heutigen Zeit voraus

Gabi Mörixmann weiß, dass sie mit ihrer Tierhaltung nicht nur Beifall erntet. »Es gibt halt verschiedene Ernährungswünsche, und wir sind mit unseren Partnern im Aktivstallkonzept auf der Suche nach Kunden, denen Tierwohl, Nachhaltigkeit und Genuss wichtig sind.« Bei vielen Landwirtschaftsfamilien stößt das Konzept auf großes Interesse, und so berät Gabi andere Betriebe in Richtung Stallumbau, Ringelschwanzhaltung, freie Abferkelung und Öffentlichkeitsarbeit. »Landwirtin zu sein, ist der schönste Beruf, den ich mir vorstellen kann.«

Der Einsatz zahlt sich aus. 2019 erhielt sie von der Initiative Tierwohl den Innovationspreis Tierwohl und 2021 die Professor-Niklas-Medaille in Gold für ihren Aktivstall.

Ohne Vermarktungskonzept funktioniert es nicht

Preislich liegt das Konzept des Hofs zwischen Bio und konventionell. Wichtig war es, anfangs Partner in der Schlachtung und Verarbeitung zu finden, denen mehr Tierwohl und Transparenz ebenfalls wichtig sind. Seit 2015 setzen sich Gabriele Mörixmann und Sarah Dehm, die als größte Abnehmerin von Aktivstallschweinen unter dem Label »glücksatt« vermarktet, für ihre gemeinsamen Ziele hinsichtlich Tierwohl, Transparenz und Genuss mit ganz viel Herzblut ein. Weitere Fleischereien vermarkten unter dem Label »Aktivstall für Schweine« und sind ebenfalls auf der Homepage hinterlegt. Das zertifizierte und kontrollierte Haltungssystem verspricht zunächst den Tieren einen Mehrwert, am Ende profitieren aber auch Kundinnen und Kunden davon, denn sie erhalten Fleisch zu einer besseren Qualität aus einer besseren Haltung. Genauer informiert darüber die Website.

Dazu gehören neben bereits erwähnten Vorteilen noch die Transportdauer, die auf maximal zwei Stunden begrenzt wurde. Alle Aktivstallhöfe arbeiten in Kreisläufen aus Ackerbau und Tierhaltung und beschäftigen sich mit dem Anbau alternativer Proteinträger. Die Zusammenarbeit findet nur mit ausgesuchten Partner:innen statt.

Einer der Ausläufe im Aktivstall. Die Schweine können ihn jederzeit aufsuchen. (Gabriele Mörixmann)

Außerdem legt der Hof in der Zusammenarbeit mit Landwirt:innen, bei Transport, Schlachtung, und Verarbeitung sowie mit dem Lebensmitteleinzelhandel Wert auf größtmögliche Offenheit.

Stetige Weiterentwicklung

Waren anfänglich nur die Mastschweine Nutznießer des neuen Haltungssystems, schließt es heute die Zucht und Sauenhaltung mit ein. »Ich bündle mittlerweile acht Betriebe im Aktivstall-Konzept und wir arbeiten geschlossen zusammen. Unser System fasst bereits die Zuchtsau mit ein. Das macht uns so einzigartig. Wenn wir Zuchtsauen mit stark ausgeprägter Mütterlichkeit in einem auf tierische Bedürfnisse eingehenden Haltungssystem mit freier Abferkelung und Auslauf halten, wirkt sich das bereits positiv auf die Muttersauen unserer zukünftigen Mastschweine aus«, ist sich die Expertin sicher. Mütterlichkeit wird vererbt und heißt, dass sich die Sau beispielsweise beim Ablegen nicht einfach fallen lässt und dadurch das Erdrücken von Ferkeln in Kauf nimmt, sondern das Hinlegen langsam und in Ruhe durchführt und den

Ferkeln genug Möglichkeiten bietet, Platz zu machen. Wachsen die Muttersauen bereits in einem Aktivstallsystem auf, können sie viele Verhaltensweisen bereits von ihren eigenen Müttern lernen und an ihre Nachkommen weitergeben.

»Die Rückmeldungen und unser Erfolg geben uns recht«, sagt Gabriele Mörixmann zum Abschied, während die Schweine laut grunzend in das »Wohnzimmer« laufen und es sich im Stroh bequem machen.

Weitere Informationen zum »Aktivstall für Schweine« unter https://aktivstallfuerschweine.de.

»Massentierhaltung« geht auch mit ganz viel Tierwohl und Bio

Bernward Geier

Von dem äußerst beeindruckenden Biobetrieb, den ich in diesem Beitrag beschreiben darf, erfuhr ich wegen einer neugierigen Frage in einem Krankenhaus in Kopenhagen. Ich war in journalistischer Mission unterwegs, um zur einmaligen Erfolgsstory der dänischen Vermarktung für Bioprodukte zu recherchieren. Das Krankenhaus verpflegt seine Patient:innen zu 100 Prozent mit Biolebensmitteln (In der Außer-Haus-Verpflegung der dänischen Hauptstadt wird circa 90 Prozent mit biologischen Zutaten gekocht!).

Das Krankenhaus hatte im Küchenteam nicht nur zwei Bäckerinnen, sondern auch einen eigenen Metzger. In seinem Fleischerraum sah ich an der Wand ein Poster mit glücklichen Schweinen, die im Schatten eines Waldes liegen. Wissend, dass im Krankenhaus große Fleischmengen verarbeitet werden und scharf kalkuliert werden muss, war ich bass erstaunt, als mir der Metzger stolz erzählte, dass das Schweine von der Farm sind, wo sein Schweinefleisch herkommt. Meinem Zweifel, wie das möglich sei, folgte die Neugier und der Beschluss »Das musst du dir anschauen!«. Ich habe mein Besuchsprogramm sofort geändert, um mir die Hestbjerg-Farm in Holstebro (nahe Aarhus) anzuschauen.

Wenn jahrhundertealte Familientradition auf kreativste Innovation trifft

Was Marianne und Bertel Hestbjerg aufgebaut haben, sucht weltweit seinesgleichen und wird es wohl nicht finden. Der Familienbetrieb hat eine sehr lange Tradition, die bis ins Jahr 1623 zurückverfolgt werden kann. Mit Bertel ist die 15. Generation auf dem gleichen Bauernhof und das seit 1995. Mit der Hofübernahme begannen die jungen Landwirt:innen mit der Produktion von Freilandschweinen. Dies war erfolgreich, aber es fühlte sich noch nicht richtig an, weshalb sie nach zehn Jahren auf biologische Landwirtschaft umstellten. Ideale Voraussetzungen für die Freilandhaltung von Schweinen und die Umstellung auf Bio bietet auch die Tatsache, dass die sandigen Böden ideal sind für das System »Hestbjerg-Ökologie«.

Mit viel Praxiskompetenz und einem außergewöhnlichen Innovationsantrieb entwickelten sie eine Farm, die ein mächtiger Leuchtturm ist und das Potenzial hat, die Schweinehaltung zu revolutionieren. Die Motivation, die hinter all den Innovationen steckt, beschreibt Bertel wie folgt: »Dafür arbeiten wir; wenn du dir vorstellst, als Schwein wiedergeboren zu werden, würdest du dir wünschen, hier zu uns auf die Hestbjerg-Biofarm zu kommen.

Marianne und Bertel Hestbjerg mit ihren glücklichen Schweinen. (Hestbjerg Farm)

Die Symbiose von Tierwohl und nachhaltiger Landwirtschaft schafft quasi ein Schweineparadies.«

Im doppelten Sinn eine großartige Schweinehaltung

Ausgangspunkt für die Schweinehaltung mit dem Fokus auf Tierwohl ist die Tatsache, dass Schweine ja ursprünglich Tiere des Waldes sind, wo sie geschützt sind und unendlich viel wühlen und sich suhlen können. Ziel war es, dass Schweine all ihre sich im Wald entwickelten Instinkte ausleben können beziehungsweise das, was für die Vorfahren des Hausschweins natürlich ist. Logischerweise hieß das für die Farm: zurück mit den Schweinen in den Wald und damit im wahrsten Sinn des Wortes zurück zu den Wurzeln.

Dies bedeutet, dass die Muttersäue und die Ferkel nicht nur ganz viel Platz haben, sondern auch, dass 30 Prozent davon Wald sind. Die schnell wachsenden Pappeln erwiesen sich als ideale Baumart auf den Sandböden und bei den gegebenen klimatischen Bedingungen. Große Grasweideflächen vervollkommnen den Lebensraum der Tiere.

Die Größe der Farm und die Dimension der Tierhaltung bedient so gar nicht das besonders bei ökologisch orientierten Menschen beliebte Paradigma »Small is beautiful«

Mehr Idylle und Tierwohl geht wohl nicht. (Stefanie Pöpken)

(Klein ist wunderbar). Natürlich hat »klein« oft seinen Charme und macht auch in vielen Zusammenhängen Sinn. Aber es ist nicht Größe, die entscheidet, ob etwas gut und richtig ist, sondern, was in welcher Dimension auch immer geschieht und gemacht wird.

Die Hestbjerg-Farm besteht eigentlich aus drei verschiedenen Farmen, die zusammen eine landwirtschaftliche Nutzfläche von 1 000 Hektar haben, wovon 300 Hektar Wald und Naturschutzflächen inklusive Feuchtgebiete und Insektenrefugien sind. Die Tatsache, dass auf der Hestbjerg-Farm 1 250 Mutterschweine gehalten werden, die jährlich in zwei Zyklen 26 000 Ferkel zur Welt bringen, ist herkömmlich als Massentierhaltung zu bezeichnen.

Diese beeindruckenden Zahlen machen die Farm zum größten Bioschweinebetrieb in Dänemark und vermutlich sogar weltweit. Die Hestbjergs beeindruckt dies allerdings gar nicht, wie es Marianne auf den Punkt bringt: »Für uns ist es nicht eine Frage, groß zu sein. Wichtig für uns ist, stolz sein zu können auf das, was wir tun, und dass wir den Hof und das Land in einem besseren Zustand an die nächste Generation weitergeben , als wir es übernommen haben.«

Was in unseren Köpfen nur als intensive Tierhaltung denkbar ist, ist tatsächlich in der Umsetzung in Hestbjerg eher extensiv zu nennen. Extensiv heißt in dem

»Massentierhaltung« bei Schweinen – das geht auch ökologisch und ist auf der Hestbjerg Farm auch schön. (Marianne Hestbjerg)

Fall allerdings auch, dass diese Betriebsform sehr arbeitsintensiv ist. Um dieses Schweineparadies und diese Produktivität am Laufen zu halten, bedarf es 26 Mitarbeiter:innen. Zu den vielfältigen Arbeiten gehören neben Fütterung und Ausmisten zum Beispiel jedes Frühjahr der komplette Platzwechsel, um neue Flächen für die Säue und Ferkel zur Verfügung zu stellen. Dafür müssen Zäune, Hütten, Futterstellen und Trinkwasserleitungen verlegt werden. Damit wird auch die Forderung der Anbaurichtlinien erfüllt, dass Freilandschweine jedes Jahr den Standort wechseln müssen.

Die Rasse für Klasse

So ein ambitioniertes Projekt geht nicht ohne sehr viel Arbeit, Kreativität, bestes Management, Freude am Experiment und Mut zum Risiko, aber es braucht auch Passion und Emotion, wie es Bertel so treffend formuliert: »Ein guter Kontakt zu unseren Tieren ist uns sehr wichtig. Wir zähmen alle Schweine für einen sicheren und vertrauensvollen Umgang. Dies erleichtert uns zum Beispiel wesentlich die Arbeit rund ums Abferkeln. Außerdem ist es inspirierender und macht viel mehr Spaß, mit zutraulichen Tieren zu arbeiten.« Man kann sich gut vorstellen, dass der Anblick von so vielen glücklichen Schweinen bei den Hestbjergs und den Mitarbeiter:innen, aber auch bei allen Besucher:innen reichlich Glücksmomente auslöst.

Zum vielfältigen Experimentieren gehört auch die Suche nach der richtigen Schweinerasse. Die hat man mit der Topigs-Northsvin-Landrassenkreuzung gefunden, die, warum auch immer, auch TN70 genannt wird. Die robuste und gesunde Rasse ist ideal geeignet für die biologische Ferkelerzeugung, denn sie liefert nicht maximale Ferkelzahlen. Bertel begründet diese Wahl so: »Wir haben uns entschieden, dass wir nicht die maximal mögliche Ferkelanzahl pro Wurf haben wollen, sondern nur so viele Ferkel, wie das Muttertier auch gut versorgen kann. Deshalb haben wir uns für die Topigs Northsvins entschieden, denn sie bekommen im Durchschnitt 16 Ferkel, was perfekt zu der Tatsache passt, dass sie 16 Zitzen haben. Das fühlt sich für uns sehr natürlich an.«

Dazu passt, dass für die Hestbjergs endloses Wachstum kein Dogma ist. So hat man letztes Jahr die Tierzahlen merklich reduziert. Diese Reduktion ermöglicht es nun auch, alle Ferkel selbst auf dem Betrieb zu mästen. Mit der geringeren Tierdichte ist man auch schon vorbereitet, wenn sich die Richtlinien für die biologische Schweinehaltung im Bezug auf Tiere pro Fläche verschärfen sollten. Noch besseres Marketing und auch für diese Dimension fairere Preise müssen das Betriebsergebnis halten und dies auch, um die vielen Arbeitsplätze zu sichern.

Sehr glückliche Sauen und quietschfidele Ferkel

Der Betrieb steht sozusagen auf zwei Beinen und erzeugt Schweinefleisch in einem komplett integrierten System. Mit der Sauenhaltung werden die Ferkel erzeugt, die dann für die Schweinemast zur Verfügung stehen.

Die Muttersäue gebären ihre Ferkel auf insgesamt drei Weideplatzeinheiten. Neben den Waldflächen hat jede Muttersau eine gut isolierte Hütte, die mit Stroh ausgelegt ist.

Es gehört auch zu den Urinstinkten der Schweine, sich eine Art Nest zu bauen. Zweige finden die Schweine reichlich in ihrem Waldstück, wobei sie kapiert haben, dass das Nest unter dem Schutz des Daches gemütlicher ist. Marianne beschreibt das so: »Die Schweine schleppen viele Zweige für den Nestbau in die Hütte. Damit die Hütten aber nicht wie bei einem Biberdamm verstopft werden, nehmen wir die Äste allerdings wieder heraus und legen sie auf das Dach. Die Schweine bekommen zum Ausgleich große Mengen Stroh, aus dem sie gerne Nester bauen und in denen die Ferkel sich sicher und wohlfühlen können.«

In einem regengeschützten Futtertrog werden die Tiere täglich von Hand gefüttert, was mit dazu beiträgt, dass sie bestens an Menschen gewöhnt sind und ein sehr

Haus in bester Lage am Waldrand. (Stefanie Pöpken)

ruhiges Verhalten an den Tag legen. Die Schutzvorrichtung verhindert auch, dass die in dem Habitat so zahlreichen Vögel sich über das für die Schweine gedachte Futter hermachen. Das große Areal für die jeweilige Schweinefamilie hinsichtlich der Waldfläche wird mit einem einfachen kniehohen Elektrozaun für die Sau eingegrenzt. Die immer neugierigen und wuseligen Ferkel können darunter schadlos durchschlupfen und haben somit nicht nur das komplette große Areal zur Verfügung, sondern ganz viele Begegnungsmöglichkeiten und Spielfreude mit anderen Ferkeln. Auf der Hestbjerg-Farm werden die Biorichtlinien nicht nur konsequent erfüllt, sondern in vielen Bereichen merklich übertroffen. Zum Beispiel haben die Ferkel viel länger eine glückliche Zeit mit der Mutter. Bioferkel werden in der Regel nach circa sieben Wochen von der Mutter getrennt, aber bei den Hestbjergs werden sie erst nach zehn Wochen entwöhnt.

In der konventionellen Schweinehaltung in Dänemark geschieht dies leider bereits nach drei bis vier Wochen!

Agroforestry – die Symbiose von Land- und Forstwirtschaft neu gedacht

In der Regel geht es aber bei Agroforestry um das Zusammenbringen der Produktionsflächen von Weide, Obst und/oder Gemüse und Bäumen respektive Wald. Auf der Hestbjerg Farm wird Agroforestry mit den Schweinen neu und auch in ungewöhnlich großer Dimension praktiziert. Bertel erklärt, worum es ihm mit diesem System vor allem geht: »Wir glauben, dass ein ausgeprägtes tier- und umweltfreundliches System in Kombination mit Agroforestry zu einer verbesserten Qualität des Schweinefleisches führt und auf jeden Fall ein nachhaltigerer Weg ist, Land, Boden und andere Ressourcen zu nutzen.« Die Waldflächen bringen vielfachen Nutzen. Hier können die Schweine in den Schatten gehen und sich sicher fühlen. Für noch mehr Wohlfühlen wird an heißen Sommertagen Wasser von den Trinkwasserhähnen in den Wald geleitet, um damit Schlammpools zu schaffen. Für die Tiere ist diese Offerte von »Fangokuren« reine Lebensfreude.

Die Integration von Wald leistet aber viel mehr als »nur« einen Beitrag zum Wohlbefinden der Tiere. So viele Bäume sind ein merklicher Beitrag für die CO_2-Bindung. Sie verwerten auch die Schweineexkremente für ihr Wachstum, was wiederum die Bodenbelastung durch übermäßige Nährstoffversorgung (Stichwort Nitrat) signifikant vermindert. Somit wachsen die Bäume gegen den Himmel und bereits nach einigen Jahren kann der Wald ausgedünnt werden. Mit der geernteten Bioenergie wird zusätz-

Im Agroforestry-System fühlen sich auch die Vögel wohl. (Marianne Hestbjerg)

liches Einkommen erwirtschaftet. Die Waldflächen zusammen mit der angepflanzten beziehungsweise ausgesäten Faunavielfalt gestalten die Landschaft und mehr noch, sie schaffen eine Speisekammer für Wildtiere. Zu den vielen Vögeln gehören vor allem auch Rebhühner und besonders das blühende Faunaangebot wird von sehr vielen Insekten genutzt, die wiederum den Vögeln als Futter dienen.

Das Wohlbefinden geht auch in der Mast weiter

Wenn sie circa 25 bis 30 Kilogramm wiegen, ziehen die Ferkel in große, luftige und tageslichthelle Ställe und dies selbstverständlich immer mit der Möglichkeit, sich auch draußen an der frischen Luft aufzuhalten. Ein großer Bereich des Stalles ist mit viel Stroh eingestreut, wo die Schweine vor allem gerne übernachten.

Schweineglück im Strohbad. (Marianne Hestbjerg)

Apropos Futter. Die Farm produziert auf ihrer Fläche den Großteil des Futters selbst. Neben der Futtermischung mit Getreide wird zweimal täglich auch eine Mischung aus Gras, Erbsen und verschiedenen Wurzelgemüsen angeboten. Alle zwei Wochen liefert der größte Produzent und Verarbeiter von Biowurzelgemüse in Skandinavien 30 Tonnen aussortierte Ware – vor allem Karotten. Im Tauschgeschäft erhält das Unternehmen dafür reichlich Bioschweinemist.

Auch wenn die Schweine in ihrem zweiten Lebenszyklus nicht mehr so idyllisch im Wald leben, haben sie neben viel Platz, Auslauf und bestem Stallklima einen Lebensraum, wo sie ihre Instinkte nach Lust und Laune ausleben können. Auch hier gibt es ein erfreuliches Wellnessangebot. Jede Schweinegruppe hat ihr eigenes »Wellnesscenter«, wo sie sich an Lyngflis erfreuen können. Das ist eine Mischung aus Heidekraut, Sandboden und kleinen Büschen, in der die Tiere nach Herzenslust mit ihren Schnauzen herumwühlen und natürlich auch nach Gusto knabbern und naschen können. Ihnen bei diesem Vergnügen zuzusehen, bereitet selbst reinstes Vergnügen.

Wühlen und Knabbern im Wellnesscenter. (Marianne Hestbjerg)

Vermarktung komplett direkt

Nachvollziehbar ist solch eine Tier- beziehungsweise Schweinehaltung mit sehr vielen Investitionen verbunden. Das prägt natürlich auch die ökonomische Seite der Hestbjerg-Farm. Dazu positioniert sich Bertel mit folgender Ansicht: »Alles, was wir hier machen, kostet letztendlich auch Geld. Auch deshalb wollen wir unsere Geschichte erzählen, damit die Menschen verstehen, wofür unsere eigenen Markenzeichen stehen und welche Mühen dahinterstehen. Dies heißt, dass wir nicht Fleischberge für den Massenmarkt produzieren wollen. Die Menschen, die unser Fleisch kaufen, fühlen sich sehr der Nachhaltigkeit und dem Tierwohl verpflichtet. Und sie wissen und unterstützen, dass dies seinen Preis hat und wert ist.« Ursprünglich war die Farm Genossenschaftsmitglied von Danish Crown, die zu den größten Fleischverarbeitern und -vermarktern in Europa zählen. Als sich Marianne und Bertel auf den Weg zu Bio machten, baten sie um die Erlaubnis, für einen Teil ihrer Tiere mit einer eigenen Marke in die Direktvermarktung einzusteigen. Die Firma, das heißt letztendlich die Berufskolleginnen und -kollegen, meinten dazu: »Alles oder nichts«. Da war den Hestbjergs klar, dass sie für »nichts« in ihrer Geschäftsbeziehung zu Danish Crown optieren und »alles« auf die Direktvermarktung setzen. Risikofreude gehört zu Innovation, aber dieser Schritt war doch ein sehr großes Risiko. Aber die Erfolgsstory auch bei der Vermarktung zeigt, dass es der richtige Schritt war. Mittlerweile hat die Farm zwei Qualitäts- beziehungsweise Warenzeichen. Die Hauptmarken sind Poppelgris fra Hestbjerg (auf deutsch Pappelschweine) und Bertel's Gris. Unter der Marke Poppelgris wird vorwiegend in das Netzwerk der Coop-Supermärkte verkauft. Mit dem Großhandelspreis über 30 Dänische Kronen pro Kilo (etwa vier Euro) kommen sie gut zurecht. Dies allerdings auch nur, weil sie weitere Vermarktungsketten mit einer höheren Wertschöpfung haben. Mit der Marke Bertel's Gris werden Schweine direkt an Metzgereien verkauft und via den Gastronomieverteiler Dansk Cater auch an Restaurants und wie erwähnt an Kantinen und die öffentliche Verpflegung. Neuerdings wurde die Vermarktung weiter diversifiziert, indem inzwischen Schweine mit Naturland-Zertifizierung auch nach Deutschland verkauft werden. In Norddeutschland sind die ja regionaler Herkunft. Naturland kann sehr stolz sein, solch eine mustergültige Farm in seinem großen Verbund von Biohöfen zu haben.

Die betriebswirtschaftliche Entwicklung des Betriebes hat einen zentralen Platz, aber im Selbstverständnis der Hestbjergs geht es nicht nur um faire Einkommen oder darum, gutes Geld zu verdienen. Bertel drückt das so aus: »Eine jede Entwicklungsinitiative wird auf unserem Hof nur dann umgesetzt, wenn wir eine klare Einschätzung haben, wie es unserem Gesamtziel beiträgt – dem stetig zunehmenden Tierschutz und der nachhaltigen Produktion.«

Noch was …

Bei meiner Recherche und den zwei wunderbaren Besuchen mit so inspirierendem Gedankenaustausch hatte ich auch mit kritischem Auge versucht zu erkunden, ob nicht irgendwo doch auch ein »Hase im Pfeffer liegt«. Ich wurde nicht fündig, habe aber nachgefragt, welche Herausforderungen und Schwierigkeiten die Hestbjergs zu meistern hatten. Mariannes Antwort war: »Ich denke, jeder hat Probleme, der einen Betrieb hat und versucht, ihn zu entwickeln. Eine Schweineproduktion wie die unsere aufzubauen, heißt, dass man nicht nur Pionier ist, sondern ganz viele Dinge selbst entwickeln muss. Viele Aspekte unseres Systems waren noch nicht erfunden und entwickelt, das heißt, da waren auch wir immer wieder gefordert. Bei aller Freude unseres Tuns bleibt das Erreichen unserer ambitionierten Zielsetzung eine immerwährende Herausforderung.«

Sich konsequent der Nachhaltigkeit zu verpflichten, kann durchaus profitabel sein. Über all den Aktivitäten, der vielen Arbeit und den Bemühungen steht aber nicht Profit, sondern der Gedanke an die zukünftige Generation, die Anspruch auf eine enkeltaugliche Landwirtschaft hat. Bertel resümiert in diesem Kontext: »Wir sind uns bewusst, dass Fleischproduktion viele Ressourcen erfordert. Daher versuchen wir stets, Maßnahmen zu identifizieren und zu implementieren, die den Grad der Nachhaltigkeit erhöhen und den Ressourcenverbrauch reduzieren, um die Entwicklungsmöglichkeit unserer zukünftigen Generation nicht einzuschränken.«

Diesen mustergültigen Biohof zu besuchen und zu beschreiben, hat nicht nur große Freude bereitet, sondern brachte auch viel Energie für meinen ausgeprägten Optimismus, Hestbjerg-Ökologie zeigt beeindruckend, wie viel Lösungspotenzial in biologischer Landwirtschaft steckt, und das auch in ganz großem Stil. Ich male mir aus, dass Hunderte oder sogar Tausende von Schweinebetrieben hierzulande dem Beispiel der Hestbjerg-Farm folgen würden. Eingedenk der Notwendigkeit, unseren Fleischkonsum sehr deutlich zu reduzieren, wäre es so offensichtlich machbar, unsere perverse industrialisierte und tierquälerische Schweinehaltung komplett abzuschaffen und zu gewährleisten, dass es allen Schweinen

s a u g u t geht.

Arche Warder – Nutztierpark und Gendatenbank

Stefanie Pöpken

Im Naturpark Westensee in Schleswig-Holstein befindet sich die 2003 gegründete Arche Warder – Zentrum für alte Haus- und Nutztierrassen. Seit 20 Jahren bewahrt sie bedrohte Nutztierrassen vor dem Aussterben. Auf 40 Hektar leben mehr als 1100 Tiere aus über 80 verschiedenen Rassen. Professor Dr. Dr. Kai Frölich, seit 2007 Direktor und Vorstand der Ache Warder, formuliert es so: »Viele verbinden den Begriff Biodiversität nur mit Wildtieren, dabei stirbt weltweit alle zwei Monate eine Nutztierrasse aus. Grund dafür ist vor allem die industrielle Tierproduktion mit ihrer Spezialisierung auf wenige Hochleistungsrassen. Dabei wird vergessen, dass alte Rassen viele Vorteile in Bezug auf Robustheit und Langlebigkeit besitzen.«

Professor Dr. Dr. Kai Frölich ist seit 2007 Direktor und Vorstand der Arche Warder. Die Arche bewahrt bedrohte Nutztierrassen vor dem Aussterben. (Beate König, Kieler Nachrichten)

Die sechs Säulen des Tierparks

Das holistische Konzept der Arche Warder wurde von Frölich, selbst Biologe und Veterinärmediziner, entwickelt und beruht auf sechs Säulen:

1. Professionelle Erhaltungszucht: In Zusammenarbeit mit anderen Züchtern erhält die professionelle Erhaltungszucht ausgewählte Tierbestände und vergrößert sie.
2. Satellitenstationen: 20 Satellitenstationen außerhalb des Parks beherbergen 60 Prozent der Tiere und gewährleisten unter anderem Schutz vor Seuchenzügen. Sie ermöglichen außerdem die Vergrößerung des Genpools und die Eingliederung ausgewählter Tiere in die landwirtschaftliche Nutzung.
3. Bildungsangebote: Durch anspruchsvolle Bildungsangebote für Kinder, Jugendliche, Erwachsene und Schulgruppen wird einerseits die Rolle der Haustiere auf die Entwicklungsgeschichte des Menschen vermittelt, andererseits findet eine direkte Begegnung zwischen Tier und Mensch statt.
4. Vernetzung: Die Arche Warder ist unter anderem eng vernetzt mit Naturschutzorganisationen, Tierparks, Zoos, Herdbuchzüchter:innen sowie anderen Arche-

Macht draußen eine gute Figur und geht gerne schwimmen: die deutsche Pekingente. (Arche Warder)

Höfen. Ferner steht sie im fachlichen Diskussionsaustausch mit unterschiedlichen politischen Parteien auf Landes- und Bundesebene.

5. Forschung: Durch Forschungsvorhaben im Bereich physiologische Besonderheiten alter Rassen arbeitet die Arche Warder mit verschiedenen Universitäten und Forschungseinrichtungen zusammen und hat seit 2007 einen wissenschaftlichen Beirat, der die Arche in Fragen rund um Züchtung, Haltung und Forschung begleitet.
6. Biotopschutz: Durch die besondere Ausgestaltung sowohl der Parklandschaft der Arche Warder als auch der Satellitenstationen wie zum Beispiel durch große Ackerrandstreifen, Hecken, Teiche, Trockenrasen, Bauminseln etc. finden neben den Haustierrassen auch viele Wildtiere und Pflanzenarten ein Zuhause.

Verschiedene Landschaftselemente prägen die Arche

Die abwechslungsreich gestaltete Landschaft des Tierparks lädt zum Herumwandern, Entdecken und Verweilen ein. Ein Restaurant und ein Shop bieten Fleischspezialitäten von parkeigenen Tieren an. Kinder und Erwachsene haben die Möglichkeit, in

Das Turopolje-Schwein vertreibt sich seine Zeit gerne im Wasser. (Lisa Iwon, Arche Warder)

ausgewiesenen Gehegen Tieren ganz nah zu sein. Führungen, von der Arche durch Pädagog:innen angeboten, runden das Erlebnis ab.

Besonderes Highlight ist Europas größtes Freiflächen-Schweinegehege samt Schwimmteich, Suhlflächen und Schutzhütten, die in Erdhügeln verborgen sind, das unter anderem von den stark gefährdeten Turopolje-Schweinen bewohnt wird. Zwar fliegen einige auf die Bahamas, um sich die Schwimmschweine im türkisfarbenen Wasser anzuschauen, es reicht aber auch eine weniger lange und umweltschädliche Reise nach Warder, um schwimmende Schweine inmitten von Enten zu sehen.

Das Domesticaneum – neue Begegnungsstätte mit der eigenen Geschichte

Im April 2023 öffnete das Domesticaneum. Wie das Wortgeschöpf aus »domestizieren« und »Museum« schon vermuten lässt, konzentriert sich das Besucher:innenzentrum auf die gemeinsame Entwicklungsgeschichte des Menschen und seiner Haustiere. Für Frölich ist es der bisherige Höhepunkt in der Geschichte des Parks, denn dadurch sind die Schwerpunkte – Landschaftstierpark, Vermarktung und Domesticaneum – vervollständigt und die weitere Arbeit könne sich somit noch mehr

Im Besucherzentrum Domestikaneum gibt es einen Friedhof der bereits ausgestorbenen Nutztierrassen. Alle zwei Monate stirbt eine Nutztierrasse aus. (Arche Warder)

inhaltsbezogen ausrichten. Im 300 Quadratmeter großen Gebäude beherbergt je ein Raum die verschiedenen zeitlichen Epochen von der Altsteinzeit über die Antike, das Mittelalter, die Neuzeit und Zukunft. Anhand der zur jeweiligen Zeit domestizierten Tierart wird durch Touchscreens, Audiovorträge und mit dem Mobiltelefon abrufbare QR-Codes umfangreiches Wissen vermittelt. Interaktive Spiele laden zum Entdecken der irakischen Stadt Uruk zur Zeit der Jungsteinzeit ein, oder die Besucher:innen können »ihr eigenes« Schaf oder Huhn züchten. Ein Friedhof erinnert an die bereits verloren gegangenen Haustiere, die im Laufe der Zeit aufgrund von Zuchtanstrengungen und Veränderungen in der Haltungsumgebung nicht mehr interessant waren. »Geht eine Haustierrasse verloren, verlieren wir einzigartige genetische Eigenschaften. Auch bei der einseitigen Zucht auf ein Leistungsmerkmal riskieren wir den Verlust der genetischen Vielfalt. Das ist den meisten nur leider nicht bewusst«, fasst Frölich zusammen.

Die Zukunft der Landwirtschaft

Ein wenig Kritik schwingt mit, wenn er über das zum Teil verbesserungswürdige Management spricht, das von einigen Naturschutzverbänden auf bestimmten Naturschutzflächen betrieben wird. »Es kann ja nicht sein, dass nicht besonders dafür ge-

Englische Parkrinder im Nebel. (Arche Warder)

eignete Rinderrassen auf kargen Standorten erheblich zugefüttert werden müssen. Dadurch werden erneut Nährstoffe in die Böden eingetragen, die in der Landschaft sonst nichts zu suchen haben. Das führt im schlimmsten Fall zu einer weiteren Eutrophierung der Landschaft und wichtige Flora und Fauna gehen verloren.«

Der Arche-Vorstand hat eine Vision für die nachhaltige Landwirtschaft von morgen: »Wir brauchen eine komplexe und praktikable Transformation der derzeitigen Tierhaltungs- und Produktionsverfahren: Um dem Erhalt der biologischen Vielfalt Rechnung zu tragen, kann einerseits die extensive Bewirtschaftung mit alten, auf die jeweiligen Standorte angepassten Rassen erfolgen. Flächen, die aufgrund der Bodenqualität hohe Erträge gewährleisten, sollten andererseits mithilfe des ›Precision Farming‹ bei niedrigem Pestizid- und Stickstoff-Eintrag bewirtschaftet werden.« »Precision Farming« oder zu deutsch »Präzisionslandwirtschaft« bedeutet den Einsatz von neuen Produktions- und Managementtechniken im Pflanzenbau, die speziell die Daten zu dem jeweiligen Standort und des Pflanzenbestandes nutzen. Diesen zweiteiligen Lösungsvorschlag mithilfe eines Punktesystems und entsprechenden Subventionen gilt es nun in die landwirtschaftlichen Verbände und die Politik zu tragen. Für Frölich steht fest: »Das Wissen, welche Flächen durch welche Rassen am besten bewirtschaftet werden sollten, ist nicht mehr ausreichend vorhanden. Ich kann behaupten, dass wir durch unsere jahrelange Forschung und Erfahrung viel Wissen über den Einsatz von alten Rassen auf marginalen Standorten gesammelt haben. Dieses Wissen wollen wir gerne weitergeben, aber das muss auch von der Politik und der Landwirtschaft gewünscht sein.«

Wer die Tiere der Arche Warder live erleben möchte, findet alle Informationen auf www.arche-warder.de.

Neuland – Pioniere für mehr Tierwohl

Stefanie Pöpken

Der Neuland-Verein für tiergerechte und umweltschonende Nutztierhaltung e. V. mit heutigem Sitz in Berlin wurde 1988 in Bonn ins Leben gerufen. Damals wurden die inhaltlichen und organisatorischen Voraussetzungen geschaffen, um Neuland als ein eigenständiges Markenfleischprogramm aufzubauen. Die Idee dahinter? Neuland nicht als Öko-Programm zu entwickeln, sondern als völlig neues Konzept – als eigenständiges Programm für eine besonders tiergerechte Haltung. Neuland kann zu Recht behaupten, das erste Tierschutzlabel in Deutschland geschaffen zu haben.

Bis April 2022 wurde Neuland von drei Trägerverbänden, dem Deutschen Tierschutzbund (DTSchB), dem Bund für Umwelt und Naturschutz (BUND) und der Arbeitsgemeinschaft bäuerliche Landwirtschaft (AbL), gestützt. Bis heute strebt der Verband eine Nutztierhaltung an, deren positive Auswirkungen auf Tier, Umwelt und

Bastian Ehrhardt ist Geschäftsführer der Artgemäß GmbH &Co. KG und ist seit 1996 Mitglied bei Neuland. (Leevke Draack)

Gesundheit bewiesen werden können. »Viele Ziele und Kriterien in den Leitlinien trägt die Handschrift der Trägerverbände«, erklärt Bastian Ehrhardt.

Bastian Ehrhardt ist zusammen mit Martin Schulz Geschäftsführer und Gesellschafter bei der Artgemäß GmbH & Co. KG der Vermarktungsgesellschaft im Neuland-Markenverbund und hält Mastrinder (Ochsen, Bullen und Färsen).

Seit 1996 hält er seine Tiere nach den Neuland-Kriterien und gehört damit deutschlandweit zu den 100 Mitgliedsbetrieben. Er berät Betriebe im Bereich Rinder- und Geflügelmast, Martin Schulz deckt den Bereich Schweine und Schafe ab.

Besonderheiten bei NEULAND-Betrieben

»Wir sind eine Handwerksorganisation mit strikt festgelegten Betriebsobergrenzen«, sagt Bastian Erhardt. Im Vergleich zu Biobetrieben dürfe ein Neuland-Betrieb nur maximal 300 Hektar Ackerfläche bewirtschaften. Bei Grünland gäbe es allerdings keine Begrenzung, da es zum Erhalt der Biodiversität beitrage und eine große Kohlenstoffsenke darstelle. Je 100 Hektar muss eine Arbeitskraft eingestellt werden, eine soziale Vorgabe der AbL e. V. »Der Erhalt der bäuerlichen Landwirtschaft ist eines unserer Kernanliegen. Das bedeutet auch den Erhalt einer Kreislaufwirtschaft mit regionalen Strukturen«, erklärt Bastian Ehrhardt.

Die Kriterien schreiben in der Mastrinderhaltung Weidegang vor. (Leevke Draack)

Eine Besonderheit ist der sogenannte »Maisdeckel«. Er erlaubt Betrieben nur auf einem Drittel der Ackerflächen den Anbau von Mais.

Weitere Begrenzungen gibt es beispielsweise in der Anzahl der gehaltenen Tiere:

- Rindermäster dürfen nur bis zu 350 Tiere halten. Mutterkuhbetriebe mit geschlossenem System nur 300 Tiere.
- Bei Mastschweinen gibt es eine Bestandsobergrenze von 950 Tieren, bei der Ferkelerzeugung sind es 150 Sauen.

Neuland-Tiere dürfen des Weiteren nicht auf Spaltenböden gehalten werden. Bei Bioverbänden sind bis zu 50 Prozent Spaltenböden erlaubt. »Die Biobetriebe bekommen eine Flächenprämie, die wir nicht haben. Wir können allerdings andere Prämien, wie zum Beispiel die niedersächsische Ringelschwanzprämie, nutzen.« Durch eine gute Vermarktungsorganisation wird versucht, die höheren Kosten aufzufangen. Dadurch sind die Preise allerdings vergleichbar mit Bioerzeugnissen. »Wir bedienen mit unseren Produkten eine Nische«, stellt der Geschäftsführer klar.

Fütterung der Tiere

Das Neuland-Programm wird der Haltungsformstufe vier – Premium – zugeordnet. Für die Tiere bedeutet das eine verpflichtende Weidezeit. Mindestens vier Monate stehen Färsen und Ochsen draußen, bevor sie dann später in die Endmast gehen und damit in den Stall kommen. Allerdings haben die Tiere dort die Möglichkeit, zu jeder Tages- und Jahreszeit auf einen Laufhof zu gehen. Liegeflächen müssen mit Stroh eingestreut sein. Schweinen steht ebenfalls mindestens ein ständig zugänglicher und befestigter Auslauf zur Verfügung. Es gibt auch die Freiland- und Weidehaltung. Sauen dürfen nicht im Kastenstand oder Ferkelschutzkorb gehalten werden.

Bei der Fütterung ist Neuland ebenfalls sehr viel strenger als andere konventionelle Fleischprogramme. Mindestens 50 Prozent des Futters müssen auf dem eigenen Betrieb erzeugt werden können. In der Fütterung sind ausschließlich heimische Futtermittel deutschen Ursprungs oder angrenzender Regionen einzusetzen, ausgenommen sind hier die Mineralfutter, die Bestandteile wie zum Beispiel Zuckerrohrmelasse oder Palmöl enthalten können.

Hier wurde der bereits bei den Flächen erwähnte »Maisdeckel« in der Futterrationsgestaltung eingeführt. Das bedeutet, dass der Einsatz von Maissilage bezogen auf die Lebenszeit auf maximal 30 Prozent der Trockenmasse in der Ration begrenzt ist.

»Es ist doch so: Die Fütterung mit Gras und Grassilage erreicht ein anderes Fleisch-Fett-Verhältnis als die Fütterung mit Maissilage.«

Neuland-Schweine im Grünauslauf. (Sebastian Dobrietz)

Importfuttermittel sind explizit verboten. So können Betriebe auf deutsches und Donau-Soja zugreifen. Der Einsatz von gentechnisch veränderten Pflanzen ist ebenfalls nicht erlaubt.

Medizinische Behandlung von Tieren

Prophylaktische Behandlungen dürfen grundsätzlich nicht durchgeführt werden. Ausnahmen sind nur mit tierärztlicher Indikation möglich. Die Wartezeiten nach Medikamentengabe sind mindesten doppelt so lang wie angegeben. »Damit halten wir die Wartezeiten genauso wie zum Beispiel die Biobetriebe ein.«

Transport und Schlachtung: ein Thema bei Neuland

»Unser Markenkern ist so definiert, dass wir regional und handwerklich arbeiten wollen. Während unserer Zusammenarbeit mit Aldi mussten wir bei Tönnies schlachten lassen«, resümiert Bastian. Der Vertrag sei im August 2023 ausgelaufen. Neuland hat daraus gelernt und wird zukünftig mit Märkten zusammenarbeiten, die Frischfleischtheken haben. So sei gewährleistet, dass Qualitätsprogramme sichtbarer in Erscheinung treten, aber auch kleinere Schlachtstrukturen gefördert werden.

Umstellung auf Neuland – worauf sich Betriebe einstellen müssen

»Auf unserer Artgemäß-Internetseite kann jeder einen Quick-Check machen und bekommt einen guten Eindruck von den Kriterien, die erfüllt sein müssen.« Die Hauptschwierigkeiten liegen bei Stallhaltungssystemen mit Spaltenböden, wenig Licht, niedrigen Stallhöhen und Belüftung. Hier versucht Bastian Ehrhardt zu helfen und kostengünstige Umbaumaßnahmen mit dem Betrieb zu entwickeln und ihn Neuland-konform aufzustellen.

Diese Bullen stehen zum Mastende im eingestreuten Stall mit großem Auslauf. (Leevke Draack)

Die Artgemäß GmbH & Co. KG übernimmt die Vermarktung der Neuland-Tiere und garantiert eine Mindestabnahme von beispielweise 15 Rindern, 200 Schweinen und 20 bis 40 Schafen pro Jahr zu Festpreisen, die bei Schweinen und Schafen bis zu 40 Prozent höher ausfallen können. »Wir versuchen aber, alle Tiere eines Betriebs in die Vermarktung zu bringen«, sagt Bastian Ehrhardt.

Weitere Informationen zu NEULAND: www.neuland-fleisch.de
Informationen und Kontakt zu Bastian Ehrhardt, Martin Schulz und der Artgemäß GmbH & Co. KG unter: www.artgemaess.de

Vorbildliche Lösungsansätze in der Aquakultur

Udo Censkowsky

Mittlerweile gibt es einige Beispiele für Best-Practice-Ansätze in der Fischzucht, die leider bisher wenig populär sind. Dabei kann man einiges tun, um das Leben von Fischen in Zuchtanlagen zu verbessern. Nur ein geringer Anteil an Fischfarmen hat Tierwohlaspekte konsequent umgesetzt. Dies trifft auch für zertifizierte Fischfarmen (EU-Bio, ASC oder GlobalG.A.P.) zu, die in der Regel den Schwerpunkt auf die Umweltauswirkungen der Aquakultur legen. Allerdings findet derzeit ein Umdenken statt, Tierwohlaspekte sollen besser in die bestehenden Richtlinienwerke integriert werden.

Fischzucht Welden, Oberbayern

Diese Naturland-zertifizierte Fischzucht kann als Paradebeispiel einer naturnahen Erzeugung angesehen werden. Idyllisch im oberbayerischen Welden gelegen und mit ausreichend Quellwasser versorgt, erzeugt der Betrieb nicht nur rund 1,4 Tonnen Speisefisch, sondern auch die Jungfische für den eigenen Bedarf sowie für Besatzmaßnahmen in der näheren Umgebung. Dabei wird nur mit regionalen Stämmen von Bachforellen (*Salmo trutta fario*) respektive Bachsaiblingen (*Salvelinus fontinalis*)

Herkömmlicher Bio-Forellenteich, Fischzucht Welden. (Naturland e. V.)

gearbeitet. Aus Tierwohlsicht sind neben der geringen Besatzdichte in den Teichen und dem Kiesboden vor allem die zahlreichen Bäume in der Anlage zu erwähnen, in deren Schattenwurf sich die Fische bevorzugt aufhalten. Das Quellwasser weist für die Fische ideale Temperaturbedingungen mit acht Grad Celsius auf. Die Teiche werden zusätzlich mit Stören besetzt, die sich vor allem am Teichboden bewegen und so den Bodenbewuchs anheben. Letzteres erleichtert die Entfernung von Teichpflanzen, um einen möglichst kiesbettähnlichen Charakter – wie in einem natürlichen Forellenbach – auf dem Teichboden zu erhalten.

Für den Transport von Lebendfischen innerhalb des Betriebes, wie zum Umsetzen der Fische nach Größenentwicklung von Teich zu Teich beziehungsweise zum Abfischen und Transport zum Hälterungsbecken wird ein Behälter mit kontrollierter Sauerstoffversorgung eingesetzt, um den Stress der Fische zu reduzieren.

Aktuell hat der Betriebsleiter Jakob Ortner begonnen, die Teichanlage umzustellen. Zum einen verlangen die hohen Verluste durch Fischräuber wie Fischreiher, Eisvogel und Kormoran Schutzmaßnahmen. »Abschießen möchte ich die Vögel auf keinen Fall. Und Netze helfen nur gegen Vögel, in die sie sich auch verfangen können. Wie aber halte ich den Fischotter auf?«, so Josef Ortner. Fischräuber führen nicht nur zu wirtschaftlichen Schäden, sondern auch zu Stresssituationen für die Fische, da sie

Netzgehege MOWI Irland. (MOWI Irland)

anders als in der Natur kaum Fluchtmöglichkeiten haben. Ein weiterer Grund dafür, die Anlage schrittweise umzubauen, ist der Versuch, die Lebensbedingungen noch näher an die natürlichen Gegebenheiten eines Baches und Flusses anzugleichen, auch wenn der Betrieb dadurch einen Teil seiner von Verbraucher:innen geschätzten »Natürlichkeit« durch bauliche Maßnahmen verliert.

Der Bau von Durchflusskanälen mit Betonwänden und Überdachung ahmt die wichtigsten natürlichen Gegebenheiten nach: Kiesbett, Gefälle für eine natürliche Strömung sowie Reinigung des Kiesbettes, Schatten und ein effektiver Schutz gegen Fischräuber. In der EU-Bio-Verordnung wird ausdrücklich davon gesprochen, dass eine ökologische Fischzucht die Erwartung von Verbraucher:innen an eine naturnahe Lebensmittelerzeugung erfüllen muss. Wie das Beispiel der Fischzucht Welden zeigt, kann ein Weniger an Naturnähe eine Verbesserung der Tierwohlsituation darstellen, auch wenn die Erwartungen an einen »idyllischen« Betrieb dabei nicht erfüllt werden.

Bio-Lachserzeuger Mowi, Irland

MOWI Irland ist der weltweit größte Bio-Lachserzeuger und betreibt eine Reihe von Bio-Lachsfarmen in Irland mit Naturland- und Biosuisse-Zertifizierung.[5] Der Lebenszyklus von gefarmten atlantischen Lachsen (*Salmo salar*) dauert durchschnittlich drei Jahre. Davon verbringen die Lachse zwischen 12 und 24 Monaten in Netzgehegen im offenen Meer, in denen sie in der Meeresströmung stehen, und so ihre natürliche Lebensumwelt nachgeahmt wird. Netzgehege sind zumeist rund, haben einen Durchmesser von 50 Metern und sind bis zu 30 Meter tief.

Die geringe Besatzdichte von zehn Kilogramm Lachs je Kubikmeter Wasser – das wären bei 1 kg schweren Lachsen 589 050 Fische je Netzgehege – in der ökologischen Aquakultur ist eine prophylaktische Maßnahme zur Vorbeugung von Krankheiten, aber auch von Flossen-Deformationen. Konventionelle Betriebe arbeiten mit höheren Besatzdichten von 15 bis 20 Kilogramm Lachs je Kubikmeter Wasser (in Norwegen sind 25 Kilogramm Lachs je Kubikmeter als Obergrenze gesetzlich definiert).

Ein gravierendes Problem in der Lachszucht sind Lachsläuse, die als natürlich vorkommende Parasiten von Lachsen und anderen Salmoniden leben. Lachsläuse sind biologisch gesehen kleine Ruderfußkrebse (*Copepoden*), die als Ektoparasiten von Blut, Schleim und Haut der Lachse leben. In Netzgehegen finden sie perfekte Wachstums- und Vermehrungsbedingungen vor und können ohne Behandlung zum Tod des gesamten Fischbestandes führen. Befallene Lachse werden in vielfältiger Weise durch die Lachsläuse beeinträchtigt: Die verletzte Haut führt zu Wasserverlusten und damit zur Störung der Osmoregulation der Fische, die Lachshaut ist an den »Ankerstellen« permanent entzündlich gereizt, zudem kommt es zu Sekundärinfektionen

Tangwald-Imitat als Schutzraum für Lippfische. (MOWI Irland)

mit Bakterien und Viren. Behandlungen sind sowohl aus Tierwohlgesichtspunkten als auch aus wirtschaftlichen Gründen notwendig. Früher wurden vor allem Chemikalien eingesetzt (zum Beispiel Ivermectin als Futterbeimischung oder Tauchbäder in Cypermethrin-Lösungen). Heutzutage kommt oft ein Mix aus verschiedenen Behandlungsmaßnahmen zum Einsatz, auch um Resistenzbildungen gegen die eingesetzten Chemikalien vorzubeugen. Bäder in Süßwasser oder in warmem Wasser sind chemiefreie Alternativen, bei denen die Lachsläuse absterben, die aber auch zu erheblichem Stress für die Lachse führen.

MOWI Irland setzt in allen Netzgehegen vor allem auf den Einsatz von »Putzerfischen« als biologische Bekämpfungsmaßnahme. Unter diesem Begriff werden verschiedene Fischarten zusammengefasst, die andere Fische von Ektoparasiten reinigen, indem sie diese abfressen: Dazu zählen verschiedene Arten der Lippfische (aus der Familie der *Labridae*) sowie der atlantische Lumpfisch (*Cyclopterus lumpus*). Während die Lippfische vor allem in den wärmeren Sommermonaten zum Einsatz kommen, erledigt der Lumpfisch die Arbeit in den Wintermonaten von Oktober bis April. Um ein Beispiel zu geben: In einem Netzgehege von MOWI Irland werden bis zu 60 000 Lachse gehalten, die von 7 200 Lumpfischen in den Wintermonaten geschützt werden (je 100 Lachse wird mit 7 bis 14 Putzerfischen kalkuliert). Die Putzerfische werden nach ihrem Einsatz freigelassen. MOWI Irland konnte die Anzahl der konventionellen, ökologisch bedenklichen und mit Stress für die Lachse verbundenen Behandlungsmaßnahmen auf diese Weise drastisch reduzieren. Im Jahr 2022 und bis zur Drucklegung des Buchs im Oktober 2023 konnte ganz auf herkömmliche Behandlungsmaßnahmen verzichtet werden.

Allerdings musste MOWI Irland dazu eine Reihe von Herausforderungen lösen. Zum einen galt es, einen geeigneten Lebensraum für die Putzerfische in den Netzgehegen zu schaffen. In natürlicher Umgebung verstecken sie sich in Tangwäldern, die in den Netzgehegen künstlich nachempfunden werden, um den Putzerfischen einen Schutzraum anzubieten. Zum anderen benötigen die Putzerfische eine ausgewogene Ernährung, vor allem in Phasen ohne oder mit wenig Lachslausbefall (bei Befall kann ein Putzerfisch bis zu 100 Lachsläuse am Tag fressen). Bei MOWI Irland werden die Putzerfische deshalb mit einem eigens entwickelten Futter aus Fischverarbeitungsresten, Krustentieren, Vitaminen und Mineralien gefüttert. Zusätzlich musste die nachhaltige Versorgung mit Putzerfischen sichergestellt werden. Lumpfische kauft MOWI von einer Brutanstalt in Irland. Lippfische stammen sowohl aus einer MOWI-eigenen Brutanstalt in Wales als auch aus Wildfang. In Kooperation mit lokalen Fischereien wurde eine Lieferkette aufgebaut und wissenschaftlich überprüft, um eine Überfischung der natürlichen Lippfischbestände an den Küsten Irlands zu vermeiden.

Bio-Garnelenerzeuger Blue Sea Aquaculture, Indien

Die Firma Blue Sea Aquaculture Private Ltd. hat als erster Betrieb Indiens eine Zertifizierung gemäß dem EU-Bio-Standard für die ökologische Aquakultur im Jahr 2017 erhalten. Eine Gruppe von Kleinbauern produziert die Schwarze Tigergarnele (*Penaeus monodon*) in Erdteichen am Rande des größten zusammenhängenden Mangrovengebietes der Welt, den Sundarbans. Traditionell produzieren die Kleinerzeuger:innen die für den Export bestimmten Garnelen in Polykultur mit verschiedenen indischen Karpfenarten, die lokal vermarktet werden. In diese Polykultur werden nur wenige Garnelenlarven eingesetzt (vier bis sechs Larven je Quadratmeter, nach EU-Bio-VO wären bis zu 22 Larven je Quadratmeter erlaubt).

In der konventionellen Erzeugung wird oft mehr als das Zehnfache besetzt, ein Grund dafür, dass sich Krankheiten schneller entwickeln und ausbreiten können. Seit 2018 wurde begonnen, Mangrovenbäume in die Garnelenfarmen zu integrieren. Auf diese Weise soll nicht nur die Biodiversität gefördert werden, sondern auch der ursprüngliche Lebensraum der Garnelen nachgeahmt werden (diese verbringen

Traditionelle Ernte der Schwarzen Tigergarnele. (Udo Censkowsky)

ihre Jugend- und einen Teil der Erwachsenphase in den mit Mangroven bewachsenen Flussmündungen).

In welcher Weise diese Lebensraumveränderung auf das Wachstum und Wohlbefinden der Garnelen wirkt, muss noch wissenschaftlich untersucht werden. Unbestritten ist, dass alleine die Beschattung und damit einhergehende Abkühlung des Teichwassers bei Außentemperaturen, die vor dem Monsun nicht selten über 40 Grad Celsius liegen, positive Wirkungen für die Garnelen entfaltet.

Die Larven für den Besatz der Teiche stammen aus spezialisierten Brutanstalten (»Hatcheries«), in denen auch die Elterntiere gehalten werden. Weibliche Garnelen kommen in Gefangenschaft allerdings nur unregelmäßig zur Fortpflanzung und bilden seltener reife Ovarien aus. In der konventionellen Aquakultur löst man die Eireifung gezielt durch Entfernung oder Abbinden der Augenstiele bei den weiblichen Garnelen aus.[6] Der Wirkungsmechanismus dieser zufällig entstandenen Methode ist nur teilweise erforscht. Fest steht, dass mit den Augenstielen auch Hormondrüsen entfernt werden, die an der Steuerung des Reproduktionsprozesses beteiligt sind.[7] Dieser gravierende Eingriff ist weltweit verbreitet und wird jährlich an Millionen von weiblichen Garnelen angewendet. Nach dem Eingriff reiben sich die Garnelenweibchen die frische Wunde und verhalten sich unruhig – deutliche Anzeichen für eine nachhaltige Beeinträchtigung des Tierwohlseins. Nicht zuletzt ist die Lebenserwartung von Weibchen mit Augenstiel-Manipulation deutlich niedriger.

Erst seit wenigen Jahren findet ein Umdenken statt. Zum einen haben Untersuchungen gezeigt, dass mit dieser Methode erzeugte Larven geringere Überlebensraten in den Teichen zeigen. Zum anderen erhöht sich durch entsprechende Veröffentlichungen von Tierschutzorganisationen der gesellschaftliche Druck, Alternativen zu diesem Verfahren zu entwickeln. In der ökologischen Aquakultur ist dieses Verfahren aus ethischen Gründen nicht zulässig. Der indische Bio-Betrieb Blue Sea Aquaculture arbeitet seit Jahren mit der Hatchery Ananda Organics zusammen, die für die Schwarze Tigergarnele ein Nachzuchtverfahren ohne Augenstiel-Manipulation entwickelt haben. Zu diesem Verfahren gehört, dass die in Tanks gehaltenen Elterntiere eine spezielle auf *Polychaeten* (Ringelwürmer) basierende Diät erhalten. Insgesamt ist das entwickelte Verfahren aufwendiger, ein Mehraufwand, der im Markt bisher nicht durch höhere Preise honoriert wird.

Epilog

Brauchen wir noch Nutztiere?

Gerold Rahmann

Nutztierhaltung früher, heute und morgen?

Seit Jahrtausenden hält der Mensch Tiere, um Essen, Wolle, Federn, Felle, Leder und Dünger zu produzieren und/oder die Zugkraft zu nutzen. Dabei sind faszinierende Mensch-Nutztier-Systeme entstanden, die als eine kulturelle Leistung der Menschheit verstanden werden können. Durch die Haltung von Rindern, Schafen, Ziegen, Pferden, Schweinen, Hühnern, Enten, Bienen, aber auch Hunden und Katzen wurde die Erschließung und Nutzung verschiedenster Landschaften möglich. Lokal verfügbare Ressourcen konnten für den menschlichen Bedarf nutzbar gemacht werden. In vielen Regionen und Kulturen hat die Nutztierhaltung nicht nur einen historischen, sondern bis heute einen identitätsstiftenden Charakter.

Seit einigen Jahrzehnten steht die in westlichen Ländern praktizierte Nutztierhaltung in grundsätzlicher Diskussion. Werden die Tiere angemessen gehalten und genutzt, wie belasten sie die Umwelt und welche Ressourcen nutzen sie?

Heute übernutzt die Menschheit die natürlichen Ressourcen der Erde. Biodiversität, Wasser, Klima, Boden und natürliche Landschaften sind weltweit immer mehr gefährdet und damit die Lebensgrundlagen der Menschen. Die Landwirtschaft hat auf der einen Seite einen hohen Anteil an der Übernutzung der Erde. Auf der anderen Seite muss sie bereits viele und zukünftig noch mehr Menschen mit ausreichend gesundem und bezahlbarem Essen versorgen. Wie ist dieses Dilemma zu lösen? Die Landwirtschaft muss überall auf der Welt nachhaltiger werden. Wesentlich würde dazu beitragen, wenn keine Nutztierhaltung mehr betrieben würde, wie ich bereits an anderer Stelle argumentiert habe (Rahmann 2023).

Aus der Sicht der Ernährung

Es wird argumentiert, dass eine vollwertige gesunde Ernährung tierische Produkte braucht und ohne Nutztiere die Ernährung nicht gesichert ist. Natürlich liefern Nutztiere wertvolle und viele Lebensmittel, die auch lecker schmecken und sich zudem kulturell unterscheiden. Dass eine rein pflanzenbasierte Ernährung aber grundsätzlich möglich ist, beweisen sowohl relativ moderne praktizierte Ernährungsstile wie der Veganismus als auch alt hergebrachte Kulturen wie die indische. Eine Mangelversorgung mit Vitaminen (B, D), essenziellen Aminosäuren oder Mineralstoffen (Eisen, Zink) kann aus Nahrungsergänzungsmitteln ausgeglichen werden, die auch synthetisch hergestellt werden können.

In Deutschland werden mehr tierische Produkte gegessen, als gesund ist. Milchprodukte und Fleisch werden über den heimischen Markt hinaus produziert und exportiert. Eier und auch andere tierische Produkte werden natürlich auch importiert.

Dass wiederum Nutztiere Grünland und Reststoffe nutzen und dadurch die Ernährung sichern, ohne Ackerflächen zu verbrauchen, kann für Deutschland nicht mehr behauptet werden. Quantitativ machen diese Futtermittel nur noch einen kleinen Anteil in der Tierernährung aus. Das meiste Futter kommt vom Ackerbau in Deutschland oder sonst wo auf der Welt. Nicht nur Schweine und Hühner, leider sind heute auch Rinder Nahrungskonkurrenten des Menschen.

Eine vegetarische oder vegane Ernährung mit saisonalen Bioprodukten is(s)t ökologisch nachhaltig, gesund, lecker und bezahlbar.

Aus ökonomischer Sicht

Die Nutztierhaltung trägt zur Hälfte der landwirtschaftlichen Umsätze bei und viele Betriebe erwirtschaften damit ihr Einkommen. Eine Aufgabe der Nutztierhaltung macht ökonomisch nur Sinn, wenn erhebliche Investitionen für Stallbauten, Technik, Schlachtstätten und Molkereien abgeschrieben sind, was eher mittelfristig gelingen kann.

Für die Landwirtschaft und ihre Wertschöpfungskette mag sich die Nutztierhaltung also rechnen, volkswirtschaftlich aber noch lange nicht. Denn sie verursacht mehr Kosten durch Umweltbelastungen, als durch Verkaufserlöse eingenommen werden.

Aus produktionstechnischer Sicht

Die historisch und auch heute besonders im Ökolandbau wichtige innerbetriebliche Leistung der Nutztiere ist die Lieferung von Wirtschaftsdünger. Wegen Zukauf- und Importfutter werden aber mehr Tiere pro Hektar gehalten, als es für den Nährstoffkreislauf angemessen wäre. Die Flächen werden überdüngt und Gewässerbelastungen sind weitverbreitet. Heute ist der Einsatz von Wirtschaftsdünger stark begrenzt. Eigentlich ist er nicht mehr zwingend notwendig, weil chemisch-synthetisch hergestellte Mineraldüngermittel verfügbar sind.

Selbst für den Ökolandbau, der keine leicht löslichen Mineraldünger verwendet, ist der Wirtschaftsdünger nicht mehr zwingend notwendig, auch wenn Rindermist als »Gold« bezeichnet wird. Biogas- und Kompostanlagen können die innerbetrieblichen Nährstoffkreisläufe genauso gut abdecken.

Eine weitere wichtige Leistung der Tierhaltung war die Zug- und Trageleistung auf dem Betrieb oder zu den Märkten. Diese Leistung wird in Deutschland praktisch nicht mehr genutzt.

Aus Sicht des Tierwohls ist eine Nutztierhaltung sogar zwingend abzulehnen. Weder konventionelle noch Biobetriebe werden den natürlichen sozialen und emotionalen Bedürfnissen der Tiere gerecht. Fast kein Nutztier stirbt erst am natürlichen Lebensende.

Wenn Nutztiere sich uns gegenüber eindeutig äußern könnten, wäre ihre Haltung heutzutage wohl zu beenden, weil es nicht vorstellbar ist, dass sie ihre Haltung als frei von Schmerzen, Leiden und Schäden bewerten würden – auch wenn das Tierschutzgesetz das eigentlich vorschreibt.

Aus ökologischer Sicht

Nutztierhaltung ist nicht umweltfreundlich, auch wenn es natürlich sehr große Abstufungen gibt. Sie wirkt direkt oder indirekt (Futterproduktion) nachteilig vor allem auf das Klima (Methan) und die Gewässer (Nährstoffe, Tierarzneimittel). Ohne Nutztiere wäre beides besser geschützt.

Die ökologische Nutztierhaltung ist weniger umweltbelastend als die konventionelle, die extensive weniger als die intensive.

Die Nutzung gefährdeter Biotope durch Rinder und Schafe (Weide, Wiese) wird als umweltfreundlich angesehen. Dieses ist agrarhistorisch begründbar, weil zum Beispiel Magerrasen, Hutewälder und Feuchtgrünland erst durch traditionelle Nutztierhaltung entstanden sind. Aber auch in Deutschland könnte der Naturschutz der Natur überlassen werden. Aus Grünland würde dann wieder Wald werden, was ökologisch gesehen nicht nachteilig wäre.

Wir brauchen in Deutschland keine Nutztierhaltung mehr!

Es ist heute denkbar, sich die Ernährungssysteme der Zukunft ohne Nutztiere vorzustellen.

Es gibt natürlich Argumente für und wider die Nutztierhaltung. Wenn Nutztiere aber ohne zwingende Gründe gehalten werden, dann muss diese den höchsten Anforderungen an Tiergerechtigkeit und Umweltfreundlichkeit gerecht werden, weit über die gegenwärtigen Standards und Realitäten hinaus.

Eine reine Umstellung der Nutztierhaltung auf ökologische Haltung wäre trotz vieler Vorteile keine Lösung und tatsächlich nicht der große Sprung. Nicht nur die konventionelle, auch die ökologische Landwirtschaft muss sich dieser Diskussion stellen.

Vielleicht ist die Nutztierhaltung ja ein Anachronismus und sollte ehrenvoll, wohl bedacht und gut organisiert beendet werden.[8]

Artgerechte Nutztierhaltung: eine Säule der Agrarkultur

Wenn man einmal in Wikipedia nach der Definition von landwirtschaftlichen Nutztieren sucht, dann wird sehr schnell deutlich, wie einseitig der Fokus auf den direkten Nutzen dieser Tiere für den Menschen gerichtet ist: Landwirtschaftliche Nutztiere sind dort »Nahrungslieferanten, Nebenproduktlieferanten, Arbeiter und Helfer sowie auch Attraktion« (z. B. bezogen auf Pferde). Im deutschen Lebensmittel- und Futtermittelgesetzbuch (LFGB) wird unter Nutztieren verstanden: »Tiere von Arten, die nicht zum Liefern, sondern zur Gewinnung von Produkten, insbesondere Lebensmitteln, gehalten werden.« In jedem Falle wird der Einfluss der landwirtschaftlichen Nutztiere auf die Gestaltung der Landschaft und damit auch auf die Biodiversität mit keinem Wort erwähnt und sogar bei den Bienen wird nur die Honigproduktion hervorgehoben, jedoch findet die äußerst wichtige Bestäubungsleistung keine Beachtung. Die in den letzten Jahrzehnten zunehmende Konzentration auf die Funktion landwirtschaftlicher Nutztiere als Nahrungslieferanten, bedingt durch die Intensivierung, Spezialisierung und Rationalisierung der Landwirtschaft, hat zu den bekannten Fehlentwicklungen der Massentierhaltung geführt, geschürt vom Zwang zu immer billigeren tierischen Nahrungsmitteln. Die Folgen davon sind nun ganz offensichtlich geworden: Einerseits leidet die menschliche Gesundheit und andererseits leidet die Gesundheit unseres Planeten Erde.

Durch diese einseitige Ausrichtung steckt die Landwirtschaft in einem Dilemma, denn ihre gesamten Leistungen werden nur über ein Produkt finanziert, nämlich Lebensmittel (in den offiziellen Veröffentlichungen wird immer nur von Nahrungsmitteln geschrieben). Zwar steigt das Bewusstsein dafür, dass die zusätzlichen Gemeinwohlleistungen der Landwirtschaft honoriert werden müssen, aber eine wirkliche Bewertung und damit verbundene Honorierung dieser Leistungen steht immer noch aus. Die rudimentären Versuche der Politik, hierfür eine Lösung zu finden, sind bisher halbherzig und völlig unzureichend, dabei wären die erheblichen Summen, die zum Beispiel von der EU in die europäische Landwirtschaft investiert werden, für eine einigermaßen angemessene Bezahlung dieser Leistungen ausreichend.

Für diese Gemeinwohlleistungen spielen Tiere in der Landwirtschaft eine wichtige Rolle. Diese ist multifunktional, wenn Tiere bei artgerechter Haltung und Fütterung in einem Betriebsorganismus mitwirken. Dann wird zum Beispiel die Kuh vom reinen Milchproduzenten auch zum Landschaftsgestalter. Die Auswüchse, die wir heute leider in der Haltung von Tieren erleben müssen, sind bedingt durch die Abkehr von einer Agrarkultur mit dem Ziel eines möglichst geschlossenen Betriebskreislaufes hin zu einem industriell geprägten Agrobusiness, das auf die Zufuhr von Hilfsmitteln und Hilfsstoffen von außen angewiesen ist. Der deutlichste Indikator dafür ist die Trennung der Tierhaltung von der Fläche für die Futterproduktion. Eine flächengebundene Tierhaltung würde viele Probleme lösen, die weit über die Frage der artgerechten Haltung von Tieren in der Landwirtschaft hinausgehen. Allein schon die damit verbundene Reduktion von Futtermittelimporten würde einen erheblichen positiven Klimaeffekt mit sich bringen und gleichzeitig zur Reduktion der Nitratbelastung unseres Grundwassers in weiten Teilen Deutschlands führen. Je nach Form der mit der Tierhaltung verbundenen tierischen Ausscheidungen ist eine Reduktion der vielfach dokumentierten negativen Effekte auf Bodenfauna und Flora möglich, welche durch die industrielle Landwirtschaft verursacht werden.

Besonders wichtig ist die Rolle der Tiere in der Gestaltung unserer Kulturlandschaft. Nach Untersuchungen des Bundesamtes für Naturschutz (BfN) zeigt sich, dass der Genuss der Kulturlandschaft für 86 Prozent der Deutschen der Grund für Urlaub im eigenen Land ist. Bei einem völligen Verzicht auf die Haltung von Wiederkäuern, welche die Kulturlandschaft durch Beweidung maßgeblich gestalten, würde die damit verbundene Wiederbewaldung zu einer monotonen Landschaft mit deutlich verringerter Biodiversität führen und – wer würde als Urlauber schon gerne tagelang ausschließlich durch den Wald laufen? Der Mensch wünscht sich den Wechsel der offenen Weidelandschaft, durchzogen von Bächen und Flüssen, mit einer großen Vielfalt an Fauna und Flora (auch sehr gut für die Gesundheit der Wiederkäuer!) mit Wald, Waldsäumen und Feldgehölzen. Lutz Ribbe von Euronatur hat das immer mit seinem Spruch auf den Punkt gebracht, wenn er ein wunderbares Foto mit Kühen auf der mit Kräutern reich gestalteten Weide, durchzogen von einem Bach und durchwachsen mit Feldgehölzen, zeigte: »Nur wo Kühe weiden, kann man auch Touristen melken.«

Wie wichtig eine Landbewirtschaftung mit einem ausgewogenen Anteil an Tieren ist, zeigt eine vom BfN durchgeführte Recherche zum Einfluss der Landwirtschaft auf die Artenvielfalt in Europa. Bis in die Mitte des letzten Jahrhunderts war die damals praktizierte Art der Landbewirtschaftung durch landwirtschaftliche Gemischtbetriebe mit Acker- und Futterbau sowie Weidehaltung von Wiederkäuern ein wichtiger Faktor zur Gestaltung einer vielfältigen Kulturlandschaft und somit zur Erhöhung der Artenvielfalt von Flora und Fauna. Mit der Intensivierung der Agrarproduktion, verbunden mit Einsatz von synthetischen Mineraldüngern und Pestiziden und einer immer größer werdenden Spezialisierung hat sich dieses ins Gegenteil gekehrt. Auch in diesem Fall versagt die Politik kläglich und hangelt sich von Jahrzehnt zu Jahrzehnt von Versprechen zu Versprechen, den Artenverlust zu stoppen.

Der ökologische Landbau zeigt einen praktikablen Weg auf, wie mit dem Ziel eines möglichst geschlossenen Betriebskreislaufs, zu dem auch der angepasste Tierbesatz und die artgerechte Haltung der Tiere gehören, die Ziele einer wirklichen Agrarkultur zu erreichen sind. Dazu gehören neben der Lebensmittelproduktion auch die Förderung der Biodiversität und verbunden mit der Schaffung einer Kulturlandschaft die Möglichkeit zur Erzeugung erneuerbarer Energie, die Reinhaltung von Wasser und Luft, die Grundlagen für Bildung und kulturelle Identität für die Menschen im ländlichen Raum.

Allerdings muss herausgestellt werden, dass bei den beschriebenen positiven Wirkungen die Tierart eine wesentliche Rolle spielt. Monogastride Tiere wie Schweine oder Geflügel stehen mit ihrem Futterbedarf in direkter Konkurrenz zum Menschen, wenn diesen Tieren in der Intensivhaltung Kraftfutter in Form von Getreide und Leguminosen – insbesondere auch Sojabohnen – verabreicht wird. Sie tragen dann weder zum Schutz des Klimas noch der Biodiversität bei und sind Mitverursacher der Belastung des Trinkwassers mit Nitrat. Die heute praktizierte intensive Haltung monogastrider Tiere führt zusätzlich noch zum Einsatz von Medikamenten bis hin zu Antibiotika, deren negative Wirkungen, auch direkt auf die menschliche Gesundheit, wir erst zum Teil kennen. Es ist unabdingbar, dass diese Tiere wieder die Rolle des Verwerters von Neben- und Abfallprodukten einnehmen und dann einen ganz wesentlichen Beitrag für einen weitgehend geschlossenen Betriebskreislauf in der Landwirtschaft leisten. Einen Mittelweg dazu stellen die sogenannten Mobilställe für Legehennen dar, wo die Tiere bei einer artgerechten Haltung zum Beispiel innerhalb einer Fruchtfolge einen Teil der Zwischenfrüchte oder des Ackerfutters nutzen.

Ganz anders sieht dies bei den Wiederkäuern wie Kuh, Schaf oder Ziege aus. Diese haben die Fähigkeit, etwas als Futter zu verwerten, was keine Nahrungsmittelkonkurrenz zur Ernährung des Menschen darstellt, nämlich Raufutter in Form von zum Beispiel Gras, Klee oder Luzerne. Leider werden auch diese Tiere zum Teil intensiv gehalten und dann werden sogar zur Leistungssteigerung dieser Tiere enorme Mengen an Kraftfutter eingesetzt, und damit wird die Gemeinwohlleistung dieser Tierarten herabgesetzt und sie werden ernährungsmäßig ebenfalls zu Konkurrenten der Menschen. Hier bekommt der Weidegang der Wiederkäuer eine besondere Bedeutung: Durch eine Beweidung bilden Gräser ein besonders feines in die Tiefe gehendes Wurzelwachstum aus, wodurch sehr viel Kohlendioxid (CO_2) aus der Luft in Form von Kohlenstoff in der organischen Masse im Boden gebunden wird. In verschiedenen Untersuchungen wird darauf hingewiesen, dass die Wiesen und Weiden in Deutschland mehr Kohlenstoff speichern als die gleiche Fläche Wald. Völlig unterbewertet mit ihrem Einfluss auf Flora und Fauna sind bisher Kühe mit ihren Ausscheidungen in Form von Kuhfladen auf der Weide, die als Lebensraum für Kleinstlebewesen und Insekten und somit indirekt auch als Nahrungsquelle für Fledermäuse und Vögel dienen.

In letzter Zeit melden sich sehr vereinzelt Wissenschaftler mit einem Vorschlag, gänzlich auf die Haltung von landwirtschaftlichen Nutztieren zu verzichten, und propagieren dafür eine vegetarische und vegane Ernährung. Dazu ist zu bemerken, dass eine vegetarische Ernährung auch einen Teil von Protein tierischen Ursprungs enthält, nämlich in Form von Eiern, Käse und anderen Milchprodukten; es wird nur auf Fleisch verzichtet. Diese Form der Landwirtschaft wird also mit Tieren betrieben. Anders ist es mit einer veganen Ernährung, bei der auf sämtliche Lebensmittel tierischen Ursprungs verzichtet wird. Eine solche Ernährungsform ist für Kinder völlig ungeeignet, ja sogar gesundheitsgefährdend, und bei Erwachsenen ist eine ausgewogene Ernährung nur durch zusätzliche Nahrungsergänzungsmittel oder auch direkt durch die Zufuhr von Vitaminen und Mineralstoffen, die in der Regel synthetisch hergestellt werden, zu erreichen. Die Ironie ist hierbei, dass versucht wird, eine vegane Variante konventioneller Lebensmittel zu erzeugen, was zu einem sehr hohen Verarbeitungsgrad mit einem in der Regel sehr hohen Energieaufwand führt und sicherlich den Nährwert solcher Lebensmittel nicht erhöht. Derartige Tendenzen sind auch bei einem Spektrum von vegetarischen Produkten zu verzeichnen.

Die Verfechter einer Landwirtschaft ohne Nutztiere sehen die Lösung sämtlicher Probleme in der sogenannten »zellulären Landwirtschaft« und unterliegen damit in vielerlei Hinsicht einem großen Irrtum. Bei dieser Form handelt es sich erstens nicht mehr um Landwirtschaft, insofern ist die Bezeichnung schon irreführend, denn dort wird Fleischmasse aus Zellen (Myoblasten) von Tieren in Nährlösungen in großtechnischen Fermentern gezüchtet, die anschließend technologisch für den menschlichen Konsum aufbereitet wird. Das alles ist mit einem hohen Energieaufwand verbunden. Bisher sind enorme Summen in die Entwicklung dieser Technologie investiert worden und die Investoren drängen mit ersten Produkten auf den Lebensmittelmarkt, obwohl bisher keine konkreten Ergebnisse über die Technologiefolgekosten (unter anderem Umweltbelastungen, Klimawirkungen, menschliche Gesundheit) vorliegen. Zudem droht die Ernährungssicherung dann in den Händen weniger kapitalkräftiger Unternehmen zu liegen, die weltweit agieren und durch ihre Kapitaldominanz die Rahmenbedingungen für ihre wirtschaftlichen Aktivitäten weitgehend selbst bestimmen.

Mit derartigen technologischen Verfahren zur Nahrungsmittelproduktion (dafür darf der Begriff Lebensmittel nämlich nicht mehr verwendet werden) in den Händen weniger Akteure findet ein Eingriff in sämtliche traditionellen Ernährungssysteme statt, der auch zu enormen sozialen und kulturellen Verwerfungen führen kann. Wenn man bedenkt, dass gegenwärtig 70 Prozent der Lebensmittel weltweit von Kleinbäuerinnen und -bauern erzeugt werden, würde eine solche Entwicklung insbesondere in bestimmten Regionen der Erde, wo ein noch höherer Anteil der Lebensmittel von Kleinbäuerinnen und -bauern stammt, zu dramatischen Verwerfungen führen. Außerdem wird besonders die Biodiversität negativ betroffen sein, um deren Erhalt für die Gesundheit unseres Planeten und schlussendlich für die Menschen selbst seit vielen Jahren im Rahmen der Convention on Biodiversity (CBD) gerungen wird. Denn der flotte Spruch »Dann kann man Natur wieder Natur sein lassen« geht völlig daneben. Denn wie schon zuvor dargelegt: Wenn weite Teile unserer Kulturlandschaft wieder völlig bewaldet sind, dann müssen weltweit Landschaftspfleger:innen eingestellt werden mit der Aufgabe, die Kulturlandschaft zu erhalten, und die müssen dafür entsprechend honoriert werden. Wer bezahlt die sicherlich enorme Rechnung?

Dann doch lieber eine Landwirtschaft mit artgerecht gehaltenen und gefütterten Tieren, insbesondere Wiederkäuer, die bei einer fairen Honorierung ihrer Gesamtleistungen sowohl die Ernährungssicherung als auch die Wahrnehmung der Gemeinwohlleistungen sicherstellen kann. Das alles wird aber nur dann funktionieren, wenn insbesondere die Bevölkerung in den Industrieländern zu einer Änderung ihrer bisherigen Ernährungsgewohnheiten bereit ist. Im Klartext bedeutet dies eine deutlicher Verringerung des Fleischkonsums (Das wird den Investoren in eine »zelluläre Landwirtschaft« gar nicht passen, denn die wollen ja den an und für sich ungesund hohen Fleischkonsum beibehalten!) und eine Ausweitung des Konsums von pflanzenbasierten Lebensmitteln. Dann, so haben die Ergebnisse einer in der Zeitschrift *Nature* publizierten und viel beachteten Studie gezeigt, bietet die ökologische Landwirtschaft – trotz der noch notwendigen Verbesserungen auch im Bereich der Nutztierhaltung – die bisher beste praktizierte Form einer Landwirtschaft, die in der Lage ist, weltweit in regional und lokal angepasster Form Lösungen zu den gegenwärtigen Problemen der Ernährungssicherung in den Bereichen Klima-, Natur- und Umweltschutz und sozialer Gerechtigkeit anzubieten.

Co-Autor:innen Vitae

Udo Censkowsky

ist als Pionier und Wegbegleiter eng mit der ökologischen Aquakultur verbunden. Seit Mitte der 1990er-Jahre hat er sich als Agraringenieur immer mehr mit Themen der Aquakultur und Fischerei beschäftigt und berät heute mit seiner Firma bluesensus-sustainability & seafood consulting Handel und Organisationen der Entwicklungszusammenarbeit.

Angela Dinter

beschäftigt sich in ihrem beruflichen Weg seit mehr als 10 Jahren im Tierschutz mit der Schlachtung. Sie ist Projektmanagerin bei der Deutschen Landwirtschafts-Gesellschaft und leitet das Förderprojekt »Ökonomie und Praktikabilität im Modell- und Demonstrationsvorhaben Tierschutz zur (teil-)mobilen Schlachtung von Rindern und Geflügel«.

Rupert Ebner

hat Tiermedizin studiert und ist seit über 35 Jahren in eigener Praxis mit dem Schwerpunkt »Tiere in der Landwirtschaft« tätig. Er war bis 2008 in der tierärztlichen Standesvertretung engagiert, zuletzt bis 2008 als Vizepräsident der Bayrischen Landestierärztekammer. Er war ferner von 2010 bis 2020 im Vorstand von Slow Food Deutschland und im Internationalen Beirat von Slow Food.

Prof. Dr. Franz-Theo Gottwald

ist Agrar- und Ernährungsethiker, Leiter der Akademie der Bauern Schloss Kirchberg sowie Unternehmens- und Politikberater zur nachhaltigen Agrar- und Ernährungswirtschaft. Er ist auch Aufsichtsratsvorsitzender des World Future Council.

Martin Häusling

ist gelernter Agrartechniker und seit 1988 Biolandwirt. Zunächst war er ab 2003 sechs Jahre Mitglied des Hessischen Landtages und dort fachpolitischer Sprecher für Landwirtschaft, Europa, Verbraucherschutz sowie ländliche Räume und Gentechnik. Seit 2009 ist er Mitglied des Europäischen Parlaments und dort agrarpolitischer Sprecher der Fraktion der GRÜNEN/EFA sowie Mitglied im Umweltausschuss.

Prof. Dr. Edna Hillmann
hat an der FU Berlin Verhaltensbiologie studiert. Ihre wissenschaftliche Karriere hat sie am Zentrum für tiergerechte Haltung in der Schweiz begonnen und an der ETH Zürich fortgesetzt. Seit 2017 ist sie Professorin für Tierhaltungssysteme und Ethologie an der Humboldt-Universität zu Berlin.

Dr. Ophelia Nick
ist seit Herbst 2021 Mitglied des Deutschen Bundestages für Bündnis 90/Die GRÜNEN und seit Dezember 2021 Parlamentarische Staatssekretärin im Bundesministerium für Ernährung und Landwirtschaft. Sie ist Tierärztin und promovierte in Tierschutz & Tierverhalten und hat einen langen Familienbezug zum Hofgut Rengoldshausen.

Prof. Dr. Gerold Rahmann
ist 1962 auf einem Bauernhof in Ostfriesland geboren und dort aufgewachsen. Er hat immer mit Nutztieren gelebt und gearbeitet. Weltweit erforschte und entwickelte er tiergerechte und umweltfreundliche Tierhaltungssysteme. Er ist seit 2000 Gründungsdirektor des Bundesforschungsinstituts für Ökologischen Landbau, seit 2014 Präsident der International Society of Organic Farming Research (ISOFAR) und war sieben Jahre Mitglied im worldboard der International Federation of Organic Agricultural Movements (IFOAM).

Christopher Schümann
ist Mitbegründer des Bodenfruchtbarkeitsfonds der Bio-Stiftung Schweiz, Mitherausgeber des Magazins der Bio-Stiftung Schweiz und Mitherausgeber und Co-Autor des Buches »Das Gift und Wir« – ebenfalls im Westend Verlag erschienen. Er hat als Lehrer, Bildungsreferent und Handwerker gearbeitet und ist seit über zehn Jahren in der Projektentwicklung für eine nachhaltige Landwirtschaftsentwicklung im Stiftungswesen tätig.

Prof. Dr. Dr. h. c. mult. Hartmut Vogtmann
ist seit 1967 im Ökolandbau engagiert und wurde 1974 erster Direktor des Forschungsinstituts für biologischen Landbau in der Schweiz. 1981 Berufung zum Professor für ökologische Landwirtschaft an der Universität Kassel und damit des weltweit ersten Lehrstuhls für biologische Landwirtschaft. Ab 1994 war er Präsident des Hessischen Landesamtes für Regionalentwicklung und Landwirtschaft und von 2000 bis 2007 Präsident des Bundesamtes für Naturschutz.

Danksagung

Wir bedanken uns …

… nicht, weil es Brauch ist, sondern weil es uns eine Herzensangelegenheit ist, möchten wir uns ganz besonders bei all denen bedanken, ohne die es dieses Buch gar nicht geben würde.

Der erste Dank geht an die Bäuerinnen und Bauern, die sich engagiert, kreativ und konsequent dem Tierwohl verpflichtet fühlen und selbiges weitgehend und bestmöglich in der Praxis umsetzen. Stellvertretend für viele sind das die Menschen in den Betrieben, die wir in diesem Buch porträtieren konnten.

Eingeschlossen in diese Danksagung sind natürlich ganz besonders auch die Menschen, die unmittelbar zum Gelingen dieses Buches entscheidend beigetragen haben. Zuerst seien hier die zehn Co-Autor:innen genannt (siehe Seite 254), deren Erfahrung, Wissen, Kompetenz und Schreibkunst dieses Buch maßgeblich ausmachen beziehungsweise prägen und die alle auf ein Honorar verzichtet haben: In diesen Dank eingeschlossen ist auch die tolle Bilderrecherche von Evelyn Rottengatter.

Dank gebührt vor allem auch dem Westend Verlag, der das Potenzial für dieses Buch erkannt hat und die Herausgabe des Werkes so engagiert in fairer und konstruktiver Zusammenarbeit umgesetzt hat. Geschätzt ist auch das Engagement für die PR des Buches, die Rüdiger Grünhagen koordiniert.

Der größte Dank im Kontext des Verlagsengagements geht zunächst an Viviane Richarz, die uns in der Frühphase des Buches engagiert betreut hat, und vor allem an ihre Nachfolgerin Claudia Sabic, die nicht nur eine hervorragende Lektorin ist, sondern mit viel Engagement und manchmal strapazierter Geduld dieses gewiss nicht einfache Buchprojekt betreut hat. Unser Dank geht auch an Alexander Hofmann, Publikations Atelier, für Gestaltung und Satz des Buchs.

Besonders angesichts der schwierigen Zeiten für Buchverlage wäre es nicht möglich gewesen, dieses Buch in einer solch hochwertigen Aufmachung und vor allem auch mit den vielen tollen und farbigen Fotos zu gestalten, wenn wir nicht signifikante finanzielle Unterstützung bekommen hätten.

Dieses Buch ist auch geworden, was es ist, dank der Unterstützung der Schweisfurth Stiftung mit Mitteln der Renate Benthlin-Stiftung für Nutztierschutz sowie der Stiftung Cultura. Der Dank geht hierbei persönlich an Franz-Theo Gottwald und Niels Kohlschütter.

Schlussendlich geht ein vorauseilender Dank an all die Leser:innen, und dies nicht nur für ihr Interesse an dem Buch, sondern auch für ihr weiteres, zukünftiges Engagement, mitzumachen bei der Transformation, landwirtschaftliche Nutztiere vom Tierleid zu erlösen und immer mehr Tierwohl zu ermöglichen.

Die Herausgeber:innen

Bernward Geier Renate Künast Stefanie Pöpken

Anmerkungen

1 Industrielle Tierhaltung – die Transformation ist überfällig

1 CD-Album »Utopia«, Musik & Text: Konstantin Wecker, © 2021 Sturm & Klang Musikverlag / Alisa Wessel Musikverlag
2 Settele, Veronika: *Deutsche Fleischarbeit, Geschichte der Massentierhaltung von den Anfängen bis heute.* C. H.Beck, München 2022, S. 64 ff.
3 Settele, Veronika: Deutsche Fleischarbeit, Geschichte der Massentierhaltung von den Anfängen bis heute. C. H.Beck, München 2022, S. 68 f.
4 »Soja – Wunderbohne in der Massentierhaltung«, In: Faszination Regenwald das Regenwaldportal, online unter: https://www.faszination-regenwald.de/info-center/zerstoerung/soja/, abgerufen am 11.09.2023.
5 Welch, Craig: »Der Amazonas stößt nun mehr Treibhausgase aus, als er absorbiert«. In: NATIONAL GEOGRAPHIC, 16.03.2021, online unter: https://www.nationalgeographic.de/umwelt/2021/03/der-amazonas-stoesst-nun-mehr-treibhausgase-aus-als-er-absorbiert, abgerufen am 03.11.2023.
6 »Tierprodukte befeuern Erderhitzung«. In: Albert Schweizer Stiftung für unsere Umwelt, online unter: https://albert-schweitzer-stiftung.de/themen/umwelt/tierprodukte-befeuern-erderhitzung, abgerufen am 03.11.2023.
7 Abschlussbericht Zukunftskommission-Landwirtschaft, S. 4.
8 Gödde, Hugo: »Schweinehochhäuser in China: Ausbeutung für Mensch und Tier«. In: Unabhängige Bauernstimme, online unter: https://www.bauernstimme.de/news/details/schweinehochhaeuser-in-china-ausbeutung-fuer-mensch-und-tier, abgerufen am 13.11.2023.
9 Team Peta: »Schlachthof: So leiden und sterben Tiere in Schlachthöfen«. In: Peta, 24.05.2022, online unter: https://www.peta.de/themen/schlachthof/, abgerufen am 06.11.2023.
10 Peta Team: »Ist Merinowolle Tierquälerei? Alles über das Leid der Schafe«. In: Peta, 27.09.2022, online unter: https://www.peta.de/themen/merinowolle/, abgerufen am 03.11.2023.
11 Peta Team: »Presomen: Schwangere Stuten leiden für dieses Medikament«. In: Peta, 23.03.2022, online unter: https://www.peta.de/themen/presomen-stuten/, abgerufen am 03.11.2023.
12 Wer dieses Thema vertiefen möchte, dem kann das Buch des Verhaltensbiologen Jonathan Balcome *What a Fish Knows: The Inner Lives of Our Underwater Cousins,* New York, 2014, empfohlen werden.
13 Jonathan Birch, Charlotte Burn, Alexandra Schnell, Heather Browning and Andrew Crump: *Review of the Evidence of Sentience in Cephalopod Molluscs and Decapod Crustaceans.* London, 2021.
14 Eine kritische Auseinandersetzung mit diesen Modellen findet man in einem Artikel von Heather Browning: »Welfare Assessment in Aquaculture.«, In: Frontiers in Veterinary Science, 28.02.2023, online unter: https://www.frontiersin.org/articles/10.3389/fvets.2023.1060720/full, abgerufen am 06.10.2023.
15 Pavlidis, M., Papaharisis, L., Adamek, M., Steinhagen, D., Jung-Schroers, V., Kristiansen, T., Theodoridi, A., Otero Lourido, F.: *Animal welfare of farmed fish. Brussels,* 2023.
16 Fisheries and Oceans Canada: *Canada's Fish and Seafood Trade in 2021.* Ottawa, 2022.
17 Ähnliche Vorschriften gelten auch in Ländern wie England, Norwegen und Australien, aber nicht in Deutschland.

18 https://www.oekom.de/buch/pillen-vor-die-saeue-9783962382063
https://www.oekom.de/buch/verantwortbare-landwirtschaft-statt-qualzucht und-qualhaltung-9783962383039
https://www.oekom.de/buch/zukunftsfaehige-landwirtschaft-9783962380908
https://www.oekom.de/buch/fleisch-fuers-klima-9783987260018

2 Nutztierhaltung – vom Status quo zum Tierwohl

1 Wikipedia, »Tierwohl«, online unter: https://de.wikipedia.org/wiki/Tierwohl, abgerufen am 9.10.2023.
2 BLE, »Tierwohl« online unter: https://www.ble.de/DE/Themen/Landwirtschaft/Tierwohl/tierwohl_node.html, abgerufen am 9.10.2023.
3 Bundesinformationszentrum Landwirtschaft: »Tierwohl« In: agrarheute, online unter: https://www.agrarheute.com/tag/tierwohl, abgerufen am 9.10.2023.
4 siehe hierzu Johns et al., 2023 Abschlussbericht Nationales Tierwohl-Monitoring, S. 20–22, online unter: https://www.nationales-tierwohl-monitoring.de/projektberichte, abgerufen am 9.10.2023.
5 Farm Animal Welfare Council – FAWC (1979): *Five Freedoms*. London, UK.
6 verändert nach Fraser 2008, aus Johns et al. 2023.
7 Gygax, Lorenz: »Wanting, liking and welfare: the role of affective states in proximate control of behaviour in vertebrates". In: Ethology 123 (10), S. 689–704., online unter: http://onlinelibrary.wiley.com/journal/10.1111/(ISSN)1439-0310, abgerufen am 2.11.2023.
8 Gygax, Lorenz; Hillmann, Edna: »Naturalness« and its relation to animal welfare from an ethological perspective«. In: Agriculture 8 (9), 136. 2018, online unter: https://www.mdpi.com/2077-0472/8/9/136/htm, abgerufen am 2.11.2023.
9 zum Beispiel Heinz Meynhardt: *Schwarzwildreport: Mein Leben unter Wildschweinen*, Ulmer Verlag, 2013.
10 Jensen, Per: *Observations on the maternal behaviour of free-ranging domestic pigs*. In: Applied Animal Behavior Science 16, 1986, S. 131–142.
Stolba, Alex; Wood-Gush, David: *The behaviour of pigs in a semi-natural environment*. In: Anim Prod 48, 1989, S. 419–425.
11 Internetauftritt der Haltungsform: www.haltungsform.de; abgerufen am 23.07.23.
12 Stoltenberg, B., Unfried, M., & Manewitsch, V. (2022). »Better Product Labels for Better Consumer Choices. NIM Marketing Intelligence Review«., 14(1), 49-53, online unter: https://doi.org/10.2478/nimmir-2022-0008, abgerufen am 23.07.23.
13 Albert Schweitzer Stiftung für unsere Mitwelt: »Bessere Label, bessere Kaufentscheidungen«. Internetseite der Albert Schweitzer Stiftung, 31.03.2023, online unter: https://albert-schweitzer-stiftung.de/aktuell/bessere-label-bessere-kaufentscheidungen, abgerufen am 23.07.23.
14 Greenpeace: »Supermarkt-Check V – Stillstand statt Fortschritt«. Internetseite von Greenpeace, Juni 2023, online unter: https://www.greenpeace.de/publikationen/Greenpeace%20Supermarktcheck%20V-Fleischsortiment.pdf, abgerufen am 23.07.2023.
15 Bundesministerium für Ernährung und Landwirtschaft: »Versorgungsbilanzen Fleisch«. Internetseite des BMEL, online unter: https://www.bmel-statistik.de/ernaehrung-fischerei/versorgungsbilanzen/fleisch#:~:text=Dabei%20waren%20die%20Ausfuhren%20(4,70%2C8%20kg%2FKopf, abgerufen am 15.10.2023.
16 Deborah Roth: »Forscher entschlüsseln Sprache der Schweine«. In: Internetauftritt National Geographic, 10.03.2022, online unter: https://www.nationalgeographic.de/wissenschaft/2022/03/forscher-entschluesseln-sprache-der-schweine, abgerufen am 05.09.2023.
17 EIP-Agri steht für »Europäische Innovations-Partnerschaften für Landwirtschaftliche Produktivität und Nachhaltigkeit«. Das Ziel von EIP-Agri ist die Steigerung der landwirtschaftlichen Produktion bei geringerem Ressourcenverbrauch.
18 Bei einer Nekrose sterben Zellen in einem lebenden Organismus ab. Dadurch kann die Sauerstoffversorgung im betroffenen Bereich blockiert werden.
19 Pitt D, Sevane N, Nicolazzi EL, MacHugh DE, Park SDE, Colli L, Martinez R, Bruford MW, Orozco-ter-Wengel P. »Domestication of cattle: Two or three events? Evolutionary Applications", In: National Library of medicine, 23.07.2018, online unter: https://www.ncbi.nlm.nih.gov/pmc/articles/PMC6304694/, abgerufen am 30.07.2023.

20 Welfare Quality (2009). «Welfare Quality assessment protocol for cattle«. In: Welfare Quality Consortium, Lelystad, Netherlands, online unter: https://edepot.wur.nl/233467, abgerufen am 01.08.2023.
21 Wiebke Herrmann: »Gesunde Klauen: Schon bei der Färse drauf achten«. In: Internetauftritt agraheute, 23.12.2022, online unter: https://www.agrarheute.com/tier/rind/gesunde-klauen-schon-faersen-darauf-achten-601654, abgerufen 31.07.2023.
22 European Food Safety Authority (EFSA), 2023; Welfare of calves; EFSA Journal 2023; Vol. 21, Issue 3:7896; online unter: https://efsa.onlinelibrary.wiley.com/doi/epdf/10.2903/j.efsa.2023.7896, abgerufen 07.08.2023.
23 Bioland e. V.: »Bioland Richtlinien«. 13.03.2023. In: Bioland-Internetauftritt, online unter: https://www.bioland.de/fileadmin/user_upload/Verband/Dokumente/Richtlinien_fuer_Erzeuger_und_Hersteller/Bioland-Richtlinien_2023-08.pdf, abgerufen am 02.08.2023.
24 ProviCo Rural: »Bottle-Feeding Calf Basic: How often to feed«. In: Internetauftritt ProviCo Rural, online unter: https://www.provicorural.com.au/bottle-feeding-calf-basics-how-often-to-feed/#:~:text=When%20nursing%20from%20their%20mothers,a%20much%20more%20manageable%20number, abgerufen am 31.10.2023.
25 Spengler-Neff& Ivemeyer (2011): Muttergebundene Kälberaufzucht in der Milchviehhaltung. Fibl-Merkblatt. Forschungsinstitut für Ökologischen Landbau, Schweiz.
26 Wegner et al. (2012): Integration into the dairy cow herd: Long-term effects of mother contact during the first twelve weeks of life. Applied Behavior Science; Vol. 141; Issue 3–4; Pp 117–129.
27 Wikipedia: Kategorie: Tierschutzorganisationen, online unter: https://de.wikipedia.org/wiki/Kategorie:Tierschutzorganisation, abgerufen am 30.09.23.
28 Das Label unterteilt sich in die Einstiegs- und Premiumstufe.
29 Anke Petermann: »Tiergerechte Haltung von Legehennen«. In: Deutschlandfunk, Archiv, 30.06.2009, online unter: https://www.deutschlandfunk.de/tiergerechte-haltung-von-legehennen-100.html, abgerufen am 06.09.2023.
30 Bundesministerium für Ernährung und Landwirtschaft: »Mehr Tierschutz in der Legehennenhaltung«. In: Internetauftritt BMEL, 25.05.2023, online unter: https://www.bmel.de/DE/themen/tiere/tierschutz/haltung-legehennen.html, abgerufen am 06.09.2023.
31 BMEL: »Verzicht auf Schnabelkürzen bei Legehennen und Puten«. In: BW agrar.de, 03.08.2016, online unter: https://www.bwagrar.de/Tierhaltung/Verzicht-auf-Schnabelkuerzen-bei-Legehennen-und-Puten,QUlEPTUxMjEzOTQmTUlEPTE2MjkzNg.html, abgerufen 04.09.2023.
32 BW agrar.de: »Landestierschutzbeauftragte kritisiert freiwillige Vereinbarung«. In: BW Agrar Internetseite, 15.07.2023, online unter: https://www.bwagrar.de/tierhaltung/landestierschutzbeauftragte-kritisiert-freiwillige-vereinbarung,QUlEPTQ3OTMyNTQmTUlEPTE2MjkzNg.html?UID=4CBAD07B57000FE9EB8A34CE6B4049E7F2112AC6AC408E0E, abgerufen am 04.09.2023.
33 Seleggt-Firmenseite: »Das Seleggt Verfahren«, online unter: https://www.seleggt.com/de/seleggt-verfahren/, abgerufen am 04.09.2023.
34 Weitere Informationen zur Europäischen Masthuhninitiative und ihrer Unterstützer unter: https://www.masthuhn-initiative.de/#initiative, abgerufen am 05.09.2023.
35 RSPCA steht für: Royal Society for the Prevention of Cruelty to Animals (Königliche Gesellschaft zur Verhütung von Tierquälerei). Das RSPCA Broiler Breed Assessment Protocol hat mehrere Ziele: 1. Die Bestimmung des Wohlergehens eine Masthühnerrasse. 2. Ausschöpfung des genetischen Potenzials einer Masthühnerrasse durch Bereitstellung optimaler Haltungs- und Ernährungsbedingungen und 3. Berücksichtigung des Wohlergehens von Masthühnern bereits beim Zuchtunternehmen.
36 Tierschutzgesetz, online unter: https://www.gesetze-im-internet.de/tierschg/BJNR012770972.html, abgerufen am 28.08.2023.
37 »Europäisches Übereinkommen zum Schutz von Tieren in landwirtschaftlichen Tierhaltungen, 2001; Empfehlungen in Bezug auf Puten (Meleagris gallopavo ssp.)«, In: BMEL Internetauftritt, online unter: https://www.bmel.de/SharedDocs/Downloads/DE/_Tiere/Tierschutz/Gutachten-Leitlinien/eu-haltung-puten.pdf?__blob=publicationFile&v=2#:~:text=Artikel%204-,1.,einschließlich%20ihrer%20Gesundheit%2C%20zu%20schützen, abgerufen am 28.08.2023.

38 Cordula Möbius und Martina Hungerkamp: »Eckpunktepapier BMEL: »In dieser Form das Ende der Putenhaltung!«. In: Agrarheute online, 17.02.2023, online unter: https://www.agrarheute.com/tier/eckpunktepapier-bmel-form-ende-putenhaltung-603604, abgerufen am 26.08.2023.
39 National Wild Turkey Federation: »Wild Turkey Behavior«. In: Internetauftritt National Wild Turkey Federation, 16.08.2021, online unter: https://www.nwtf.org/content-hub/wild-turkey-behavior, abgerufen am 26.08.2023.
40 Emily Underwood: »The Taming of the Turkey«. In: Internetseite Science.org, 08.08.2012, online unter: https://www.science.org/content/article/taming-turkey, abgerufen am 27.08.2023.
41 Statistisches Bundesamt: »Betriebe mit Geflügel oder sonstigen Nutztieren«. In: Internetseite Statistisches Bundesamt, 01.03.2023, online unter: https://www.destatis.de/DE/Themen/Branchen-Unternehmen/Landwirtschaft-Forstwirtschaft-Fischerei/Tiere-Tierische-Erzeugung/Tabellen/betriebe-gefluegel-nutztiere.html, abgerufen am 28.08.2023.
42 Indra Ghandi National Open University, online unter: https://www.egyankosh.ac.in/bitstream/123456789/69031/1/Unit-11.pdf, abgerufen am 28.08.2023.
43 Maria-Elisabeth Krautwald-Junghanns und Janja Sironvik Koscica: »Anforderungen an eine zeitgemäße tierschutzkonforme Haltung von Mastputen«. Wien, 2020.
44 Niedersächsisches Landesamt für Verbraucherschutz und Lebensmittelsicherheit: »Empfehlung zur Vermeidung des Auftretens von Federpicken und Kannibalismus bei Puten«. In: Internetseite Laves Niedersachsen, September 2019, online unter: https://www.laves.niedersachsen.de/startseite/tiere/tierschutz/tierhaltung/geflugel/ausstieg-aus-dem-schnabelkurzen-bei-puten-empfehlungen-zur-vermeidung-des-auftretens-von-federpicken-und-kannibalismus-180775.html, abgerufen am 27.08.2023.
45 Bioland: »Puten für Bio-Bauern«. In: Internetseite Bioland.de, 27.08.2019, online unter: https://www.bioland.de/fachinfos/news-1/detail/puten-fuer-bio-bauern, abgerufen am 28.08.2023.
46 Tagesschau.de: »Gut ein Zehntel isst vegetarisch oder vegan«. In: Internetseite tagesschau.de, 19.09.2023, online unter: https://www.tagesschau.de/wirtschaft/verbraucher/ernaehrung-vegetarisch-vegan-100.html#:~:text=Nach%20einer%20repräsentativen%20Forsa%2DUmfrage,wie%20aus%20der%20Befragung%20hervorgeht, abgerufen am 15.10.2023.
47 Braunwalder Hannes und Ott Martin: »Geschichte einer Umstellung«. In: Mathias Forster und Christopher Schümann: *Das Gift und Wir., Wie der Tod über die Äcker kam und wie wir das Leben wieder zurückbringen können.* Westend Verlag 2020, S. 289.
48 Braun, Sepp: «In Partnerschaft mit der Natur». In: Mathias Forster und Christopher Schümann: *Das Gift und Wir. Wie der Tod über die Äcker kam und wie wir das Leben wieder zurückbringen können.* Westend Verlag 2020, S. 342.
49 Zaller, Johann G.: »Unser täglich Gift«. In: Mathias Forster und Christopher Schümann: *Das Gift und Wir. Wie der Tod über die Äcker kam und wie wir das Leben wieder zurückbringen können.* Westend Verlag 2020, S. 39.

3 Vom Dilemma zu regulatorischen Lösungen: Tierwohl in der Politik

1 Richtlinie 98/58/EG des Rates vom 20. Juli 1998 über den Schutz landwirtschaftlicher Nutztiere.
2 Verordnung (EG) Nr. 1/2005 des Rates vom 22. Dezember 2004 über den Schutz von Tieren beim Transport und damit zusammenhängenden Vorgängen sowie zur Änderung der Richtlinien 64/432/EWG und 93/119/EG und der Verordnung (EG) Nr. 1255/97.
3 Entschließung des Europäischen Parlaments vom 14. Februar 2019 zur Durchführung der Verordnung (EG) Nr. 1/2005 des Rates über den Schutz von Tieren beim Transport inner- und außerhalb der EU.
4 2020/2269(INI) Investigation of alleged contraventions and maladministration in the application of Union law in relation to the protection of animals during transport within and outside the Union.

4 Tierwohl – jawohl, so geht es …

1 Unveröffentlichte Studie aus 2022. Ergebnisse zu beziehen über die Schweisfurth Stiftung, München.; Kaeder, E.; Dorn-In, S.; Gareis, M.; Schwaiger, K.: *Symbiotic Husbandry of Chickens and Pigs Does Not Increase Pathogen Transmission Risk.* In: *Foods* 2022, 11, 3126, online unter https://doi.org/10.3390/foods11193126,

2 Ein vom Clostridium botulinum gebildetes Gift, auch bekannt als Botox, das Muskeln lähmen kann, findet in der menschlichen Schönheitsindustrie zur Bekämpfung von Mimikfalten täglich Verwendung.

3 Die Remontierungsrate gibt Auskunft darüber, wie viele Tiere pro Jahr den Betrieb verlassen und durch junge Kühe ersetzt werden.

4 Die Zellzahl ist ein Bewertungskriterium für die Rohmilchqualität und kann die Eutergesundheit von Milchkühen beurteilen. Gesunde Milchkühe haben Zellzahlen zwischen 10 000 und 100 000 Zellen pro Milliliter Milch.

5 In Irland werden nahezu alle Lachsfarmen ökologisch bewirtschaftet.

6 Es gibt verschiedene Methoden. Heute wird vor allem das Abbinden der Augenstiele praktiziert, das zu einem Abfallen des Auges nach wenigen Tagen führt. Dabei erblinden die Garnelenweibchen auf einer Seite (unilaterales Abbinden) oder vollständig (bilaterales Abbinden).

7 GIH Hormone (Gonad Inhibiting Hormone).

8 Rahmann, Gerold: Es geht auch ohne. Ein agrarphilosophischer Diskussionsbeitrag zur Zukunft der Nutztierhaltung. Trenthorst, Thünen-Institut für Ökologischen Landbau, 2023, 31 Seiten.

Mathias Forster und Christopher Schümann:
Das Gift und wir
ISBN: 978-3-86489-294-3
EUR 29,95 / EUA 30,80

Unser vergiftetes Leben
Sie finden sich überall: im Trinkwasser, im Gemüse, im Obst, im Getreide, in der Milch, im Bier – in vielen unserer Lebensmittel. Und in uns selbst: im Gewebe, im Urin, in der Muttermilch. Überall da, wo sie nicht hingehören und nicht hingelangen sollen, finden wir die giftigen Hinterlassenschaften der industrialisierten Landwirtschaft, die Rückstände der synthetischen Pestizide. Ihr weltweiter Einsatz ist zu einem gewaltigen Vernichtungsfeldzug geworden, der vielen Pflanzen und Tieren auf dem Land das Überleben unmöglich gemacht hat. Es ist höchste Zeit, das Gift von den Äckern zu verbannen und wieder mit der Natur und dem Leben zusammenzuarbeiten. Dieses Buch zeigt auf, wie die synthetischen Pestizide zur Bedrohung wurden und wie es ohne sie weiter gehen kann und muss.

Florian Schwinn: Die Klima-Kuh
ISBN: 978-3-86489-421-3
EUR 24,00 / EUA 24,70

Raus aus dem Stall und zurück auf die Weide
Die Kuh ist ein Klimakiller, weil sie das hochwirksame Treibhausgas Methan ausstößt. Bei der Produktion eines Kilos Rindfleisch werden 15.000 Liter Wasser verbraucht. Wirklich? Ist das so?
Es gibt viele Narrative über die Landwirtschaft, die schlicht falsch sind, oder die gerne mal falsch verstanden werden. Das bisweilen auch absichtlich: Gezieltes Missverstehen ist eine Form der politischen Auseinandersetzung. Entsprechend schwer sind solche Erzählungen als Märchen zu entlarven oder gar aus der Welt zu schaffen. Aber einen Versuch ist es wert.
Außerdem geht's auch andersherum: Dieses Buch zeigt, wie wir mit Kühen die Klimakrise aufhalten, die Biodiversität wiederherstellen, die Kulturlandschaft retten und den Naturschutz stärken können. Nebenbei lichten wir die Wälder auf und schaffen neue, vernetzte Lebensräume für Wildpflanzen und Wildtiere und Erholungsgebiete für gestresste Städter.
So wie die Kuh der Nukleus unserer ganzen Kultur ist, weil wir unsere Zivilisation auf dem Rücken der Rinder aufgebaut haben, so kann die „Kuhwende" der Nukleus einer umfassenden Agrarwende werden. Mit der sichern wir unsere Zukunft – die Landwirtschaft.